世纪高等学校计算机教育实用规划教材

C语言程序设计基础教程

陈媛 张建勋 纪钢 金艳 等编著

清华大学出版社

北京

内 容 简 介

本书共分11章,内容包括计算机编程及C语言概述,基本数据类型、运算符与表达式,顺序结构程序设计,选择结构程序设计,循环结构程序设计,数组,函数,指针,编译预处理,复杂数据类型,文件等。

本书注重教材的可读性和适用性,每章开头均介绍本章内容与前后章节知识点的关系;在"常见编程错误和编译器错误"中给出了该章知识点在编程中可能出现的语法和语义错误;在"小结"中对要求掌握的知识点进行了概要说明;书中附有大量的图表、程序,使读者能正确、直观地理解问题;样例由浅入深,强化知识点、算法、编程方法与技巧,并给出了详细的解释;为了适合计算机等级考试,在内容安排上完全符合计算机等级考试大纲要求;另外,本书还配套提供题型丰富的习题。

本书可作为高等学校本科、高职高专学生"C程序设计"课程的教学用书,也可作为全国计算机等级考试及各类短训班的培训教材。

图书在版编目(CIP)数据

C语言程序设计基础教程/陈媛等编著. --北京:清华大学出版社,2011.6
(21世纪高等学校计算机教育实用规划教材)
ISBN 978-7-302-24692-3

Ⅰ. ①C… Ⅱ. ①陈… Ⅲ. ①C语言-程序设计-高等学校-教材 Ⅳ. ①TP312

中国版本图书馆CIP数据核字(2011)第018589号

责任编辑:闫红梅
责任校对:焦丽丽
责任印制:何 芊
出版发行:清华大学出版社   地   址:北京清华大学学研大厦A座
         http://www.tup.com.cn   邮   编:100084
         社   总   机:010-62770175   邮   购:010-62786544
         投稿与读者服务:010-62795954,jsjjc@tup.tsinghua.edu.cn
         质 量 反 馈:010-62772015,zhiliang@tup.tsinghua.edu.cn
印 刷 者:北京季蜂印刷有限公司
装 订 者:北京市密云县京文制本装订厂
经   销:全国新华书店
开   本:185×260 印 张:21 字 数:511千字
版   次:2011年6月第1版   印 次:2011年6月第1次印刷
印   数:1~4000
定   价:29.50元

产品编号:038964-01

出 版 说 明

　　随着我国高等教育规模的扩大以及产业结构调整的进一步完善,社会对高层次应用型人才的需求将更加迫切。各地高校紧密结合地方经济建设发展需要,科学运用市场调节机制,合理调整和配置教育资源,在改革和改造传统学科专业的基础上,加强工程型和应用型学科专业建设,积极设置主要面向地方支柱产业、高新技术产业、服务业的工程型和应用型学科专业,积极为地方经济建设输送各类应用型人才。各高校加大了使用信息科学等现代科学技术提升、改造传统学科专业的力度,从而实现传统学科专业向工程型和应用型学科专业的发展与转变。在发挥传统学科专业师资力量强、办学经验丰富、教学资源充裕等优势的同时,不断更新教学内容、改革课程体系,使工程型和应用型学科专业教育与经济建设相适应。计算机课程教学在从传统学科向工程型和应用型学科转变中起着至关重要的作用,工程型和应用型学科专业中的计算机课程设置、内容体系和教学手段及方法等也具有不同于传统学科的鲜明特点。

　　为了配合高校工程型和应用型学科专业的建设和发展,急需出版一批内容新、体系新、方法新、手段新的高水平计算机课程教材。目前,工程型和应用型学科专业计算机课程教材的建设工作仍滞后于教学改革的实践,如现有的计算机教材中有不少内容陈旧(依然用传统专业计算机教材代替工程型和应用型学科专业教材),重理论、轻实践,不能满足新的教学计划、课程设置的需要;一些课程的教材可供选择的品种太少;一些基础课的教材虽然品种较多,但低水平重复严重;有些教材内容庞杂,书越编越厚;专业课教材、教学辅助教材及教学参考书短缺,等等,都不利于学生能力的提高和素质的培养。为此,在教育部相关教学指导委员会专家的指导和建议下,清华大学出版社组织出版本系列教材,以满足工程型和应用型学科专业计算机课程教学的需要。本系列教材在规划过程中体现了如下一些基本原则和特点。

　　(1) 面向工程型与应用型学科专业,强调计算机在各专业中的应用。教材内容坚持基本理论适度,反映基本理论和原理的综合应用,强调实践和应用环节。

　　(2) 反映教学需要,促进教学发展。教材规划以新的工程型和应用型专业目录为依据。教材要适应多样化的教学需要,正确把握教学内容和课程体系的改革方向,在选择教材内容和编写体系时注意体现素质教育、创新能力与实践能力的培养,为学生知识、能力、素质协调发展创造条件。

　　(3) 实施精品战略,突出重点,保证质量。规划教材建设仍然把重点放在公共基础课和专业基础课的教材建设上;特别注意选择并安排一部分原来基础比较好的优秀教材或讲义修订再版,逐步形成精品教材;提倡并鼓励编写体现工程型和应用型专业教学内容和课程体系改革成果的教材。

（4）主张一纲多本，合理配套。基础课和专业基础课教材要配套，同一门课程可以有多本具有不同内容特点的教材。处理好教材统一性与多样化，基本教材与辅助教材，教学参考书，文字教材与软件教材的关系，实现教材系列资源配套。

（5）依靠专家，择优选用。在制订教材规划时要依靠各课程专家在调查研究本课程教材建设现状的基础上提出规划选题。在落实主编人选时，要引入竞争机制，通过申报、评审确定主编。书稿完成后要认真实行审稿程序，确保出书质量。

繁荣教材出版事业，提高教材质量的关键是教师。建立一支高水平的以老带新的教材编写队伍才能保证教材的编写质量和建设力度，希望有志于教材建设的教师能够加入到我们的编写队伍中来。

21 世纪高等学校计算机教育实用规划教材编委会

联系人：魏江江 weijj@tup.tsinghua.edu.cn

前　言

　　C 语言是当今最流行的程序设计语言之一，它功能丰富，表达力强，使用灵活方便，应用面广，既具有高级语言的特点，又具有低级语言的特点，适合作为系统描述语言，既可以用来编写系统软件，也可以用来编写应用软件。C 语言诞生后，许多原来用汇编语言编写的软件，现在可以用 C 语言编写（例如，著名的 UNIX 操作系统就是用 C 语言编写的），而学习和使用 C 语言要比学习和使用汇编语言容易得多。因此，高校的高级语言程序设计课程，主要以 C 语言作为程序设计语言。

　　本书注重教材的可读性和适用性，每章开头均介绍本章内容与前后章节知识点的关系、在"常见编程错误和编译器错误"一节给出了在编程中可能出现的语法和语义错误；在"小结"中对要求掌握的知识点进行了概要说明；书中附有大量的图表、程序，使读者能正确、直观地理解问题；样例由浅入深，强化知识点、算法、编程方法与技巧，并给出了详细的解释；为了适合计算机等级考试，在内容安排上完全符合计算机等级考试大纲要求；另外，本书各章还配套提供题型丰富的习题。

　　本书内容和结构体现了教学改革成果。全书由重庆理工大学"C 语言程序设计"精品课程建设小组的教师集体编写完成。作者都是长期在高校从事"C 语言程序设计"教学的一线教师，有丰富的教学经验和软件开发能力。作者根据多年的教学经验和多项教研课题的研究成果，构建了一个程序设计概念建立和编程思想培养的框架体系，总结提炼了学习本课程的重难点和解决方法，大部分样例都经过整理和组织，以便更好地理解掌握。

　　本书第 1、2 章由张建勋教授编写，第 3、4 章由金艳编写，第 5 章由李娅编写，第 6 章由洪雄编写，第 7 章由陈嫒教授编写，第 8 章由纪钢教授编写，第 9、10 章由陈渝副教授编写，第 11 章由杨继森博士编写。全书由陈嫒教授统稿。

　　本书的读者只要求具有一般计算机基础知识，不要求具有程序设计和算法基础。本书可作为高等学校本科、高职高专学生"C 程序设计"课程的教学用书，也可作为全国计算机等级考试及各类短训班的培训教材。

　　为了方便教学，本书提供教师用电子教案和精品课程"C 语言程序设计"教学网站材料，使用本书的院校可通过邮件"cy@cqut.edu.cn"向作者索取。

　　由于我们的水平有限，本书可能会有不尽如人意之处，错漏之处在所难免，敬请读者批评指正，以便我们及时修改。

编　者

2010 年 10 月

目　　录

第1章 计算机编程及C语言概述

计算机系统由硬件和软件组成,计算机硬件由控制器、运算器、存储器、输入和输出设备五大部件组成,软件是程序及相关文档的集合,包括系统软件和应用软件。

为了使计算机能够按照人们的意志进行工作,必须根据问题的要求,编写相应的程序。计算机程序是一组计算机能识别和执行的指令和数据的结构化组合,每条指令使计算机执行特定的操作。计算机程序设计是用计算机能够响应、其他程序员能够理解的语言编写这些指令的过程。程序的表达手段就是程序设计语言,它由能够构造程序的指令集组成。

1.1 程序的基本概念

1.1.1 程序设计语言

程序设计语言也叫计算机语言,是指根据预先制定的规则(语法)而写出的语句集合或指令集合。可用的计算机程序设计语言以各种形式和类型出现,一般分为机器语言、汇编语言和高级语言,C语言就是一种高级程序设计语言。

机器语言是由二进制指令构成的编程语言,它与具体计算机硬件有关。

汇编语言是以机器语言为基础引入助记符(操作代码、变量名)的编程语言,它也与具体计算机硬件有关。

高级语言结合了数学表达式和英语符号,因而接近自然语言,是用于编写与CPU类型无关程序的编程语言。但高级语言编写的程序不能被计算机直接识别,它必须通过编译、连接等过程才能被执行。

程序设计语言实际上就是一套规范的集合,一个程序只有严格按照语言规定的语法编写,才能保证编写的程序在计算机中能正确地执行,同时也便于阅读和理解。学习一门程序设计语言,关键是要学习使用语言来解决实际问题的方法,如果掌握的语法和程序设计方法能够高效解决实际工作中的各种问题,那就表明已经掌握了这门语言。

1.1.2 语言实现

语言实现是具体地实现一种语言的各种特征并支持特定编程模式的技术和工具。一般来讲,编程语言的实现就是编译器(compiler)和连接器(linker)(编译-连接模式)或者解释器(interpreter)(解释模式)的实现,即用来分析源代码并生成最终的可执行机器指令集合的技术和工具,以及一套标准库实现。语言最终要表现为某个具体的实现版本,Turbo C、Borland C、Microsoft C、GNU C等都是C语言不同的实现版本。

1.1.3 开发环境

编程就像是在写文章。写文章要求你首先会一门语言(如同程序设计语言),要有内容(如同代码),还要有各种工具,如桌子、笔墨纸砚等(如同你的工作平台)。文章刚写出来时不能马上交给读者看,还需要排版、校对、印刷和发行(如同代码调试、编译连接和发布)。

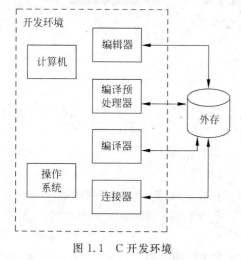

图 1.1   C 开发环境

开发环境泛指支持软件开发的一切工具,例如操作系统、代码编辑器、编译器、连接器、调试器等。典型的 C 开发环境如图 1.1 所示。编辑器是帮助程序员把源程序录入到计算机中的软件;编译预处理器是处理 C 语言源程序中的预处理命令的软件;编译器是将高级语言编写的源程序翻译成机器语言的软件;连接器是把多个目标程序和函数连接成一个二进制的可执行程序的软件。

集成开发环境(IDE)就是把编辑器、编译器、连接器、调试器等各种工具集成到一个工作空间中,以方便程序员开发程序。

1.1.4 程序的工作原理

程序既可以指开发完成的可执行文件及其相关文件和数据,也可以指正处于开发阶段的源代码及其相关文件和数据(IDE 称之为程序工程)。把一个程序工程转变为一个可执行程序要经历编译、连接等过程。

程序在执行前必须先从辅助存储器中传输到内存中,才能被 CPU 访问执行,这个过程由加载器完成,加载器还引导 CPU 从第一条指令开始执行。内存是存储单元的有序序列,每个内存单元都有一个唯一的地址,内存单元的大小一般为一个字节(byte),一个字节由八个位(bit)组成。存储在内存单元中的数据称为内存单元的内容,内存单元的内容永不为空,但其初始值可能对程序毫无意义。内存是易失性存储介质,无论其中存储的是什么内容,一旦电源切断就会丢失。

现在的计算机仍然遵循冯·诺依曼的"存储程序控制"原理。本质上,任何一个程序都是由待处理的数据和一系列处理它们的指令(操作)组成的,这些指令通过内存地址来访问待处理的数据。典型的 C 运行环境如图 1.2 所示。

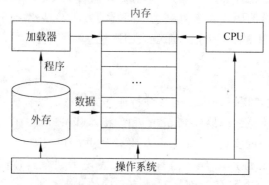

图 1.2   C 程序运行环境

1.2 C语言的发展及其特点

1.2.1 C语言的发展

C语言是当今最流行的程序设计语言之一,既可以用来编写系统软件,也可以用来编写应用软件。它由美国贝尔实验室的 D. M. Ritchie 于 1972 年推出。1978 年后,C 语言已先后被移植到大、中、小及微型机上。

- C语言的原型是 ALGOL 60 语言(也称为 A 语言)。
- 1963 年,剑桥大学将 ALGOL 60 语言发展成为 CPL(Combined Programming Language)语言。
- 1967 年,剑桥大学的 Martin Richards 对 CPL 语言进行了简化,于是产生了 BCPL 语言。
- 1970 年,美国贝尔实验室的 Ken Thompson 将 BCPL 进行修改,产生了 B 语言,并用 B 语言写了第一个 UNIX 操作系统。
- 1972 年,美国贝尔实验室的 D. M. Ritchie 在 B 语言的基础上最终设计出了一种新的语言,他取了 BCPL 的第二个字母作为这种语言的名字,这就是 C 语言。
- 1977 年,D. M. Ritchie 为了使 UNIX 操作系统推广,发表了不依赖于具体机器系统的 C 语言编译文本——可移植的 C 语言编译程序。
- 1978 年,美国电话电报公司(AT&T)贝尔实验室正式发表了 C 语言。同时由 B. W. Kernighan 和 D. M. Ritchie 合著了著名的 *The C Programming Language* 一书。通常简称为 K&R,也有人称之为 K&R 标准。
- 1983 年,由美国国家标准化协会(American National Standards Institute,ANSI)在 K&R 标准基础上制定了一个新的标准 ANSI C。

目前最流行的 C 语言版本有 Microsoft C(或称 MS C)、Borland Turbo C(或称 Turbo C)、AT&T C 等,它们不仅实现了 ANSI C 标准,而且在此基础上各自作了一些扩充,使之更加方便、完美,不同版本的 C 编译系统所实现的语言功能和语法规则又略有差别。

目前常用的 C 语言 IDE(集成开发环境)有 Microsoft Visual C++、Dev-C++、Code::Blocks、Borland C++、Watcom C++、Borland C++ Builder、GNU DJGPP C++、Lccwin32 C Compiler 3.1、High C、Turbo C、C-Free、win-tc 等等。对于初学者,Microsoft Visual C++ 是一个比较好的开发环境,界面友好,功能强大,程序调试也很方便。

本书所有示例均在 Visual C++ 6.0 系统下调试通过。

1.2.2 C语言的特点

C语言的主要特点如下:

(1) C语言既具有高级语言的功能,又具有汇编语言的许多功能,C语言实际上属中级语言。它把高级语言的基本结构和语句与低级语言的实用性结合起来。C语言允许直接访问位、字节和地址,能实现汇编语言的大部分功能,可以直接对硬件进行操作。对于编写需要对硬件进行操作的应用程序,明显优于其他解释型高级语言。

（2）C语言是结构化语言。结构化程序设计是以模块化设计为中心，采用"自顶向下，逐步求精"的程序设计方法和"单入口单出口"的控制结构，这种结构化方式可使程序层次清晰，便于使用、维护以及调试。C语言具有结构化语言的一系列特征，以函数表示模块，函数调用比较方便，并具有多种循环、条件语句控制程序流向，从而使程序完全结构化。

（3）C语言简洁、紧凑，使用方便、灵活。ANSI C 一共只有 32 个关键字，9 种控制语句，程序书写自由，主要用小写字母表示，压缩了一切不必要的成分。

（4）C语言运算符丰富。C语言共有 34 种运算符，它把括号、赋值、逗号等都作为运算符处理，从而使 C 的运算类型极为丰富，可以实现其他高级语言难以实现的运算。

（5）C语言数据结构类型丰富，具有当代一般高级语言的各种数据结构，又具有特别的指针类型。

（6）C语言生成目标代码质量高，程序执行效率高。与汇编语言相比，用 C 语言写的程序可移植性好。

（7）C语言语法限制不太严格，程序设计自由度大。

（8）C语言适用范围大，既适用于多种操作系统，如 Windows、DOS、UNIX 等；也适用于多种机型。

1.3　C 语言编程介绍

1.3.1　C 语言源程序的基本结构

C语言是结构化程序设计语言，函数是程序的基本单元，函数的用途是接受输入的数据并用某种方式转换这个数据产生一个特定的结果，图 1.3 展示了函数的基本功能。

由程序员建立的函数（自定义函数）或由 C 语言编译器提供的函数（标准库函数）用做一个新函数的基础，然后所有的函数结合为一个完整的源程序。图 1.4 展示了一个典型的 C 语言程序结构。

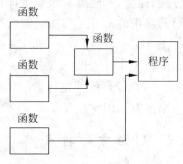

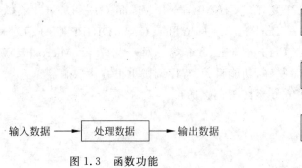

图 1.3　函数功能　　　　　　　　　　　图 1.4　C 语言程序结构

1. 简单的 C 程序

通过以下几个由简到难的程序，表现 C 语言源程序在组成结构上的特点。虽然有关内容还未介绍，但可从这些例子中了解到组成一个 C 源程序的基本部分和书写格式。

例 1.1 输出指定字符串。

(1_1.c)

```
#include<stdio.h>
void main()
{
printf("Hello the world!\n");                    /*输出指定的字符串*/
}
```

程序运行结果：

Hello the world!

程序分析：

(1) C 程序一般用小写字母书写。

(2) 每个 C 源程序必须要有且只能有一个 main()函数，称为主函数；main()前的 void 表示此函数是"空类型"，void 是"空"的意思，即执行此函数后不产生函数值。

(3) 函数体必须在一对{ }之间；

(4) 每个语句的结尾，必须要有";"作为终止符。

(5) /*……*/表示注释部分，注释内容可以用汉字或英文字符表示。注释只是给人看的，对编译和运行不起作用。注释可以出现在一行中的最右侧，也可以单独成为一行，可以根据需要写在程序的一行中。

(6) 函数调用语句，printf 函数的功能是把要输出的内容送到显示器上显示。

(7) printf 函数是一个由系统提供的标准函数库中的输出函数，可在程序中直接调用。printf 语句中双引号中的字符串按原样输出。'\n'是换行符，即在输出"Hello the world!"后回车换行。

(8) "#include"为预编译命令，也称为文件包含命令，一般位于"main"主函数之前几行，用于将有关的"头文件"包括到用户源文件中。其意义是把尖括号(<>)或引号("")内指定的文件包含到本程序中，成为本程序的一部分。被包含的文件通常是由系统提供的，其扩展名为.h。扩展名为.h 的文件称为头文件，"stdio.h"为标准输入输出库文件，在该文件中定义了 printf 函数的原型。

例 1.2 计算指定函数关系式。

(1_2.c)

```
#include<math.h>
#include<stdio.h>
void main()
{
    float x,y;                              /*定义两个实型变量*/
    printf("input number:\n");
    scanf("%f",&x);                         /*输入数值*/
    y=2*sqrt(x)+1;                          /*求2√x+1关系式的值*/
    printf("2*sqrt(%f)+1=%f\n",x,y);        /*按格式输出*/
}
```

程序运行结果：

```
input number:
9 ↙
2 * sqrt(9.000000) + 1 = 7.000000
```

程序分析：

程序的功能是从键盘输入一个实数 x，求 $2\sqrt{x}+1$ 关系式的值，然后输出结果。在 main() 之前的两行都是预处理命令。

（1）凡是在程序中调用一个库函数时，都必须用预处理命令调用该函数原型所在的头文件。在本例中，使用了三个库函数：输入函数 scanf，开平方函数 sqrt，输出函数 printf。sqrt 函数是数学函数，其头文件为 math.h 文件，因此在程序的主函数前用 include 命令包含了 math.h。scanf 和 printf 是标准输入输出函数，其头文件为 stdio.h，在主函数前也用 include 命令包含了 stdio.h 文件。

（2）在例题中的主函数体中又分为两部分，一部分为说明部分，另一部分为执行部分。说明是指变量的类型说明。例题 1.1 中未使用任何变量，因此无说明部分。C 语言规定：源程序中所有用到的变量都必须先定义，后使用，否则将会出错。这一点是编译型高级程序设计语言的一个特点。说明部分是 C 源程序结构中很重要的组成部分。本例中使用了两个变量 x，y，用来表示输入的自变量和存放结果的变量。说明部分后的四行为执行部分，也称为执行语句部分，用以完成程序的功能。执行部分的第一行是输出语句，调用 printf 函数在显示器上输出提示字符串，请操作人员输入自变量 x 的值。第二行为输入语句，调用 scanf 函数，接收键盘上输入的数并存入变量 x 中。第三行是调用 sqrt 函数并把函数值送到变量 y 中。第四行是用 printf 函数输出变量 y 的值，即 2 * sqrt(x) + 1 的值，然后程序结束。

（3）运行本程序时，首先在显示器屏幕上给出提示串 input number，这是由执行部分的第一行完成的。用户在提示下从键盘上键入某一数，如 9，按下回车键（enter），接着在屏幕上给出计算结果。

在前两个例子中用到了输入和输出函数（scanf 和 printf），为了便于理解，先简单介绍一下它们的格式，以便下面使用。

scanf 和 printf 这两个函数分别称为格式输入函数和格式输出函数，其意义是按指定的格式输入输出值。这两个函数的一般形式为：

printf 或 scanf(格式控制,参数表)

格式控制是一个字符串，必须用西文双引号括起来，它表示了输入输出量的数据类型。各种类型的格式表示法可参阅后续章节。在 printf 函数中还可以在格式控制内出现非格式控制字符，这时在显示屏幕上将按原样输出。参数表中给出了输入或输出的量。当有多个量时，用逗号间隔。例如：

```
printf("2 * sqrt( % f) + 1 = % f\n",x,y);
```

其中 %f 为格式字符，表示按实数处理，它在格式串中两次出现，分别对应了 x 和 y 两个变量。其余字符为非格式字符，按原样输出在屏幕上。

例 1.3 完善例 1.2。

(1_3.c)

```c
#include<math.h>
#include<stdio.h>
void main()
{
    float x,y;                              /*定义两个实型变量*/
    float function(float a);                /*对自定义函数进行说明*/
    printf("input number:\n");
    scanf("%f",&x);                         /*输入数值*/
    if (x>0)                                /*求2倍开方x绝对值加1关系式的值*/
    {
        y = function(x);
        printf("2*sqrt(%f)+1=%f\n",x,y);    /*按格式输出*/
    }
    else
    {
        y = function(-x);
        printf("2*sqrt(%f)+1=%f\n",-x,y);   /*按格式输出*/
    }
}
float function(float a)
{
    float b;
    b = 2*sqrt(a)+1;
    return(b);
}
```

程序运行结果:

```
input number:
-9 ↙
2*sqrt(9.000000)+1=7.000000
```

程序分析:

程序的功能是从键盘输入一个实数 x,求 $2\sqrt{|x|}+1$ 关系式的值,然后输出结果。

本程序由两个函数组成:主函数 main()和 function 函数。可从主函数中调用其他函数。function 函数是一个用户自定义函数,其功能是求 $2\sqrt{x}+1$ 关系式的值,返回值类型是实型。因此在函数中要给出说明。可见,在程序的说明部分中,不仅可以有变量说明,还可以有函数说明。

上例中程序的执行过程是,首先在屏幕上显示提示字符串,请用户输入一个实数,回车后由 scanf 函数语句接收这个数,并送入变量 x 中,根据 x 的符号调用 function 函数,分别把 x 或 -x 的值传送给 function 函数的参数 a。在 function 函数中按要求对 a 进行运算处理,把结果通过中间变量 b 返回(return b)给主函数的变量 y,最后在屏幕上输出 y 的值。

2. C 语言源程序的结构特点

通过上述例子,可以对 C 语言源程序的结构特点归纳如下:

（1）一个 C 语言源程序可以由一个或多个源文件组成。

（2）每个源文件可由一个或多个函数组成。（main()主函数、系统提供 printf、scanf 函数、用户自定义 function 函数）

（3）一个源程序不论由多少个文件组成，都有一个且只能有一个 main()函数，即主函数。程序总是从 main()处开始执行，而不管 main()在源文件中的位置。

（4）源程序中可以有预处理命令（include 命令仅为其中的一种），预处理命令通常应放在源文件或源程序的最前面。

（5）每一个说明、每一条语句都必须以分号结尾，但预处理命令、函数头和花括号"}"之后不能加分号。

（6）C 语言用函数进行输入输出，如 printf()，scanf()。

（7）C 程序书写格式自由，一条语句可以占多行、一行也可以有多条语句，但建议一条语句占一行。

（8）C 语言用"/ * * /"或"//"作注释。注释部分便于阅读程序的人理解程序员的设计意图，给程序加上注释是一个良好的习惯。

1.3.2 C 语言的字符集

一个 C 语言源程序由一个或多个函数组成，函数体由若干条 C 语句组成，C 语句由若干标识符组成，标识符由若干字符组成。字符是组成语言的最基本的元素。C 语言的字符集（ASCII 字符表）如附录 1 所示，它由字母、数字、空格、标点和特殊字符等组成。在字符常量、字符串常量和注释中还可以使用汉字或其他可表示的图形符号。C 语言中区分大写与小写，"a"和"A"是不同的字符。

1.3.3 C 语言的标识符

C 语言中，对编译器有特定含义的函数名称以及在程序中允许使用的所有单词，统称为标识符，C 语言中标识符由三种类型组成：保留字、标准标识符、程序员建立的标识符，每种标识符都有其自己的要求。

1. 保留字

保留字（也称为关键字）是 C 语言为某一特定用途而预先定义的一个字，并且保留字只能用特定的方式用于它的预定用途。如果试图将保留字用于任何其他用途，则编译代码时将产生一个错误。表 1.1 列出的是一个完整 C 语言关键字的列表，都用小写字母，共有 32 个关键字。

表 1.1 C 语言的关键字

类 别 名 称	关 键 字
类型说明符	auto，char，const，double，enum，extern，float，int，long，register，short，signed，static，struct，union，unsigned，void，volatile
语句定义符	break，case，continue，default，do，else，for，goto，if，return，switch，while
预处理命令字	typedef
运算符	sizeof

C 语言的关键字分为以下几类：

- 类型说明符：用于定义说明变量、函数或其他数据结构的类型。
- 语句定义符：用于表示一个语句的功能。
- 预处理命令字：用于表示一个预处理命令。
- 运算符：用于表示一个运算的功能。

其中：关键字 auto 用于说明自动变量，通常省略不写；volatile（易变的）表示该变量不经过赋值，其值也可能被改变（例如表示时钟的变量、表示通信端口的变量等）。

2. 预定义标识符

预定义标识符是 C 语言中预先定义的字，它们具有预先定义的用途，但程序员可以重新定义这个用途，大多数预定义标识符是 C 语言标准库提供的函数名，见附录 2。把预定义标识符只用于它们期望的用途是良好的编程经验。

3. 用户标识符

C 语言中使用的大量标识符是由程序员选用，称为用户标识符或自定义标识符，用来标识变量名、符号常量名、函数名、类型名等。

用户标识符必须遵守 C 语言的标识符命名规则，这意味着它们可以是受制于下列规则的字母、数字或下划线的任意组合：

- 标识符的首字符必须是字母或下划线。
- 只有字母、数字或下划线可以跟在首字母后，不允许有空格。
- 用户标识符不能是保留字（见表 1.1）。
- ANSI 标准规定，标识符可以为任意长度，但外部名必须至少能由前 8 个字符唯一地区分，内部名必须至少能由前 31 个字符唯一地区分。

这里外部名指的是在连接过程中所涉及的标识符，其中包括文件间共享的函数名和全局变量名，内部名指的是仅出现于定义该标识符的文件中的那些标识符。

注意：C 语言中的字母是有大小写区别的。

合法的标识符如：Sum,Class_2,data,wang_ming,_high,a8,AREA,year_month_day

不合法的标识符如：* data1,99sum,％yuan,＄BGss,MR. tom,a1＞b1,s/t

1.3.4 C 语言的语句

一个程序的主体是由语句组成的，语句是构成程序的基本单位，语句决定了如何对数据进行处理并且根据运算结果决定程序下一步执行的语句。在高级程序设计语言中，语句分两大类：可执行语句和非执行语句。

可执行语句是指那些在执行时，要完成特定的操作（或动作），并且在可执行程序中构成执行序列的语句。例如表达式语句和控制语句都是可执行语句。

非执行语句，也称为说明语句或不可执行语句，不是程序执行序列的一部分，在程序执行时不引起计算机执行任何动作，它们只是用来描述某些对象（如数据、函数等）的特征，将这些有关的信息通知编译系统，使编译系统在编译源程序时，按照所给的信息对对象作相应的处理。例如注释语句。

1.3.5 编程风格

从书写清晰，便于阅读、理解和维护的角度出发，在书写程序时应遵循以下的规则。

1. 注释

注释是程序内的说明性标注,可以放在程序内的任意位置。在程序执行过程中,计算机忽略所有的注释,它的唯一目的是方便人们阅读程序。

符号"/ ＊"表明一个注释的开始,而符号" ＊/"作为一个单元指明注释的结束。有些开发平台支持使用"//…"注释。

注释通常用于函数接口说明、重要的代码行或段落提示、版本版权声明。

2. 排版

(1) 程序块要采用缩进风格编写,缩进的空格数一般为 4 个。把源程序中的 Tab 字符转换成 4 个空格;一个缩进等级是 4 个空格;变量定义和可执行语句要缩进一个等级。

(2) 程序块的分界符"{"和"}"应各独占一行并且位于同一列,同时与引用它们的语句左对齐。在函数体的开始、结构体的定义、枚举的定义以及 if、for、do、while、switch、case 语句中的程序都要采用缩进方式。例如:

```c
void example_fun( void )
{
    …// program code

    if (…)
    {
        … // program code
        for (…)
        {
            … // program code
        }
        … // program code
    }
    else
    {
        … // program code
    }

}/* end of example_fun */
```

(3) 最好不要把多个短语句写在一行中,即一行最好只写一条语句。

(4) if、for、do、while、case、switch、default 等控制语句独自占一行,且 if、for、do、while 等语句的执行语句部分无论多少都要加括号"{}"。

说明:为了节约版面,本书程序有时不符合上述规则,但实际编程时尽量按规则书写。

1.4　运行 C 语言程序的步骤与环境

1.4.1　运行 C 程序的流程

用程序设计语言编写的程序称为源程序或源代码。程序员使用编辑软件将编写好的 C 程序输入计算机,并以文本文件形式保存在计算机磁盘上,这样就建立了 C 源程序(source program)文件,源程序文件扩展名为.c。为了使计算机能执行高级语言编写的源程序,必须先用一种称为"编译程序"的软件,把源程序翻译成二进制形式的目标程序(object program),目标程序文件扩展名为.obj,然后再用一种称为"连接器"的软件将该目标程序与系统的函数库以及其他目标程序连接起来,形成可执行程序(executable program),可执行程序文件扩展名为.exe。

写好一个源程序后,要经过这样几个步骤:上机输入与编辑源程序→对源程序进行编译→与库函数连接→运行可执行程序。以上过程如图1.5所示,其中实线表示操作流程,虚线表示文件的输入输出。

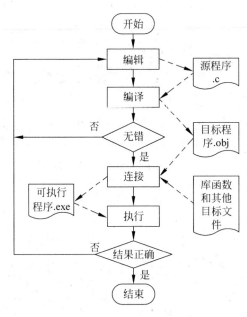

图1.5　C程序运行的流程图

1.4.2　Visual C++ 6.0 集成开发环境简介

Visual C++ 6.0 是美国 Microsoft 公司为 C++ 程序的编辑、编译、连接和运行而研制的集成开发环境(IDE)。由于 C++ 是从 C 语言基础上发展起来的,C++ 对于 C 程序是兼容的。因此,可以用 Visual C++ 6.0 对 C 程序进行编译、调试和运行。

进入 Visual C++ 6.0 集成开发环境中后,屏幕上就会显示如图1.6所示的窗口,包括标题栏、菜单栏、工具栏、工作区、代码编辑区和输出区六部分。

1. 菜单栏
Visual C++ 的菜单栏由多组菜单组成,每一组菜单又包含多个菜单项,用于实现不同的功能。

(1)【文件】菜单
【文件】菜单包括对文件、项目、工作区及文档进行文件操作的相关命令或子菜单。

(2)【编辑】菜单
除了常用的剪切、复制、粘贴命令外,还有为调试程序设置的 Breakpoints 命令,完成设

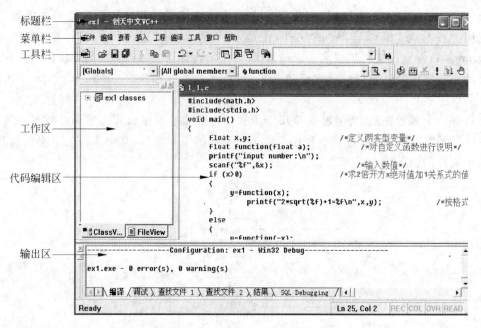

图 1.6   Visual C++ 6.0 集成开发环境

置、删除、查看断点；此外还有为方便程序员输入源代码的 List Members、Type Info 等命令。

（3）【查看】菜单

【查看】菜单中的命令主要用来改变窗口和工具栏的显示方式、检查源代码、激活调试时所用的各个窗口等。

（4）【插入】菜单

【插入】菜单包括创建新类、新表单、新资源及新的 ATL 对象等命令。

（5）【工程】菜单

使用【工程】菜单可以创建、修改和存储正在编辑的工程文件。

（6）【编译】菜单

【编译】菜单用于编译、创建和执行应用程序。

（7）【工具】菜单

【工具】菜单允许用户简单快速地访问多个不同的开发工具，如定制工具栏与菜单、激活常用的工具或者更改选项等。

2. 工具栏

工具栏是一种图形化的操作界面，具有直观和快捷的特点。工具栏由操作按钮组成，分别对应着某些菜单选项或命令的功能。用户可以直接用鼠标单击这些按钮来完成指定的功能。Visual C++ 6.0 集成开发环境中包含有十几种工具栏。默认时，屏幕工具栏区域显示"标准"工具栏、"编辑微型条"工具栏和"向导"工具栏。

3. 代码编辑器

Visual C++ 6.0 提供的代码编辑器是一个非常出色的文本编辑器，可用于编辑 C/C++ 头文件、C/C++ 程序文件、Text 文本文件和 HTML 文件等。当打开或建立上述类型的文件时,该编辑器将自动打开。Visual C++ 6.0 编辑器除了具有复制、查找、替换等一般文本编辑器的功能外,还具有很多特色功能,如根据 C++语法将不同元素按照不同颜色显示、根据合适长度自动缩进等。

代码编辑器还具备自动提示的功能。当用户输入程序代码时,代码编辑器会显示对应的成员函数和变量,用户可以在成员列表中选择需要的成员,减少了输入工作量,也避免了手动输入错误,如图 1.7 所示。

```
Test_1.c
#include<math.h>
#include<stdio.h>
void main()
{
    float x,y;                          /*定义两实型变量*/
    float function(float a);            /*对自定义函数进行说明*/
    printf("input number:\n");
    scanf("%f",&x);                     /*输入数值*/
    if (x>0)                            /*求2倍开方x绝对值加1关系式的值*/
    {
        y=function(x);
        printf("2*sqrt(%f)+1=%f\n",x,y);    /*按格式输出*/
    }
    else
    {
        y=function(-x);
        printf("2*sqrt(%f)+1=%f\n",-x,y);    /*按格式输出*/
    }
}
float function(float a)
{
    float b;
    b=2*sqrt(a)+1;
    return(b);
}
```

图 1.7　代码编辑器

4. 工作区

工作区窗口包括 3 个标签页,ClassView 标签页用来显示当前工作中所有类、结构和全局变量;FileView 标签页用于管理工程中使用的文件;ResourceView 标签页在层次列表中列出了工程中用到的所有资源。

5. 输出窗口

输出窗口主要用于显示编译结果、调试结果以及文件的查找信息等,它共有 6 个标签页,如表 1.2 所示。

表 1.2　输出窗口中标签页的功能

标 签 名 称	功 能 说 明
编译	显示编译和连接结果
调试	显示调试信息
查找文件 1	显示在文件查找中得到的结果
查找文件 2	显示在文件查找中得到的结果
结果	显示 Profile 工具的结果。Profile 是一个辅助工具,能够显示编译程序的时间、线程等信息,这些信息显示在"结果"标签页中
SQL Debugging	显示 SQL 调试信息

计算机编程及 C 语言概述

1.4.3 Visual C++ 6.0 下调试运行程序的操作步骤

1. 启动 Visual C++ 6.0 开发环境

选择 Microsoft Visual Studio 6.0→Microsoft Visual C++ 6.0，或双击 Visual C++ 6.0 应用程序图标，进入 Visual C++ 6.0 软件的主窗口（见图 1.6）。

2. 新建/打开 C 程序文件

如要新建一个源程序，选择【文件】→【新建】，在弹出的【新建】对话框中选中【文件】选项卡，选择【C++ Source File】选项，并在【文件】文本框内输入文件名，在【目录】文本框中指定文件存放位置，如图 1.8 所示。

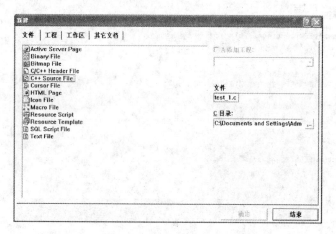

图 1.8　新建 C 语言程序文件的对话框

如打开已有的 C 源程序文件进行修改，应选择【文件】→【打开】，在弹出如图 1.9 所示的对话框中选择待打开的文件，双击该文件名或者单击【打开】按钮即可。

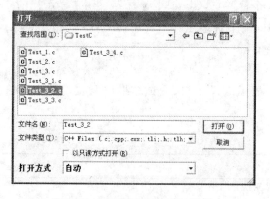

图 1.9　打开已有文件的对话框

在编辑状态下，光标位置表示当前进行编辑的位置，在此位置可以进行插入、删除或修改。在完成编辑后应当保存源文件，这时可选择【文件】→【保存】或【另存为】，根据用户需要进行保存。由于 C 源程序是纯文本文件，可以使用 Windows 的记事本等编辑软件输入源程序（文件类型必须是文本文件，扩展名为".c"）。

注意：

(1) 当输入完成或修改了源程序后,注意保存源程序文件。

(2) 由于使用的是 Visual C++ 6.0 集成开发环境,它把源文件默认为 C++ 程序,如用户在保存时未加后缀,则系统自动加上后缀 .cpp,为了后续调试和调用的方便,故建议大家在保存时人为加上 C 程序的后缀 .c。

3. 编译程序

程序全部输入完毕后或修改后,需要进行编译。方法是选择【编译】菜单下的【编译】命令或者按快捷键 Ctrl + F7 将程序编译成目标文件,其扩展名为 .obj。这时,屏幕上出现如图 1.10 所示的对话框,让建立一个默认的工程工作区,单击【是】按钮确认;紧接着,又出现如图 1.11 所示的对话框,问是否要保存当前的 C 文件,回答【是】;然后,系统开始编译当前程序。如果程序正确,即程序中不存在语法错误,则输出区会出现如图 1.12 所示的结果。若程序编译后有语法错误,则输出区会出现如图 1.13 所示的结果,需要回到编辑区,改正错误后重新编译程序,常见错误见每一章的"常见编程错误和编译器错误"一节。

图 1.10　确认建立默认工程工作区的对话框

图 1.11　确认保存文件的对话框

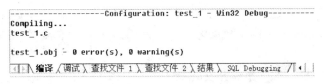

图 1.12　程序编译正确时输出区内容

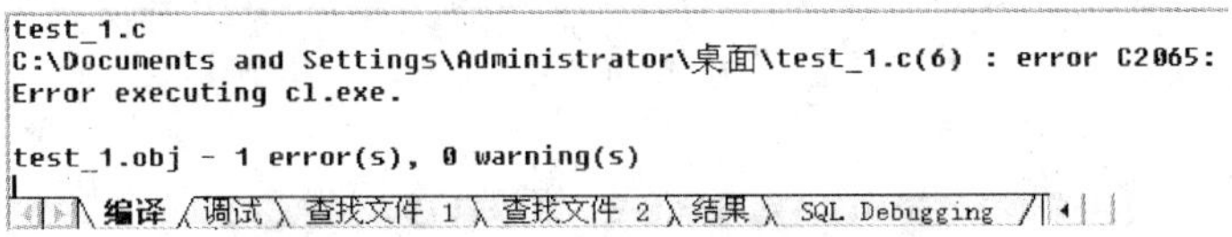

```
test_1.c
C:\Documents and Settings\Administrator\桌面\test_1.c(6) : error C2065:
Error executing cl.exe.

test_1.obj - 1 error(s), 0 warning(s)
```

图 1.13　程序编译错误时输出区内容

注意：

(1) 改正程序中的错误时,每次都要从第一个错误开始。

(2) 若语言系统开始编译后不能停下来(编译微型条工具栏变灰),则可先存盘(或复制),结束 Visual C++ 6.0,然后重新启动 Visual C++ 6.0,打开源程序再编译。

4. 连接程序

如果一个程序包含多个文件,在分别对每个源程序进行编译并得到多个目标程序后,要把这些目标程序连接起来,同时还要与系统提供的资源(如函数库)连接成为一个整体。方法是选择【编译】→【构建】菜单命令,如无连接错误出现,会得到一个后缀名为.exe的可执行文件,输出区会出现如图1.14所示的结果;若有错误,需要回到编辑区,重新编译连接。如果一个程序只包含一个文件,也必须进行连接,因为还要与系统提供的资源连接。也可以将编译和连接合为一个步骤进行,在没有编译源程序之前,选择【编译】→【构建】命令即可一次完成编译和连接操作。

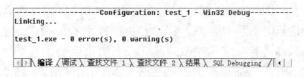

图1.14　程序连接正确时输出区内容

5. 运行程序

选择【编译】→【执行】菜单命令,系统就会执行已编译和连接好的可执行文件,这时,屏幕上会出现运行结果窗口,图1.7所示程序的运行结果如图1.15所示。

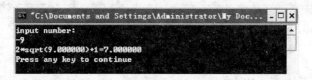

图1.15　运行结果

程序中可能还存在着因编程者对问题解决方案的错误理解导致程序运行结果不符合问题要求的情况,称为逻辑错误。这类错误最难排除。排除逻辑错误一定要找到错误发生的地方,这可以借助集成开发环境中的【调试】工具(或在关键点上插入输出语句)来观察相关变量的值是否与编程者设想的一致来完成。当发现某处不一致时,就定位出逻辑错误所在的源代码。

6. 退出 Visual C++ 6.0 集成开发环境

在完成 C 语言程序操作后,选择【文件】→【退出】退出 Visual C++ 6.0 集成开发环境。

若上机过程中需要调试另一个 C 源程序,可以关闭当前工作区而不退出 Visual C++ 6.0。关闭工作区方法:选择【文件】→【关闭 工作区】命令即可关闭当前正在工作的文件。

1.5　常见编程错误和编译器错误

在使用本章介绍的内容时,应注意下列可能出现的编程错误和编译器错误。

1.5.1　编程错误

(1) 遗漏了 main 后面的括号对(见编译器错误部分)。

(2) 遗漏或不正确地键入了开始大括号"{","{"表示函数体的起点(见编译器错误部分）。

（3）遗漏或不正确地键入了结束大括号"}"，"}"表示函数体的终点（见编译器错误部分）。

（4）函数名拼写错误，例如把 printf()误写成 print()（见编译器错误部分）。

（5）当附加的参数传递到 printf()时，没有用双引号封闭 printf()函数中的格式控制字符串（见编译器错误部分）。

（6）遗漏了每一条语句结束后的分号（见编译器错误部分）。

（7）忘记用转义符"\n"来指示新的一行。

（8）在 printf()、scanf()函数调用中没有为参数的数据类型包含正确的转换控制符。

（9）忘记用逗号分开传递给 printf()、scanf()函数的所有参数。

1.5.2 编译器错误

与本章内容有关的编译器错误如表 1.3 所示。

表 1.3 第 1 章有关的编译器错误

序　号	错　误	编译器的错误消息
1	遗漏了 main 后面的括号对	Error：：'main'：looks like a function definition，but there is no formal parameter list；skipping apparent body.
2	遗漏了 main 函数体中的开始大括号"{"	你将收到的错误信息取决于这个函数中的语句。这些错误的行号直接在跟随首行的那一行开始。典型的错误消息将包含：syntax error：missing ';'before identifier…missing storage-class or type specifiers syntax error：'return' syntax error：'}'
3	遗漏了 main 函数体中的结束大括号"}"	end of file found before the left brace '{' was matched
4	错误拼写 printf	identifier not found，even with argument-dependent lookup
5	遗漏在传递给 printf()中的字符串中开始和结束双引号	newline in constant
6	遗漏在一个可执行语句的终止处的分号	syntax error：missing ';'
7	遗漏一个注释的开始处的开始符"/＊"	你将收到的错误信息取决于跟随这个注释的语句。这些错误的行号将直接跟随缺少"/＊"那一行开始。
8	遗漏一个注释的结束处的结束符"＊/"	unexpected end of file found in comment

小　　结

本章要求掌握以下内容。

1. C 语言的特点

（1）C 语言既具有高级语言的功能，又具有汇编语言的许多功能。

（2）C 语言是结构化语言。

（3）C 语言简洁、紧凑，使用方便、灵活。

（4）C语言运算符丰富。

（5）C语言数据结构类型丰富。

（6）C语言生成目标代码质量高,程序执行效率高,可移植性好。

（7）C语言语法限制不太严格,程序设计自由度大。

（8）C语言适用范围大。

2. C语言源程序结构特点

（1）一个C语言源程序可以由一个或多个源文件组成。

（2）每个源文件可由一个或多个函数组成。

（3）一个源程序不论由多少个文件组成,都有一个且只能有一个 main( )函数,即主函数。

（4）源程序中可以有预处理命令,通常应放在源文件或源程序的最前面。

（5）每一个说明、每一个语句都必须以分号结尾。

（6）C语言用函数进行输入输出,如 printf( )、scanf( )。

（7）C程序书写格式自由。

（8）C语言用"/ * … * /"或"//"作注释。

3. C程序的运行过程

C程序运行过程包含编辑、编译、连接和执行步骤。

4. C语言程序有关概念

源程序、目标程序、可执行程序、编译器、连接器的概念。

习　　题

1.1　填空题

1.1.1　应用程序 ONEFUNC.C 中只有一个函数,这个函数的名称是_____。

1.1.2　一个函数由_____和_____两部分组成。

1.1.3　在 C 语言中,输入操作是由库函数_____完成的,输出操作是由库函数_____完成的。

1.1.4　通过文字编辑,建立的源程序文件的扩展名是_____;编译后生成目标程序文件,扩展名是_____;连接后生成可执行程序文件,扩展名是_____;运行得到结果。

1.1.5　C语言源程序的基本单位或者模块是_____。

1.1.6　C语言源程序的语句结束符是_____。

1.1.7　编写一个C程序,上机运行要经过的步骤:_____。

1.1.8　在一个C语言源程序中,注释部分两侧的分界符分别为_____和_____。

1.1.9　C语言中的标识符只能由三种字符组成,它们是_____、_____和_____。且第一个字符必须为_____。

1.1.10　C语言中的标识符可分为关键字、_____和_____ 3类。

1.2　选择题

1.2.1　一个C程序的执行是从（　　）。

A. 本程序的 main 函数开始,到 main 函数结束

B. 本程序文件的第一个函数开始,到本程序文件的最后一个函数结束

C. 本程序的 main 函数开始,到本程序文件的最后一个函数结束

D. 本程序文件的第一个函数开始,到本程序 main 函数结束

1.2.2　以下叙述不正确的是（　　）。

A. 一个 C 源程序可由一个或多个函数组成

B. 一个 C 源程序必须包含一个 main 函数

C. 在 C 程序中,注释说明只能位于一条语句的后面

D. C 程序的基本组成单位是函数

1.2.3　C 语言规定:在一个源程序中,main 函数的位置（　　）。

A. 必须在程序的开头　　　　　　　　B. 必须在系统调用的库函数的后面

C. 可以在程序的任意位置　　　　　　D. 必须在程序的最后

1.2.4　C 编译程序是（　　）。

A. 将 C 源程序编译成目标程序的程序　　B. 一组机器语言指令

C. 将 C 源程序编译成应用软件　　　　D. C 程序的机器语言版本

1.2.5　要把高级语言编写的源程序转换为目标程序,需要使用（　　）。

A. 编辑程序　　　　B. 驱动程序　　　　C. 诊断程序　　　　D. 编译程序

1.2.6　以下叙述中正确的是（　　）。

A. C 语言比其他语言高级

B. C 语言可以不用编译就能被计算机识别执行

C. C 语言以接近英语国家的自然语言和数学语言作为语言的表达形式

D. C 语言出现的最晚,具有其他语言的一切优点

1.2.7　以下叙述中正确的是（　　）。

A. C 程序中注释部分可以出现在程序中任意合适的地方

B. 花括号“{”和“}”只能作为函数体的定界符

C. 构成 C 程序的基本单位是函数,所有函数名都可以由用户命名

D. 分号是 C 语句之间的分隔符,不是语句的一部分

1.2.8　以下叙述中正确的是（　　）。

A. C 语言的源程序不必通过编译就可以直接运行

B. C 语言中的每条可执行语句最终都将被转换成二进制的机器指令

C. C 源程序经编译形成的二进制代码可以直接运行

D. C 语言中的函数不可以单独进行编译

1.2.9　用 C 语言编写的代码程序（　　）。

A. 可立即执行　　　　　　　　　　　B. 是一个源程序

C. 经过编译即可执行　　　　　　　　D. 经过编译解释才能执行

1.2.10　以下叙述中正确的是（　　）。

A. 在 C 语言中,main 函数必须位于程序的最前面

B. C 语言的每行中只能写一条语句

C. C 语言本身没有输入输出语句

D. 在对一个 C 程序进行编译的过程中,可以发现注释中的拼写错误

1.2.11　下列 4 组选项中,均不是 C 语言关键字的选项是(　　)。

A. define B. getc C. include D. while
　 IF 　 char 　 scanf 　 go
　 type 　 printf 　 case 　 pow

1.2.12　下列 4 组选项中,均是 C 语言关键字的选项是(　　)。

A. auto B. switch C. signed D. if
　 enum 　 typedef 　 union 　 struct
　 include 　 continue 　 scanf 　 type

1.2.13　C 语言中的标识符只能由字母、数字和下划线 3 种字符组成,且第一个字符(　　)。

A. 必须为字母 B. 必须为下划线

C. 必须为字母或下划线 D. 可以是字母、数字和下划线中任一种字符

1.3　编程题

1.3.1　参照本章例题,编写一个 C 程序,要求输出如下字符:

```
**********************************************************
                   Welcome to Expo 2010!
                      Shanghai 2010
**********************************************************
```

1.3.2　设计一程序,输入 3 个整数,计算并显示输出这 3 个整数之和。

第2章 基本数据类型、运算符与表达式

一个程序的主体是由语句组成的,语句决定了如何对数据进行处理,而在程序中数据和数据处理的表示与高级语言中的数据类型、运算符与表达式有关。

2.1 C 语言的数据类型

C 语言程序能够用不同方法处理不同类型的数据,并只允许在确定的数据类型上执行确定的运算。数据类型在形式上被定义为一组数值和一组能够应用于这些数值的操作。不同的数据类型是按被定义对象的性质、表示形式、占据存储空间的多少、构造特点来划分的。C 语言支持的数据类型非常丰富,它包括:基本类型,构造类型,指针类型,空类型四大类,如图 2.1 所示,其中右边的符号表示类型说明符。

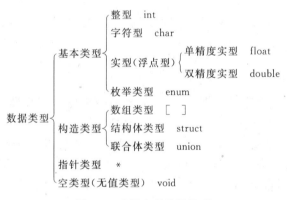

图 2.1 C 语言的数据类型

基本类型是编译系统已定义的类型,其特点是它的值不可以再分解为其他类型。

构造类型是用户自定义的类型,是根据已定义的一个或多个数据类型构造出来的。一个构造类型的值可以最终分解到基本数据类型的若干个"成员"或"元素"。在 C 语言中,构造类型主要有数组类型、结构体类型和共用(联合)体类型。

指针类型是一种特殊但又非常重要的数据类型。它用来表示某个变量在内存储器中的存放地址。指针提供了动态处理变量的能力,使得 C 语言在应用上更加灵活。指针变量不同于整型变量,它们一个代表地址、一个代表数值,一定不能混淆了。其类型说明符为"*",在后面指针一章中还要详细介绍。

空类型主要用途有二,一是在调用函数值时,用作函数的返回类型;二是用作指针的基本类型,描述一个可以指向任何数据类型的指针。其类型说明符为 void。

在本章中,主要先介绍基本数据类型中的整型、实型和字符型。

2.2 常量、变量

计算机的主要功能是进行数据处理,而在程序中数据被表示为常量和变量,它们都具有数据类型的属性。

2.2.1 常量及符号常量

1. 常量

其值不发生改变的量称为常量,常量的数值由字面意义表示。

常量可为任意数据类型。例如,整型常量、实型常量、字符型常量、字符串常量和符号常量,如表 2.1 所示。一个常量具体的数据类型由字面数值决定。

表 2.1 常量举例

数 据 类 型	常 量 举 例	数 据 类 型	常 量 举 例
char	'a'、'\n'、'9'	float	123.23、4.34e - 3
int	21、123、2100、- 234	字符串	"abc2345"

在编程过程中,常量是可以不经说明而直接引用的,而变量则必须要先定义后使用。

2. 符号常量

用一个标识符来表示一个常量,称之为符号常量。符号常量在使用之前必须先定义。

符号常量的定义一般形式如下:

#define 标识符 常量

其中,#define 也是一条预处理命令(预处理命令都以"#"开头),称为宏定义命令(在后面预处理命令章节中将进一步介绍),其功能是把该标识符定义为其后的常量值。一经定义,以后在程序中所有出现该标识符的地方均代之以该常量值。习惯上符号常量的标识符用大写字母,变量标识符用小写字母,以示区别。

例 2.1 符号常量的使用。

(2_1.c)

```
#define LENGTH 30
#include < stdio. h >
void main()
{
    int area, width;
    width = 10;
    area = width * LENGTH;
    printf("area = % d\n",area);
}
```

程序运行结果:

area = 300

程序分析：

使用符号常量参与运算，符号常量与变量不同，它的值在其作用域内不能改变，也不能再被赋值。

使用符号常量的好处是：含意清楚，能做到"一改全改"。

2.2.2 变量及定义

其值可以改变的量称为变量。变量是用一个标识符命名的内存存储单元，可以用来存储一个特定类型的数据，并且数据的值在程序运行过程中可以被修改。一个变量应该有一个名字，对应内存中的存储单元，该存储单元中存放的是变量的值。

变量主要用来存放程序中处理的数据，包含待处理的数据和处理的结果数据。

1. 变量的定义

在把一个数值存入变量之前，程序员必须明确要存入变量中的数据类型，即变量在使用之前必须进行定义，为每个变量取一个标识符名称（变量名），同时规定它的数据类型。变量定义格式如下：

类型说明符 变量名标识符，变量名标识符，…；

例如：

```
int sum;                    /*定义一个整型变量 sum,为其分配 2 字节内存单元*/
float radius,circumference;  /*定义两个实型变量 radius 和 circumference,并分配空间 */
```

关于变量定义的说明：

（1）允许在一个类型说明符后，定义多个相同类型的变量，并使用逗号分割变量名中多个变量，使用分号结束。类型说明符与变量名之间至少用一个空格间隔。

（2）类型说明符用于指定变量的数据类型，例如，int，long，short，float，double，char 等。

（3）变量定义必须放在变量使用之前。一般放在函数体的开头部分。

（4）变量名标识符要符合 C 语言的标识符命名规则。

（5）在程序的同一部分，禁止对同一变量进行重复定义，在书写不同种类型变量定义时，避免都写在一行上。

（6）对所用到的变量必须进行强制定义，即"先定义，后使用"。

例如：在声明部分定义变量"int sum"，在后面执行语句中误写为"sam = 9"，在编译时检查出 sam 未经定义，不作为变量名，因此，系统发出报错信息"'sam'：undeclared identifier"，提示用户进行错误检查。

（7）变量名和变量值是两个不同的概念，如图 2.2 所示。

变量名实际上是一个符号地址，它指出变量在内存中存放的位置，而变量值就是相应内存单元中存放的数据。内存单元的内容（即变量值）永不为空，如果没有对其赋值，该内存单元的值都为随机值，没有意义。在程序中，常用变量名来代表对变量值的运算，例如：语句"data = data + 5;"表示用 data 变量值(56)加上 5 得到 61，然后把 61 赋给 data，

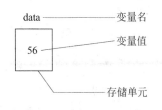

图 2.2　变量名和变量值的区别

第2章

基本数据类型、运算符与表达式

即 data 变量值变为 61。

2. 变量赋初值

在程序中常常需要对变量赋初值，以便使用该变量。初值可以通过使用 scanf() 函数交互式输入方式赋值，也可以在变量定义的同时给变量赋以初值，这种方法称为初始化。在变量定义中赋初值的一般形式为：

数据类型名 变量 1 = 值 1, 变量 2 = 值 2, …;

例如：

int a = 68;   / * 指定 a 为整型变量, 初值为 68 * /

也可以使被定义的变量的一部分赋初值。例如：

float b, c, d = 7.9;   / * 指定 b, c, d 为实型变量, 但只对实型变量 d 初始化, 其值为 7.9 * /

如果对几个变量赋予相同的初值, 应写为：

int e = 50, f = 50, g = 50;   / * 指定 e, f, g 为整型变量, 初值均为 50 * /

但不能写成：

int e = f = g = 50;   / * 赋初值错误 * /

注意：初始化不是在编译阶段完成的（只有后面章节中介绍的静态存储变量和外部变量的初始化是在编译阶段完成的），而是在程序执行时赋初值的，相当于有一个赋值语句。例如：

int x = 56;

相当于以下两个语句：

int x;   / * 指定 x 为整型变量, 在编译阶段完成 * /
x = 56;   / * 赋值语句, 将 56 赋值给 x, 在执行阶段完成 * /

例 2.2 部分初始化数据。
(2_2.c)

```c
#include <stdio.h>
void main()
{
    int a = 6, b, c = 8;
    b = a + c;
    printf("a = %d, b = %d, c = %d\n", a, b, c);
}
```

程序运行结果：

a = 6, b = 14, c = 8

程序分析：
对定义的整型变量进行部分初始化，然后参与运算，并输出结果。

3. 变量与内存单元

由上所述,在使用一个变量之前,要先对它进行定义,以便编译程序为其分配内存单元。也就是说,在定义了一个变量后,在内存中会分配相应的存储单元,对该变量的操作就是对存储单元的操作,该存储单元的字节数由数据类型决定。例如:

```
int x;
float y;
x = 3;
y = 3.14159;
```

经编译后它们在内存中的存放如图 2.3 所示。图中右侧是变量的名称;中间是变量的值,也就是存储单元中的内容;左侧是存储单元的编号,也就是存储单元的地址。

程序中不同数据类型的数据所占用的内存空间的大小是不同的。标准 C 规定,int 型占据 2 个字节的内存单元;float 型占据 4 个字节的内存单元;char 型占据 1 个字节的内存单元。但是在不同的编译环境中,各种数据类型占的字节是不一样的,如在 Visvcll C++ 6.0 中 int 型就占 4 个字节。

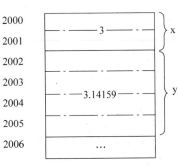

图 2.3 变量与存储单元地址关系

如图 2.3 所示,int 型变量 x 占据 2000 和 2001 两个字节,在这两个字节中存放的值是整数 3;float 型变量 y 占据 2002、2003、2004、2005 四个字节,存放的值是实数 3.14159。

通常把变量所占存储空间中的首字节地址称为变量地址。如变量 x 的地址是 2000,y 的地址是 2002。这样,经过编译系统处理,把程序装入内存中,变量的名称就与内存中特定单元的地址联系起来。在执行程序时,CPU 并不直接识别变量的名称,但它知道各变量在内存的地址,在机器内部对变量值的存取是通过各自的地址进行的。例如"x = 3;"的操作过程是:根据变量名与内存地址的对应关系,找到变量 x 的地址 2000,然后把整数 3 放入内存中起始地址为 2000 的两个字节中。变量的值就是相应的内存单元中的内容。

在对程序编译连接时由编译系统给每个变量分配对应的内存地址,但内存单元的内容(即变量值)永不为空。

2.3 基本数据类型与表示范围

常量和变量都具有数据类型的属性,常量的数据类型由字面数值决定,变量的数据类型由定义时确定。C语言提供的数据类型包括基本类型、构造类型、指针类型和空类型,其中基本数据类型是其他数据类型的基础,关于基本数据类型的概要说明见表 2.2。

表 2.2 基本数据类型概要说明

类型说明符	数 值 范 围	字节数	有效数字	常量举例	常用格式控制符
[signed]int	$-32\ 768 \sim 32\ 767$ 即 $-2^{15} \sim (2^{15} - 1)$	2		$-587,056,0X$ $2AF,0x2af$	d
unsigned[int]	$0 \sim 65\ 535$ 即 $0 \sim (2^{16} - 1)$	2		26u,26U	u

25

第 2 章

基本数据类型、运算符与表达式

续表

类型说明符	数 值 范 围	字节数	有效数字	常量举例	常用格式控制符
[signed]short[int]	$-32\,768\sim32\,767$ 即 $-2^{15}\sim(2^{15}-1)$	2		$-587,0\text{x}2\text{af}$	hd
unsigned short[int]	$0\sim65\,535$ 即 $0\sim(2^{16}-1)$	2		$26\text{u},0\text{x}7\text{FU}$	hu
[signed]long[int]	$-2\,147\,483\,648\sim2\,147\,483\,647$ 即 $-2^{31}\sim(2^{31}-1)$	4		$-567\text{L},567\text{l}$	ld
unsigned long[int]	$0\sim4\,294\,967\,295$ 即 $0\sim(2^{32}-1)$	4		$487\text{Lu},487\text{lu}$	lu
float	$10^{-37}\sim10^{38}$	4	$6\sim7$	$1\text{e}10\text{f},123.456\text{F}$	e,f
double	$10^{-307}\sim10^{308}$	8	$15\sim16$	$123.4,123.456\text{d}$	lf
long double	$10^{-4931}\sim10^{4932}$	16	$18\sim19$	$-3.14\text{e}10\text{L},$ $-3.14\text{e}10\text{l}$	Lf
char	$0\sim255/-128\sim127$	1		'a','9','\n'	c

2.3.1 整型数据

1. 整型常量

整型常量就是整常数。在 C 语言中,经常使用的整常数有三种进制,它们分别是八进制、十六进制和十进制。在程序中是根据前缀来区分各种进制数的。八进制前缀为"0",十六进制前缀为"0x",十进制无前缀。

(1) 十进制整常数:其数码为 $0\sim9$。如,3、-587,但 23 不能写成 023(不能有前导 0)。

(2) 八进制整常数:八进制整常数必须以 0 作为八进制数的前缀。数码取值为 $0\sim7$。例如,0101 表示八进制数 101,将其转换为十进制数,则其值为:$1\times8^{2}+0\times8^{1}+1\times8^{0}$,等于十进制 65。以下八进制数各数的表示方法是非法的:

106(无前缀 0)、015B2(包含了非八进制数码"B")。

(3) 十六进制整常数:十六进制整常数的前缀为 0X 或 0x。其数码取值为 $0\sim9$,$A\sim F$ 或 $a\sim f$。例如,0X2AF 或 0x2af,将其转换为十进制数,则其值为:$2\times16^{2}+A\times16^{1}+F\times16^{0}$,等于十进制 687。以下十六进制各数的表示方法是非法的:

8E(无前缀 0X)、0X2G(含有非十六进制数码"G")。

(4) 整型常数的后缀:基本整型的长度为 16 位,十进制无符号整常数的范围为 $0\sim65\,535$,有符号数的取值范围为 $-32\,768\sim+32\,767$。八进制无符号数的表示范围为 $0\sim0\,177\,777$。十六进制无符号数的表示范围为 0X0~0XFFFF 或 0x0~0xffff。如果使用的数超过了上述范围,就必须加上后缀"L"或"l",变为长整型数来表示。

例如:567L(十进制为 567)、0567L(十进制为 375)、0XD8L(十进制为 216)。

长整数 567L 和基本整常数 567 在数值上并无区别,但是所占存储空间大小不同。对 567L 而言,因为是长整型量,编译系统将为它分配 4 个字节存储空间。而对 567,因是基本整型,则只分配 2 个字节的存储空间。因此在运算和输出格式上要予以注意,避免出错。

无符号数也可用后缀表示,整型常数的无符号数的后缀为"U"或"u"。

例如:26u,0x7Fu,487Lu 均为无符号数。

前缀、后缀可同时使用以表示各种类型的数。如 0X6DLu 表示十六进制无符号长整数 6D,其十进制形式为 109。

2. 整型变量

(1) 整型数据在内存中的存放形式

数据在计算机内存中是以二进制形式存放的,例如,定义了一个整型变量 a:

```
int a;                      /* 定义 a 为整型变量 */
a = 11;                     /* 给 a 赋以初值 11 */
```

十进制数 11 的二进制形式为 1011,标准 C 为一个整型变量在内存中分配 2 个字节的存储单元。由于在内存中数值是以补码形式表示的,正整数的补码和它的原码在二进制形式上是相同的。所以,a = 11,在内存中的存放形式如图 2.4 所示。

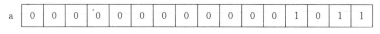

图 2.4　十进制数 11 在内存中的存放形式

负数的补码:将该数的绝对值的二进制形式按位取反后再加 1。

例如,求 - 11 的补码过程如下:

11 的原码:

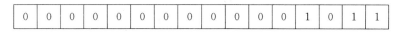

取反:

再加 1,得 - 11 的补码:

其中,左面的第一位是表示符号的。

(2) 整型变量的分类

在 C 语言中,整型的基本类型是 int,根据其取值范围可分为基本型(int)、短整型(short int 或 short)、长整型(long int 或 long),根据整型值是否带有符号位来分类,可分为有符号型(signed 可以省略)和无符号型(unsigned)。

- 基本型:类型说明符为 int,在内存中占 2 个字节。
- 短整量:类型说明符为 short int 或 short,所占字节和取值范围均与基本型相同。
- 长整型:类型说明符为 long int 或 long,在内存中占 4 个字节。

有符号型:类型说明符为 signed;无符号型:类型说明符为 unsigned。有符号型与无符号型又可与前三种类型匹配而构成:

- 有符号基本型:类型说明符[signed] int。
- 有符号短整型:类型说明符[signed] short [int]。
- 有符号长整型:类型说明符[signed] long [int]。
- 无符号基本型:类型说明符为 unsigned [int]。
- 无符号短整型:类型说明符为 unsigned short [int]。

基本数据类型、运算符与表达式

- 无符号长整型：类型说明符为 unsigned long [int]。

其中，上面带"[ ]"的部分表示其内容可以省略。当不指定为无符号或者指定为有符号时，为有符号型，存储单元最高位代表符号位(最高位为 0 表示正数，为 1 表示负数)。如指定为无符号型，则省去了符号位，全部存储单元二进制位(bit)用于存放数据。无符号型不能用于表示负数。

有符号整型变量，最大值为 32 767，在内存中表示如下：

0	1	1	1	1	1	1	1	1	1	1	1	1	1	1	1

无符号整型变量，最大值为 65 535，在内存中表示如下：

1	1	1	1	1	1	1	1	1	1	1	1	1	1	1	1

表 2.3 列出了标准 C 中各类整型量所分配的内存字节数及数的表示范围。

表 2.3　整数类型的有关说明

类型说明符	数 值 范 围		比特数	字节数
[signed] int	−32 768～32 767	即 $-2^{15} \sim (2^{15}-1)$	16	2
unsigned [int]	0～65 535	即 $0 \sim (2^{16}-1)$	16	2
[signed] short [int]	−32 768～32 767	即 $-2^{15} \sim (2^{15}-1)$	16	2
unsigned short [int]	0～65 535	即 $0 \sim (2^{16}-1)$	16	2
[signed] long [int]	−2 147 483 648～2 147 483 647	即 $-2^{31} \sim (2^{31}-1)$	32	4
unsigned long [int]	0～4 294 967 295	即 $0 \sim (2^{32}-1)$	32	4

注意：使用不同的编译系统时，各类整数的具体取值范围可能与上表有所差异。Visual C++ 6.0 为基本型和无符号整型分配 4 个字节的存储空间。

例 2.3　整型变量的定义与使用。

(2_3.c)

```c
# include < stdio. h >
void main()
{
    long a,b;
    int x,sum,ave;              /* 定义整型变量 x,sum,ave */
    unsigned y;                 /* 定义无符号整型变量 y */
    a = 9;
    x = − 10;
    y = 20;
    b = x + a;
    sum = x + y;
    ave = (x + y)/2;            /* 不同类型数据间可进行运算 */
    printf("b = x + a = % ld,sum = % d, average = % d\n",b,sum,ave);
                                /* 按格式要求输出计算结果 */
}
```

程序运行结果:

b = x + a = - 1, sum = 10, average = 5

程序分析:

本例说明,不同类型的量可以参与运算并赋值。其中的类型转换是由编译系统自动完成的。注意,长整型数据的输出格式为%ld。有关类型转换的规则将在 2.3.4 节中进行介绍。

(3) 整型数据的溢出

每个整型数据都有其自身的数据类型,有其自身所占存储空间大小,例如:基本整型 int 定义的变量的最大允许存储值为 32 767,如果存储的数据超过存储空间会怎样呢?

例 2.4 整型数据的溢出。

(2_4.c)

```
# include < stdio. h>
void main()
{
  int x,y;
  x = 32767;
  y = x + 1;
  printf(" % d, % d\n",x,y);
}
```

程序运行结果:

32767, - 32768

程序分析:

计算结果 - 32 768 与实际应该的结果 32 768 相差一个符号,为什么会这样呢?原因在于数据在内存中都是以该数的补码的二进制形式存放的,32 767 的补码为 0111 1111 1111 1111,加 1 后发生进位,变成 1000 0000 0000 0000,最高位的 1 占据了符号位,而它正好是 - 32 768 的补码形式,所以才有上述输出结果。注意,int 型变量只能容纳 - 32 768~32 767 范围内的数据,超过此范围就会发生"溢出"。此类情况在运行时并不会报错,所以在编程时一定要小心。

注意:程序 2_4.c 在 Visual C++ 6.0 环境中运行,结果会是 32 767,32 768,因为在该环境中,int 占 4 个字节,运行结果没有超过它的表示范围。

2.3.2 实型数据

1. 实型数据表示方法

实型也称为浮点型。实型数据也称为实数(real number)或者浮点数(floating point number)。在 C 语言中,实数有二种形式:十进制小数形式和指数形式。

(1) 十进制小数形式

由数字 0~9 和小数点组成。注意,必须有小数点,且小数点的前面或后面必须有数字。例如:3.141 592 6,0.0、0.1、7.0、780. 、- 25.860 等均为合法的实数。

(2) 指数形式

由十进制数(基数)、加阶码标志"e"或"E"以及指数(阶码,只能为整数,可以带符号)组成。其一般形式为：

[+ | -] [digits][.digits][E|e[+ | -]digits]

在此，digits 是一位或多位十进制数字(从 0～9)，E(也可用 e)是指数符号，基数部分中小数点之前是整数部分，小数点之后是尾数部分。小数点在没有尾数时可省略。如 1.6E2 (等于 $1.6 * 10^2$)、$-4.7E-6$ (等于 $-4.7 * 10^{-6}$)、$5.2E-5$ (等于 $5.2 * 10^{-5}$)、0.2E3 (等于 $0.2 * 10^3$)。

注意，阶码标志 e(或 E)之前必须有数字，且 e 后的指数必须为整数。例如 e3、2.7e3.5、e 都是不合法的指数形式。标准 C 允许浮点数使用后缀。后缀为"f"或"F"即表示该数为浮点数。如 356f 和 356.是等价的。

虽然 C 语言没有规定指数形式中基数部分和指数部分的取值，但建议使用规范化的指数形式。规范化的指数形式：在字母 e(或 E)之前的小数部分中，小数点左边有且仅有一位非零数字。例如 3.5478e2 就是规范化的指数形式。

2. 实型数据在内存中的存放形式

实型数据一般占 4 个字节(32 位)内存空间。与整型数据的存储方式不同，实型数据按指数形式存储。系统把一个实型数据分为小数部分和指数部分分别存放。指数部分采用规格化的指数形式表示。例如，实数 7.15731 在内存中的存放形式如图 2.5 所示。

图 2.5　实型数据的存放

图 2.5 中是用十进制形式来表示的，实际上计算机中是用二进制形式来表示小数部分，以及用 2 的幂次来表示指数部分的。在 4 个字节中，究竟用多少位来表示小数部分，多少位来表示指数部分，标准中并未规定。小数部分占的位(bit)数愈多，数的有效数字愈多，精度愈高。指数部分占的位数愈多，则能表示的数值范围愈大。

3. 实型变量的分类

实型变量分为单精度(float 型)、双精度(double 型)和长双精度(long double 型)三类。

在标准 C 中单精度型占 4 个字节(32 位)内存空间，其数值范围为 3.4E - 38～3.4E + 38，只能提供七位有效数字。双精度型占 8 个字节(64 位)内存空间，其数值范围为 1.7E - 308～1.7E + 308，可提供 16 位有效数字。长双精度型占 16 个字节(128 位)内存空间。具体表示范围如表 2.4 所示。

表 2.4　实型变量的有关说明

类型说明符	比特数(字节数)	有 效 数 字	数 的 范 围
float	32(4)	6～7	$10^{-37} \sim 10^{38}$
double	64(8)	15～16	$10^{-307} \sim 10^{308}$
long double	128(16)	18～19	$10^{-4931} \sim 10^{4932}$

实型变量在使用之前也要先进行定义,例如:

```
float x,y;                    /* x,y 为单精度实型变量 */
double a,b,c;                 /* a,b,c 为双精度实型变量 */
long double z;               /* z 为长双精度实型变量 */
```

4. 实型数据的舍入误差

由于实型变量的存储单元是由有限的存储单元组成的,因此能提供的有效数字总是有限的,其中单精度的有效数字是 7 位,双精度的有效数字是 16 位,长双精度的有效数字是18 位。在有效位数之外的数字将被舍去,这样会产生一些误差,在编程时应避免两个实型数据进行恒等判断。

例 2.5 实型数据的舍入误差。

(2_5.c)

```
#include<stdio.h>
void main()
{
    float x,y;
     x=7654321.152e3;
     y=x+33;
    printf("%f, %f\n",x,y);
}
```

程序运行结果:

7654321152.000000, 7654321152.000000

程序分析:

程序中 printf 函数中的"%f"是输出实数的制定格式,其作用是指定该实数以小数形式输出。运行结果中 x,y 的值相等,与单精度的 x 相比较,33 是个很大的数,并且它的有效位数是 7 位,超过此范围的数字是无意义的。标准 C 规定小数后最多保留 6 位,所以两者的结果都是 7 654 321 152.000000。应避免将一个很大的数与一个很小的数直接相加减,否则很小的数起到的作用会被"忽视"掉。

5. 实型常数的类型

实型常数不分单、双精度,都按双精度 double 型处理。例如定义一个实型变量 a,进行如下运算:

a=3.14159*7.1617

编译系统先将 3.141 59 和 7.161 7 作为双精度数进行相乘的运算,得到的结果也是双精度的,然后取其前 7 位有效数字赋值给实型变量 a。这样,可以使计算的结果更加精确。

2.3.3 字符型数据和字符串常量

字符型数据包括字符常量和字符变量。

1. 字符常量

字符常量是用一对单引号括起来的一个字符。

例如：'x'、'd'、' = '、'!'等都是合法字符常量。

注意：字符常量区分大小写，'d'和'D'是两个不同的字符常量；字符常量只能用单引号括起来；字符常量只能是单个字符，不能是字符串。字符可以是字符集中除了单引号本身"'"、双引号""""、反斜杠"\"外的任意字符。但数字被定义为字符型之后就不能按数字型参与数值运算。如'6'和 6 是不同的，'6'是字符常量，若参与数值运算，表示'6'对应的 ASCII 码(54)参与数值运算。

2. 转义字符

C 语言中有一种特殊的字符常量——转义字符。转义字符以反斜线"\"开头，后跟一个或几个字符。转义字符具有特定的含义，不同于字符的原义，故称"转义"字符。例如，在前面各例题 printf 输出函数的格式串中用到的"\n"就是一个转义字符，其意义是"回车换行"。转义字符用反斜杠"\"将其后面的字符转换为另外的意义，主要用来表示那些用一般字符不便于表示的控制代码，它们在屏幕上无法显示。

C 语言中，转义字符有三种：简单转义字符、八进制转义字符和十六进制转义字符。

（1）简单转义字符

常用的简单转义字符见表 2.5。

表 2.5 常用的转义字符及其含义

转 义 字 符	转义字符的意义	ASCII 代码（十进制）
\a	响铃	7
\n	回车换行	10
\t	横向跳到下一制表位置	9
\v	垂直跳到下一制表位置	11
\b	退格	8
\r	回车	13
\f	走纸换页	12
\\	反斜线符"\"	92
\'	单引号符	39
\"	双引号符	34
\0	空字符（NULL）	000

（2）八进制转义字符

它由反斜杠"\"和 1～3 个八进制数字组成，其一般形式为"\ddd"，表示 ASCII 码为八进制 ddd 所对应的字符。例如"\071"表示 ASCII 码值为 57（十进制）的数字字符"9"，"\101"表示 ASCII 码值为 65（十进制）的字符"A"，"\376"代表图形字符"■"。

注意："\0"或者"\000"代表 ASCII 码为 0 的控制字符，即"空操作"字符，它常用在字符串中表示字符串的结束。

（3）十六进制转义字符

它由反斜杠"\"、字母 x 和 1～2 个十六进制数字组成，其一般形式为"\xhh"，表示 ASCII 码为十六进制 dd 所对应的字符。例如，"\x1E"表示 ASCII 码值为 30（十进制）的图形字符"▲"，"\x35"表示 ASCII 码值为 53（十进制）的数字 5。

使用转义字符时需要注意以下问题：

- 转义字符中只能使用小写字母,每个转义字符只能看作一个字符。
- \v 垂直制表和\f 走纸换页对屏幕没有任何影响,但会影响打印机执行响应操作。
- 在 C 程序中,使用不可打印字符时,通常用转义字符表示。

例 2.6 转义字符的使用。

(2_6.c)

```
# include < stdio.h>
void main()
{
    printf("__ab__c\tde\rf____\bg\n");
}
```

程序运行结果:

f___g__c__de //"\t"表示到下一个制表位

程序分析:

　　程序中使用 printf 函数直接输出双引号内的各字符,需要注意其中转义字符的作用。首先在左端输出"__ab__c",然后遇到"\t",它的作用是跳到下一个制表符位置;一个制表符占 8 列,下一制表符位置从第 9 列开始,故在第 9~10 列上输出"de";然后遇到"\r",它代表"回车"(不换行),于是返回到本行的行首(最左端第 1 列),输出"f____";然后遇到"\b",它代表"退一格",接着输出"g"。

　　程序运行时的输出结果为:

f_abg_c_de

　　但显示器上看到的结果与上述结果不同,为:

f___g_c_de

　　这是因为由于"\r"使得当前位置回到本行的行首,然后输出的字符(包括空格和跳格所经过的位置)将取代原来屏幕上该位置上显示的字符。故,字符"ab_"被新的字符"__g"所代替。因此屏幕上看不到字母"ab"。实际上,屏幕上完全按程序要求输出了全部的字符,只是因为在输出前面的字符后很快又输出后面的字符,在人们还未看清之前,就被新的取代了。在打印机上输出时能够完整地输出程序的全过程和结果。

3. 字符变量

　　字符变量用来存储字符常量,它只能存放一个字符。字符变量的类型说明符是 char,字符变量类型定义举例如下:

char a,b;　　　　　　　　　　　/* 定义了两个字符变量 a 和 b */

4. 字符数据在内存中的存储形式

　　每个字符变量被分配一个字节的内存空间,字符型数据在存储时,并不是把该字符本身放到内存单元中,而是把该字符的 ASCII 码值存放在变量的内存单元之中。例如,A 的十进制 ASCII 码是 65,a 的十进制 ASCII 码是 97,在内存单元中存放的是 65 和 97 的二进制代码,如图 2.6 所示。

基本数据类型、运算符与表达式

A：

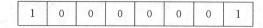

a：

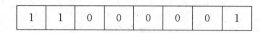

图 2.6　字符型数据的存放

　　既然字符型数据在内存中是以 ASCII 码存放的，它的存储形式与整数的存储形式类似，使得字符型数据和整型数据之间可以通用。C 语言允许对整型变量赋以字符值，也允许对字符变量赋以整型值。在输出时，允许把字符变量按整型量输出，也允许把整型量按字符量输出。

　　注意：在 0～255(8 位无符号字符型)或 −128～127(8 位有符号字符型)范围内可以通用。整型量为 2 字节量，字符量为 1 字节量，当整型量按字符型量处理时，只有低 8 位这个字节参与处理。

　　例 2.7　字符变量与整型数据通用说明。

(2_7.c)

```
#include<stdio.h>
void main()
{
  char a,b;
  a=65;
  b=97;
  printf("%c,%c\n",a,b);
  printf("%d,%d\n",a,b);
}
```

程序运行结果：

```
A,a
65,97
```

程序分析：

　　本程序中定义 a,b 为字符变量，但在赋值语句中赋以整型值。从结果看，a,b 值的输出形式取决于 printf 函数格式串中的格式符，当格式符为"%c"时，对应输出的变量值为字符，当格式符为"%d"时，对应输出的变量值为整数。由此可知，字符型数据和整型数据是可以通用的，但要注意字符型数据只占 1 个字节，它只能存放 0～255 范围的整数。

　　例 2.8　大小写字母的转换。

(2_8.c)

```
#include<stdio.h>
void main()
{
  char a,b;
```

```
    a = 'a';
    b = 'B';
    a = a - 32;
    b = b + 32;
    printf("%c,%c\n%d,%d\n",a,b,a,b);
}
```

程序运行结果：

A,b
65,98

程序分析：

本例中,a,b被说明为字符变量并赋予字符值,C语言允许字符变量参与数值运算,即用字符的ASCII码值参与运算。由于大小写字母的ASCII码值相差32,因此可以将小写字母与大写字母进行相互转换,然后分别以字符型和整型输出。字符型数据可以与整型数据相互赋值。例如,有整型变量 x,字符型变量 y,进行如下赋值是合法的：x = 'a'; y = 98；

5. 字符串常量

前面讲过,字符常量是用一对单引号括起来的一个字符,而字符串常量则是由一对双引号括起的字符序列。

例如："chongqing"、"C program"、"&1.75"、"a"等都是合法的字符串常量。

字符串常量和字符常量是不同的量,它们之间的主要区别如下：

- 外形不同,字符常量由一对单引号括起来,字符串常量由一对双引号括起来。注意,'a'和"a"是不同的,一个是字符常量,一个是字符串常量。
- 内容不同,字符常量只能是单个字符,字符串常量则可以含0个或多个字符。
- 单向赋值,可以把一个字符常量赋予一个字符变量,但不能把一个字符串常量赋予一个字符变量。
- 空间不同,字符常量占一个字节的内存空间,字符串常量占的内存字节数等于字符串中字节数加1。末尾增加的一个字节用于存放字符串结束的标志字符'\0'(ASCII码为0)。例如：字符串"chongqing"的长度是9个字节,在内存中所占的字节为10,其存储方式如图2.7所示。

图 2.7　字符串数据的存放

最后一个字符为'\0',在输出时是不会输出'\0'的。注意,在书写程序时不必加'\0', '\0'是系统自动加上的。例如,字符串输出：

```
printf("welcome to China!");
```

从第一个字符开始逐个输出每个字符,直到遇到最后的字符串结束标志'\0'字符,系统就知道字符串结束了,停止输出。

字符常量'a'和字符串常量"a"虽然都只有一个字符,但在内存中的情况是不同的。'a'在

基本数据类型、运算符与表达式

内存中占一个字节，"a"在内存中占二个字节。因此，一定不能把字符常量与字符串常量混淆了。

由于 C 语言中没有专门的字符串变量，如想将一个字符串常量存放在变量中，必须使用字符数组，即用一个字符数组来存放一个字符串，数组中每个元素存放一个字符。详细介绍见数组一章。

2.3.4 各类数值型数据间的混合运算

前面讨论了不同类型的数据类型（整型、实型、字符型），它们之间是可以混合运算的，例如，整型与字符型之间可以通用。所以表达式"6.7 + 365 - 'a' * 6 + 89563.9 - 58"是合法的。不同类型的数据在一起运算时，需要转换为相同的数据类型，然后进行运算。转换的方式采用自动类型转换，也称为隐式转换。自动类型转换是指系统根据规则，自动将不同数据类型的运算对象转换成同一数据类型的过程。对于某些数据类型，即使两个运算对象的数据类型完全相同，也要进行转换，例如，都是 char 或都是 float。

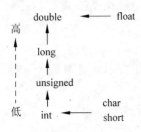

图 2.8 数据类型的转换关系

转换的原则就是为了两个运算对象的计算结果尽可能提供多的存储空间。当运算符两端的运算对象的数据类型不一致时，在运算前先将类型等级较低的数据转换成等级较高的数据——保值转换。具体规格如图 2.8 所示。

图 2.8 中横向向左的箭头表示必定的转换，如字符型必定先转换为 int 型，short 型转换为 int 型，float 型数据在运算时一律先转换为 double 型，以提高运算精度（即使两个 float 型数据相加减，也要先都转换为 double 型，然后再运算）。

纵向的箭头表示当运算对象为不同类型时转换的方向。例如 int 型与 double 型数据进行运算，则先将 int 型的数据转换为 double 型，然后再在两个同一类型（double 型）数据间进行运算，其结果为 double 型。注意，箭头方向只是表示数据类型级别的高低，由低向高转换，实际运算时无须逐级转换，可由运算对象中级别低的直接转换为级别高的。例如，int 型数据与 double 型数据进行运算，直接将 int 型数据转换为 double 型数据，而不必先转换为 unsigned int 型后再转换为 double 型。

例如，有如下定义：

```
int i;
float j;
double k;
long m;
```

则对表达式"25 + 'c' + i * j - k / m"运算时，计算机按自左至右的各优先级顺序扫描运算，转换步骤如下所示：

（1）计算 i * j，将 i、j 转换为 double 型，结果为 double 型。

（2）计算 k / m，先将 m 转换为 double 型，k / m 结果为 double 型。

（3）计算 25 + 'c'时，先将'c'转换成整型数 99，再进行运算，结果为整型数 124。

（4）将上述计算结果 124 转换为 double 型后与 i * j 的结果相加，再减去 k / m 的结果，表达式计算完毕，结果为 double 型。

注意：上述的类型转换是由系统自动进行的。自动类型转换只针对两个运算对象，不能对表达式的所有运算对象做一次性的自动类型转换。

在赋值运算中，赋值号两边量的数据类型不同时，赋值号右边量的类型将转换为左边量的类型。当右边量的数据类型长度比左边长时，将丢失一部分数据，这样会降低精度，丢失的部分不按四舍五入向前舍入，是直接舍去。

例 2.9 数据类型转换。

(2_9.c)

```
#include<stdio.h>
void main()
{
  float PI = 3.14159;
  int s,r = 5;
  s = r * r * PI;
  printf("s = %d\n",s);
}
```

程序运行结果：

s = 78

程序分析：

本例程序中，PI 为实型；s，r 为整型。在执行 s = r * r * PI 语句时，r 和 PI 都转换成 double 型计算，结果也为 double 型。但由于 s 为整型，故赋值结果仍为整型，舍去了小数部分。

再比如表达式"6/4 + 6.7"的计算结果为 7.7，而表达式 6.0/4 + 6.7 的计算结果为 8.2，原因就在于 6/4 按整型计算结果为 1，再加上 6.7 得整个表达式的结果 7.7。

在设计程序时，最好的方法是尽量避免不同类型的数据在同一语句中出现。如若无法避免不同类型的数据出现在同一语句中，C 语言提供了另一种功能——强制类型转换，可避免上述问题。它将在下面的章节中进行介绍。

2.4 C 语言的运算符与表达式

计算机的基本功能是数据处理，在程序中数据主要表现为常量和变量，常量和变量具有数据类型属性，而对数据的处理主要通过运算符和表达式来体现和表达。

2.4.1 C 语言运算符与表达式简介

运算符是告诉编译程序执行特定操作的符号，表达式是使用运算符将操作对象连接起来构成的式子。C 语言中丰富的运算符使 C 语言功能十分完善。

1. 运算符

C 语言中所有运算符如表 2.6 所示。

表 2.6　C 语言的运算符

优先级	运算符类型	运算符	名称或含义	使 用 形 式	结合方向	运算对象个数
1	基本	[]	数组下标	数组名[常量表达式]	左到右	
		()	圆括号	(表达式)		
		.	成员选择(结构)	结构变量名.成员名		
		->	成员选择(指针)	结构指针 ->成员名		
2	单目	-	负号运算符	- 表达式	右到左	1
		(类型)	强制类型转换	(数据类型)表达式		1
		++	自增运算符	++ 变量名/变量名 ++		1
		--	自减运算符	-- 变量名/变量名 --		1
		*	取值运算符	* 指针变量		1
		&	取地址运算符	& 变量名		1
		!	逻辑非运算符	! 表达式		1
		~	按位取反运算符	~表达式		1
		sizeof	长度运算符	sizeof(表达式)		1
3	算术	/	除	表达式/表达式	左到右	2
		*	乘	表达式 * 表达式		2
		%	余数	整型表达式%整型表达式		2
4		+	加	表达式 + 表达式		2
		-	减	表达式 - 表达式		2
5	移位	<<	左移	变量 << 表达式	左到右	2
		>>	右移	变量 >> 表达式		2
6	关系	>	大于	表达式 >表达式	左到右	2
		>=	大于等于	表达式 >= 表达式		2
		<	小于	表达式 < 表达式		2
		<=	小于等于	表达式 <= 表达式		2
7		==	等于	表达式 == 表达式		2
		!=	不等于	表达式!= 表达式		2
8	位逻辑	&	按位与	表达式 & 表达式	左到右	2
9		^	按位异或	表达式^表达式		2
10		|	按位或	表达式|表达式		2
11	逻辑	&&	逻辑与	表达式 && 表达式	左到右	2
12		||	逻辑或	表达式||表达式		2
13	条件	?:	条件运算符	表达式 1? 表达式 2: 表达式 3	右到左	3
14	赋值	=	赋值运算符	变量 = 表达式	右到左	2
		/=	除后赋值	变量/= 表达式		2
		*=	乘后赋值	变量 *= 表达式		2
		%=	取模后赋值	变量%= 表达式		2
		+=	加后赋值	变量 += 表达式		2
		-=	减后赋值	变量 -= 表达式		2
		<<=	左移后赋值	变量 <<= 表达式		2
		>>=	右移后赋值	变量 >>= 表达式		2
		&=	按位与后赋值	变量 &= 表达式		2
		^=	按位异或后赋值	变量^= 表达式		2
		|=	按位或后赋值	变量|= 表达式		2
15	逗号	,	逗号运算符	表达式,表达式,…	左到右	

按运算符在表达式中的作用,C 语言的运算符可分为算术运算符、赋值运算符、关系运算符、逻辑运算符、位运算符、条件运算符、逗号运算符及一些特殊的运算符。

按运算符与运算对象(操作数)的关系可将 C 语言的运算符分为单目运算符、双目运算符和三目运算符。

单目运算符"sizeof（表达式）"表示表达式在内存中占的字节数,运算结果为整型数据,可以表示表达式的类型。

C 语言允许各种运算符组合在一起进行混合运算操作。因此,必须知道运算符的优先级。所谓"运算符的优先级"是指不同的运算符运算的先后顺序。

C 语言运算符的优先级在表 2.6 中从上到下依次递减。所有运算符的优先级共分 15 级。基本运算符的优先级最高(为 1 级),逗号运算符的优先级最低(为 15 级)。各类运算符的优先级简单记为:单目>算术运算符>位移>关系运算符>逻辑>条件>赋值>逗号运算符。

当一个运算量两侧的运算符优先级相同时,则按运算符的结合性所规定的结合方向处理。C 语言中规定了各运算符的结合性(结合方向),结合性分为两种,一种是左结合性(自左至右),另一种是右结合性(自右至左)。例如算术运算符的结合性是自左至右,即先左后右。如有表达式"a + b − c",则 a 应先与" + "号结合,执行 a + b 运算,然后再执行 − c 的运算。这种自左至右的结合方向就称为"左结合性"。而自右至左的结合方向称为"右结合性"。最典型的右结合性运算符就是赋值运算符。如 a = b = c,由于" = "的右结合性,因此,相当于 a = (b = c),即先将 c 的值赋给 b,再将 b 的值赋给 a。

在分析 C 程序或编写程序时,要注意运算符的作用及其运算分量的个数。因为有些运算符虽"外表"一样,但却属于不同类型的运算符。例如"a ∗ b"其中运算符" ∗ "是乘号,它有左右两个分量。而" ∗ p ∗ a"中,左边的" ∗ "是单目运算符,只有一个运算分量,其作用是取出 p(指针变量)所指向内存单元的内容;右边的" ∗ "是双目运算符,表示两数相乘。再比如" − a − b"中左边的" − "是单目运算符,只有一个运算分量,其作用是取变量 a 的负值;右边的" − "是双目运算符,表示两数相减。

2. 表达式

表达式是使用运算符将常量、变量和函数值连接起来构成的式子。例如,表达式"(x − y)/(3 ∗ a + b) − 6 ∗ d"中包括 + 、 − 、/、 ∗ 、()等运算符,操作数包括 x、y、a、b、d 等。

3. 表达式语句

C 语言中,在表达式的末尾加上一个分号";"就构成了表达式语句。在程序设计过程中要避免使用无意义的表达式语句,即没有引起任何存储单元中数据变化的语句。如"a + b;"和"3;"都是无意义的表达式语句,而"a = a + b;"是有意义的表达式语句,它改变了 a 变量的值。

2.4.2 算术运算符和算术表达式

1. 基本的算术运算符

1) 运算符

(1)" + "——加法运算符或正值运算符:作为加法运算符时为双目运算符,结合方向为自左至右。如 a + b、5 + 2 等。" + "作为正值运算符时为单目运算符,结合方向为自右至左。如 + 3。

(2)" − "——减法运算符或负值运算符:作为减法运算符时为双目运算符,结合方向为自左至右。例如 5－3、x－y。但"－"在作负值运算符时为单目运算,结合方向为自右至左。如－9 等。

(3)"＊"——乘法运算符:双目运算,结合方向为自左至右。例如 x＊y、3＊5。

(4)"/"——除法运算符:双目运算,结合方向为自左至右。例如 x/y、20/5。参与运算量均为整型时,结果也为整型,舍去小数。如果运算量中有一个是实型,则结果为双精度实型。

(5)"％"——取模运算符(求余运算符):双目运算,结合方向为自左至右。

2) 注意事项

在使用上述运算符时需要注意以下几点:

(1) 两整数相除,结果为整数(舍去小数部分),商向下取整。如"20/7"的结果为 2,"3/4"的结果为 0。但是,如果除数或被除数中有一个为负数,则舍入的方向是不固定的。例如－5/3,有的机器上得到结果－1,有的机器上得到结果－2。多数机器采取"向零取整"的方法,即－5/3＝－1,取整后向零靠拢。

(2) 如果参与 ＋、－、＊、/运算的两个数中有一个为实型,则结果为 double 型,因为实型都按 double 型进行处理。

(3) 取模运算符"％"实际上就是数学运算中的求余运算符,它要求参与运算的两个操作对象均为整型。求余运算的结果等于两数相除后的余数,结果的符号与"％"左边的操作数的符号相同。例如,"20％3"的结果为 2,"45％－8"的结果为 5(其中"－"为负值运算符),"－45％8"的结果为－5。

例 2.10 除法及求余运算。

(2_10.c)

```
#include<stdio.h>
void main()
{
    printf("%d,%d\n",20/7,-20/7);
    printf("%f,%f\n",20.0/7,-20.0/7);
    printf("%d\n",100%-3);
}
```

程序运行结果:

```
2,-2
2.857143,-2.857143
1
```

程序分析:

第一条输出语句说明除法运算中两操作数均为整数时其结果为整数,如操作数中出现负数,其结果向零取整。第二条输出语句说明除法运算中两操作数中有一个为实数,其结果为 double 型。第三条输出语句说明取模运算是得到两除数的余数,结果符号与"％"左边的操作数的符号相同。

2. 算术表达式和运算符的优先级和结合性

算术表达式是由算术运算符和括号将操作数(或运算对象)连接起来的符合 C 语言语

法规则的表达式。操作数包括常量、变量、函数等。例如，'x' - 6.8 + a * b/c、sin(x) + sin(y)、(++i) - (j++) + (k--)都是合法的算术表达式。

算术表达式的解就是经过算术运算得到的表达式的值。

2.4.3 赋值运算符和赋值表达式

1. 赋值运算符

程序设计中，赋值运算符是使用频繁的运算符。所谓赋值就是将一个数据值存储到一个变量中。注意，赋值的对象只能是变量，而这个数值既可以是常量，也可以是变量，还可以是有确定值的表达式。赋值运算符记为" = "，其作用是将一个数据赋给一个变量。例如：

```
a = 3;                          /* 将常量 3 赋给变量 a */
```

2. 赋值表达式

由赋值运算符" = "将一个变量和表达式连接的式子称为赋值表达式。其一般形式为：

变量 = 表达式

例如，对于以下表达式：

```
x = sin(a) + (i++);
```

执行时其功能是将赋值运算符右侧的"表达式"的值赋给左边的变量。使用赋值表达式时应注意以下几点。

（1）在赋值运算符的左边的量必须是变量，不能是常量或用上述运算符结合起来的表达式，例如：

```
int x,y;
x = 12; y = x;                  /* 是合法的赋值形式 */
12 = x;x + y = 24;              /* 是非法的赋值形式 */
```

赋值运算符左侧的标识符称为"左值"(left value)，并不是任何对象都可以作为左值的，变量可以作为左值，而表达式"x + y"就不能作为左值，常变量也不能作为左值，因为常变量不能被赋值。出现在赋值运算符右侧的表达式称为"右值"(right value)。显然左值可以出现在赋值运算符的右侧，因而凡是左值都可以作为右值。例如：

```
float x,y,z = 5;
x = z;                          /* x 作为左值 */
y = x;                          /* x 作为右值 */
```

（2）赋值表达式也应该有值，它的值就是被赋值的变量的值，其结果类型由赋值运算符"左值"的类型决定。如赋值表达式"右值"的类型与"左值"的类型不一致，则需把"右值"的类型转换为"左值"的类型。例如：

```
int x = 12, result;
float y = 3.14;
result = x * y;
```

在上面赋值语句中，赋值运算符右边表达式值"x * y"的类型为 double 型（运算前 int 型和 float 型都先转换成 double 型),而变量 result 的类型为 int 型。因此,赋值语句执行后结果类型为 int 型,即取 double 型值的整数部分,其结果为 37。

(3) 赋值运算符具有右结合性,赋值运算可以连续进行。例如:"a = b = c = 5"中有三个赋值运算符,按照赋值运算符的结合性——自右至左,这个表达式可理解为 a = (b = (c = 5))。

其赋值过程是先将 5 赋给变量 c,再把 c 的值赋给变量 b,最后把变量 b 的值赋给变量 a,最后结果是 a、b、c 三个变量的值都是 5,整个表达式的值也是 5。

(4) 赋值运算符的优先级低于算术运算符的优先级。因此,C 语言中赋值表达式运用十分灵活。凡是表达式可以出现的地方均可出现赋值表达式。例如下式:

```
x = (a = 12) + (b = 24);
```

是合法的。它的意义是把 12 赋予 a,24 赋予 b,再把 a、b 相加,并把和赋予 x,故 x 应等于 36。注意,赋值表达式出现的那部分必须用圆括号括起来。

请分析下面的赋值表达式:

```
(a = 2 * 3) = 5 * 7;
```

这个表达式是非法的。对赋值运算,左值不能为表达式,而"(a = 2 * 3)"是表达式,出现在"= 5 * 7"的左边,所以是不合法的。

(5) 将赋值表达式作为表达式的一种,不仅可以出现在赋值语句中,而且可以出现在其他语句(输出语句,循环语句)中。例如:

```
printf(" % d",x = y);
```

在一个语句中完成了赋值和输出两种功能,如果 y 的值是 5,则输出 x 的值(即表达式"x = y"的值)为 5。

3. 类型转换

如果赋值运算符两边的数据类型不相同,系统将自动进行类型转换,即把赋值运算符右边的类型换成左边的类型。具体规定如下。

(1) 整型数与实型数之间的转换

- 将实型数据(单、双精度)赋予整型变量时,舍去实型数据的小数部分。例如,整型变量 i,执行"i = 3.74"的结果是使得 i 的值为 3,以整数形式存储在内存中。
- 将整型数据赋给实型(单、双精度)变量时,数值不变,但以实型数据形式存储在内存中,即增加小数部分(小数部分的值为 0)。

(2) 实型数据之间的转换

- 将一个 double 型数据赋给 float 型变量时,截取其前 7 位有效数字,存放到 float 型变量的存储单元(32 位)中。注意,数值范围不能溢出。例如:

```
float a;
double b = 123.456789e100;
a = b;
```

便会出现溢出错误。

- 将一个 float 型数据赋给 double 型变量时,其数值不变,有效位数扩展到 16 位,在内存中以 64 位存储。

（3）整型数与字符型数之间的转换

字符型数据赋给整型变量时，由于字符型数据只占一个字节，而整型数据占二个字节，故将字符的 ASCII 码值放到整型量的低八位中，这时有两种情况：如所用系统将字符型数据处理为无符号型的量或对 unsigned int 型变量赋值，则将字符型数据（8 位二进制位）放到整型变量的低 8 位，高 8 位补为 0。例如将字符'\376'（代表图形字符"?"，其 ASCII 码值为 254）赋给 int 型变量 a，如图 2.9 所示。

Visual C++ 6.0 将字符型数据处理为带符号型的量（即 signed char），如字符最高位为 0，则整型变量高 8 位补 0；如字符最高位为 1，则高 8 位全补 1，如图 2.10 所示。这称为"符号扩展"，这样做的目的是使数值保持不变，如上述字符'\376'以整数形式输出为 − 2，a 的值也是 − 2。

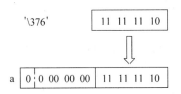

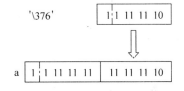

图 2.9　整型数与无符号字符型数之间的转换　　　图 2.10　整型数与有符号字符型数之间的转换

将一个 int、short、long 型数据赋给一个 char 型变量时，只将其低 8 位原封不动地送到 char 型变量（截断）。例如：

```
int a = 291;
char b = 'c';
b = a;
```

赋值情况如图 2.11 所示，字符变量 b 的值为 35，如用"％c"格式输出 b，将得到字符"♯"（其 ASCII 码为 35）。

（4）整型数据之间的转换

如将带符号的整型数据（int 型）赋给 long 型变量时，要进行符号扩展，将整型数的 16 位送到 long 型低 16 位中。如果 int 型数据为正值（符号位为 0），则 long 型变量的高 16 位补 0；如果 int 型变量为负值（符号位为 1），则 long 型变量的高 16 位补 1，以保证数值不改变。

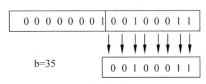

图 2.11　整型数赋给字符型数的转换

如果将一个 long 型数据赋给一个 int 型变量，只将 long 型数据中低 16 位原封不动地送到 int 型变量（截断）。例如：

```
int x;
long y = 9;
x = y;
```

赋值情况如图 2.12 所示，

如果 y = 65536（八进制数 0200000），则在赋值后 x 值为 0，如图 2.13 所示。

基本数据类型、运算符与表达式

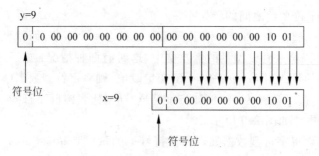

图 2.12　long 型数据赋给一个 int 型变量

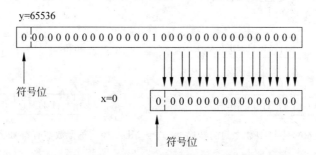

图 2.13　长整型数据赋给一个整型变量

(5) 无符号整数与其他整数之间的转换

- 将一个 unsigned int 类型数据赋给一个与其长度相同的整型变量(如 unsigned int→ int,unsigned long→long,unsigned short→short)时,将 unsigned 型变量的内容原样 送到非 unsigned 型变量中,即进行原样复制;但如果数据范围超过相应整型数的取 值范围,则会出现数据错误。例如:

```
unsigned int x = 65535;
int y;
y = x;
```

将 x 整个送到 y 中,如图 2.14 所示。由于 y 是 int 型,第 1 位是符号位,因此 y 成了负 数。根据补码指数可知,y 的值为 -1,可以用 printf("%d",y)来验证。

- 将非 unsigned 型数据赋值给长度相同的 unsigned 型变量,也是原样赋值(连原有的 符号也作为数值一起传递)。

例 2.11　有符号数据送给无符号变量。

(2_11.c)

```
# include < stdio. h >
void main()
{
   unsigned x;
   int y = -1;
   x = y;
   printf(" %u\n",x);
}
```

程序运行结果：

65535

程序分析：

赋值情况如图 2.15 所示，不同类型的整型数据间的赋值归根结底就是一条，按存储单元中的存储形式直接传送。

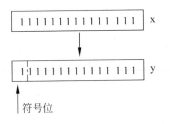

图 2.14　无符号整数与其他整数之间的转换

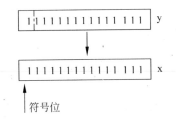

图 2.15　有符号数据送给无符号变量

4. 复合赋值运算符

除了上述基本的赋值运算符外，C 语言还提供了另外十种复合运算符。它们就是在赋值运算符"="之前加上其他二目运算符，构成复合赋值符，如 +=、−=、*=、/=、%=、<<=、>>=、&=、^=、|=。这些运算符把"运算"和"赋值"两个操作结合在一起，作为一个复合运算符来使用。采用复合赋值运算符可以提高编译生成的可执行代码的执行效率。

构成复合赋值表达式的一般形式为：

变量　双目运算符 = 表达式

它等效于：

变量 = 变量 运算符 表达式

即将左边的(变量)与右边的(表达式)进行(双目运算符)所规定的运算，然后将值返回给变量。例如：

x * = y + 38	等价于 x = x * (y + 38)
i% = j	等价于 i = i%j
a + = 695	等价于 a = a + 695

为了便于记忆，可以理解为：

- x + = y　　　　　　　(其中 x 是变量，y 为表达式)
- x + = y　　　　　　　(将有下划线的"x +"移动到"="右侧)
- x = x + y　　　　　　(在"="左侧补上变量名)

如果 y 是包含若干项的表达式，则相当于它有括号。例如，对赋值表达式"a += a −= a * a"，如果 a 的初值为 3，则此赋值表达式求解步骤如下：

(1) 先进行"a −= a * a"的运算，它相当于 a = a − a * a，a 的值为 3 − 9 = −6。

(2) 再进行"a += −6"的运算，相当于 a = a + (−6)，a 的值为 −6 − 6 = −12。

复合赋值运算符这种写法,对初学者可能不习惯,但十分有利于编译处理,能提高编译效率并产生质量较高的目标代码。

2.4.4 强制类型转换符

强制类型转换符就是"()",它是单目运算符,它把表达式的类型强制转换成圆括号中的"数据类型名"所指定的类型。强制类型转换又称为显式转换。

其一般形式为:

(类型说明符) (表达式)

其功能是把表达式的运算结果强制转换成类型说明符所表示的类型。例如:

```
(int) a                        /* 把 a 转换为整型 */
(float)(x + y)                 /* 把 x + y 的结果转换为实型 */
```

在使用强制转换时应注意以下问题:

(1) 类型说明符和表达式都必须加括号,单个变量可以不加括号。例如,不要把(int)a,写成 int(a)。上式(float)(x + y)如写成 float x + y,则只是将 x 转换成实型,再与 y 相加。

(2) 无论是强制转换或是自动转换,都只是为了本次运算的需要而对变量的数据长度进行的临时性转换,而不改变数据说明时对该变量定义的类型。例如,在"(int) a"中,如 a 原指定为 float 型,则进行强制类型转换后,得到一个 int 型的中间变量,它的值等于 a 的整数部分,而 a 的类型不变,仍为 float 型。

例 2.12 强制类型转换。

(2_12.c)

```
# include < stdio.h >
void main()
{
    float a = 3.14;
    int x;
    x = (int)a;
    printf("x = % d,a = % f\n",x,a);
}
```

程序运行结果:

x = 3,a = 3.140000

程序分析:

本例表明,a 虽强制转换为 int 型,但只在运算中起作用,是临时的,而 a 本身的类型并不改变(仍为 float 型)。因此,(int)a 的值为 3(删去了小数),而 a 的值仍为 3.14。

在程序中利用强制类型转换可把已有变量转换为所需的类型,这样可避免在程序中多定义变量,节约内存空间。例如,sqrt()开平方函数要求参数必须是双精度实型。如原来定义变量 x 为 int 型,在调用 sqrt()时可用 sqrt((double)x),把 x 的数据类型强制转换成 double 型。例如,"%"求余(也称求模)运算符要求两侧运算对象均为整型,若 a 为 float 型,则"a%32"不合法,必须对 a 进行强制类型转换:(int)a%32。因为强制类型转换运算优先级高于"％"运算,所以先进行(int)a的运算,得到一个整型的中间量,然后再对32求余。此外,在函数调用时,有时为了使实参与形参类型相一致,可以用强制类型转换运算符得到一个所需类型的参数。

2.4.5 自增自减运算符

1. 自增自减运算符

在C语言中提供了两个特殊的运算符:自增运算符"++"和自减运算符"--"。自增运算符"++"的功能是使变量的值自增1。自减运算符"--"的功能是使变量值自减1。它们均为单目运算,都具有右结合性,可以出现在运算符的前面或后面。有以下几种形式:

(1) ++i: i自增1后再参与其他运算。

(2) --i: i自减1后再参与其他运算。

(3) i++:   i参与运算后,i的值再自增1。

(4) i--:   i参与运算后,i的值再自减1。

注意区分"++"(或"--")出现在运算变量的前面还是后面,这决定着变量使用前进行加(减)操作,还是变量使用后再进行加(减)的操作。例如:如i的初值为3,则"j=++i"是先执行i加1后,再把i的值4赋给j,最终i和j的值均为4;而"k=i++"是先把i的值3赋给k后,再执行i加1,最终k的值为3,i的值为4。

使用自增、自减运算符时,需注意以下几点:

- 自增运算符(++)和自减运算符(--),只能用于变量,而不能用于常量或表达式。例如"++26"或"(a-b)++"是不合法的。
- 自增、自减运算符是单目运算符,其优先级高于基本的算术运算符,与单目运算符"-"(取负)的优先级相同,其结合方向是"自右至左"。

例 2.13 自增自减运算。

(2_13.c)

```
#include<stdio.h>
void main()
{
    int i=8;
    printf("%d\n",++i);
    printf("%d\n",--i);
    printf("%d\n",i++);
    printf("%d\n",i--);
    printf("%d\n",-i++);
    printf("%d\n",-i--);
}
```

程序运行结果:

```
9
8
8
9
-8
-9
```

程序分析：

i 的初值为 8,输出语句第 1 行 i 加 1 后输出(为 9);输出语句第 2 行减 1 后输出(为 8);第 3 行输出 i 为 8 之后再加 1(为 9);第 4 行输出 i 为 9 之后再减 1(为 8);第 5 行输出 -8 之后再加 1(为 9),第 7 行输出 -9 之后再减 1(为 8)。注意,-i++ 和 -i-- 之前的"-"为负值运算符,因此按照结合性这两个表达式相当于 -(i++) 和 -(i--)。

当自增、自减运算符出现在较复杂的表达式或语句中时,常常难于弄清,因此应仔细分析。

2. 表达式使用中的问题说明

C 语言中有的运算符为一个字符,有的运算符由两个字符组成,在表达式中如何组合呢? C 编译程序在处理时尽可能多地自左至右将若干个字符组成一个运算符(在处理时标识符、关键字也按同一原则处理),如"a+++b"将解释为"(a++)+b"。为避免误解,最好不要写成前一种,而写成后一种带括号的形式。

C 语言的运算符和表达式使用灵活,利用这一点可以巧妙处理许多问题。但标准 C 并没有具体规定表达式中的子表达式的求值顺序,允许各编译系统自行安排。例如,调用函数：

```
x = f1( ) + f2( )
```

各编译系统调用函数 f1 和 f2 的顺序并不相同,有时会造成结果也会不同,因此务必小心谨慎。

又如,i 的初值为 3,有以下表达式：

```
(i++) + (i++) + (i++)
```

有的系统按自左至右顺序求解括号内的运算,结果表达式相当于 3+4+5,即 12。而另一些系统(如 Visual C++ 6.0)把 3 作为表达式中所有 i 的值,因此 3 个 i 相加,得到表达式的值为 9。在求出表达式的值后再实现自加 3 次,i 的值为 6。应避免出现这种歧义,如果想得到 12,可以将程序改写成下列语句：

```
i = 3;
a = i++;
b = i++;
c = i++;
d = a + b + c;
```

执行完上述语句后,d 的值为 12,i 的值为 6。虽然语句多了,但不会引起歧义。类似的还有：

```
printf(" % d, % d",i,i++);
```

也应改为两个语句：

```
j = i++; printf(" % d, % d",j,i);
```

总之,不要写出别人看不懂,也不知道系统会如何执行的程序。

2.4.6 位运算符和位运算表达式

前面介绍的各种运算都是以字节作为最基本单位进行的，但在很多系统程序中常要求在位(bit)一级进行运算或处理。位运算是指进行二进制位的运算。C语言中，提供了位运算的功能，这使得C语言也能像汇编语言一样用来编写系统程序。C语言提供了6种位运算符，可分为两类：位逻辑运算符和移位运算符。

位逻辑运算符有以下4种。

- &：按位与。
- |：按位或。
- ^：按位异或。
- ~：取反。

移位运算符有以下2种。

- <<：左移。
- >>：右移。

注意，位运算符中除"~"以外，均为双目(元)运算符，即要求两侧各有一个运算符。位运算符只能是整型或字符型的数据，不能是实型数据。参与位运算的数以补码方式出现。为了便于理解，先简单回顾下有关位的知识和计算机中数值的编码表示方法。

1. 字节和位

在计算机中内存是以字节为单位的连续的存储空间，每个内存单元(字节 byte)有一个唯一的编号，即地址。

一个字节一般由8个二进制位(bit)组成，其中最右边的一位称为"最低位"，最左边的一位称为"最高位"。每个二进制位的值是0或1。

2. 数值的编码表示

在计算机内表示数值的时候，以最高位为符号位，最高位为0表示数值为正，为1表示数值为负。表示数值的编码一般由：原码、反码、补码。

（1）原码

用最高位为符号位来表示数值的符号：最高位为0表示正数，最高位为1表示负数，其余各位代表数值本身的绝对值(二进制)。如：+11的原码是00001011；-11的原码是10001011。

注意，0的原码有两种不同的表示，+0的原码是00000000，-0的原码是10000000。由于0的表示方法不唯一，不适合计算机的运算，所以计算机内部一般不使用原码来表示数据。

（2）反码

正数的反码与原码相同，如+11的反码也是00001011；而负数的反码是原码除符号位外(仍为1)各位取反。例如：-11的反码是11110100；+0的反码是：00000000；-0的反码是11111111。

同样，0的表示方法不唯一，所以计算机内部一般也不用反码来表示数据。

（3）补码

正数的补码与原码相同，如+11的补码同样是00001011；而负数的补码是除最高位仍

基本数据类型、运算符与表达式

为1外,原码的其余各位求反,然后再加1。例如: -11的原码是10001011,求反(除最高位外)后得11110100,再加1,结果是11110101。 +0的补码是00000000; -0的补码是其反码11111111加1,得100000000,最高位溢出,剩下00000000。所以,用补码形式表示数值0时,是唯一的,都是00000000。

目前计算机通常都是以补码形式存放数据。因为采用补码形式不仅数值表示唯一,而且能将符号位与其他位进行统一处理,为硬件实现提供方便。

3. 按位与运算

按位与运算符"&"是双目运算符,其功能是把参与运算的两数各对应的二进制位进行"与"运算。只有对应的两个二进制位均为1时,则该位结果才为1,否则为0。即 1&1 = 1, 1&0 = 0, 0&1 = 0, 0&0 = 0。

例如: 7&2 可写算式如下:

```
  00000111        (7 的二进制补码)
& 00000010        (2 的二进制补码)
  00000010        (2 的二进制补码)
```

可见 7&2 = 2(把第二位保留下来,其余清零)。

按位与运算通常用来对某些位清0或保留某些位。例如把 x 的高八位清0,保留低八位,可作 x&255 运算(255 的二进制数为 0000000011111111)。

4. 按位或运算

按位或运算符"|"是双目运算符,其功能是把参与运算的两数各对应的二进制位进行"或"运算。只要对应的二个二进制位有一个为1时,则该位结果就为1。即 1|1 = 1, 1|0 = 1, 0|1 = 1, 0|0 = 0。

例如: 7|2 可写算式如下:

```
  00000111
| 00000010
  00000111        (十进制为7)可见 7|2 = 7
```

5. 按位异或运算

按位异或运算符"^"是双目运算符,其功能是把参与运算的两数各对应的二进制位进行异或运算。当参与运算的两数对应的二进制位相同时,则该位的结果为0,否则为1。即, 1^1 = 0, 0^0 = 0, 1^0 = 1, 0^1 = 1。例如 7^2 可写成算式如下:

```
  00000111
^ 00000010
  00000101        (十进制为 5)可见 7^2 = 5
```

6. 求反运算

求反运算符"~"为单目运算符,具有右结合性,其功能是对参与运算的数的各二进制位按位求反。例如~7 的运算为:

~(0000000000000111) = 1111111111111000

7. 左移运算

左移运算符"<<"是双目运算符,其功能是把"<<"左边的运算数的各二进制位全部左移若干位,由"<<"右边的数指定移动的位数,高位丢弃,低位补0。例如:

设 a = 00000010(十进制 2),则

a << 4

把 a 的各二进制位向左移动 4 位。左移 4 位后为 00100000(十进制 32)。

8. 右移运算

右移运算符">>"是双目运算符,其功能是把">>"左边的运算数的各二进制位全部右移若干位,">>"右边的数指定移动的位数。例如:

设 a = 00000111(十进制 7),则

a >> 2

表示把 000000111 右移为 00000001(十进制 1)。

说明:

对于有符号数,在右移时,符号位将随同移动。当为正数时,最高位补 0;当为负数时,符号位为 1,最高位是补 0 或是补 1 取决于编译系统的规定。标准 C 和很多系统规定为补 1。

2.4.7 逗号运算符和逗号表达式

在 C 语言中,逗号运算符","的用途主要有两种:一种是作为运算符,另一种是作为分隔符。用逗号把两个表达式连接起来,称为逗号表达式(又称顺序求值运算符)。逗号运算符的优先级别最低。

1. 逗号作为运算符

逗号表达式的一般形式为:

表达式 1,表达式 2

其求值过程是先求表达式 1 的值,再求表达式 2 的值,并以表达式 2 的值作为整个逗号表达式的值。例如,逗号表达式:

12 - 6,9 + 8

的值为 17。

又如,逗号表达式:

i = 3 * 5,i * 2

的值为 30,因为逗号表达式中表达式 1 中的赋值运算符的优先级高于逗号运算符的优先级。它的求解过程为:先求解 i = 3 * 5,经计算和赋值后得到 i 的值为 15,然后求解 i * 2 得 30,整个表达式的值为 30。

一个逗号表达式又可以与另一个表达式组成一个新的逗号表达式,例如:

(i = 3 * 5,i * 2),i + 20;

先计算出 i 的值等于 15,再进行 i * 2 的运算得 30(i 值未变仍为 15),然后进行 i + 20 的运算,得 35,即整个逗号表达式的值为 35。

逗号表达式的扩展形式为:

表达式 1,表达式 2,表达式 3,…,表达式 n

逗号表达式的值为表达式 n 的值。

因为逗号运算符的优先级是所有运算符中级别最低的,因此,下面两个表达式是不同的:

```
j = (i = 3 * 5, i * 2)
j = i = 3 * 5, i * 2
```

第一个表达式是一个赋值表达式,将一个逗号表达式的值赋给 j,j 的值为 30；而第二个表达式是个逗号表达式,它包括一个赋值表达式和一个算术表达式,j 和 i 的值都是 15,整个表达式的值为 30。

实际上,逗号表达式无非是把若干个表达式"串联"起来。在多数情况下,使用逗号表达式的目的是想分别得到各个表达式的值,而并非一定需要得到整个逗号表达式的值,逗号表达式常用于循环语句(for 语句)中。

2. 逗号作为分隔符

逗号除了作为运算符外,还可以作为分隔符,用来分隔开相应的多个数据。如在定义变量时,具有相同类型的多个变量可在同一行中定义,其间用逗号隔开:

```
int a,b,c;
```

另外,函数参数也是用逗号来间隔的。例如:

```
printf(" % f, % f, % f",x,y,z);
```

其中,"x,y,z"并不是一个逗号表达式,它是 printf 函数的 3 个参数,参数间用逗号间隔。上式如改写为:

```
printf(" % f, % f, % f",(x,y,z),y,z);
```

则(x,y,z)是一个逗号表达式,它的值等于 z 的值。括号内的逗号不是参数间的分隔符,而是逗号运算符。括号中的内容是一个整体,作为 printf 函数的一个参数。

例 2.14 逗号运算符的应用。

(2_14.c)

```
# include < stdio. h>
void main()
{
  int a = 2, b = 4, c = 6, x, y;
  y = (x = a + b), (b + c);
  printf("y = % d, x = % d\n", y, x);
}
```

程序运行结果:

```
y = 6, x = 6
```

程序分析:

逗号表达式中,x 和 y 的值相同,都是 6,而整个逗号表达式的值并没有用到。

2.4.8 指针运算符、sizeof 运算符

除了上述的运算符外,C 语言还有另外几个特殊运算符,在这里进行简单介绍。关系运算符、逻辑运算符、条件运算符将在后续章节中进行详细介绍。

1. 指针运算符

指针运算符包括用于取内容(＊)和取地址(&)二种运算符。"＊"和"&"运算符都是单目运算符。& 运算符用来取出其运算分量的地址;＊运算符是 & 的逆运算,它把运算分量(即指针量)所指向的内存单元中的内容取出来。例如:

```
int a,b, * p;
p = &a;                    / * 把变量 a 所在内存单元的地址送给 p(指针变量) * /
b = * p;                   / * 把 p 所指单元的内容(即 a 的值)赋给变量 b * /
```

有关指针的详细内容,详见后续章节。

2. sizeof 运算符

sizeof 也是单目运算符,用来计算某种类型的变量或某种数据类型在计算机内部表示时所占用的字节数。例如:

```
sizeof(float)
```

的值为 4,表示 float 型占用 4 个字节。sizeof 常用来计算数组或结构体所需空间大小,以便进行动态存储空间分配。

2.5 常见编程错误和编译器错误

在使用本章介绍的内容时,应注意下列可能的编程错误和编译器错误。

2.5.1 编程错误

(1) 在表达式中使用变量之前忘记给所有的变量赋初值。初值能够在声明变量时通过显式赋值语句或使用 scanf()函数交互式输入数值赋值。

(2) 在 scanf()函数调用中忘记在变量名的前面使用取地址运算符 &。这个编程错误将不产生编译器错误,但在程序执行时将发生逻辑错误。

(3) 在 scanf()函数调用中没有包含必须输入的数据值的正确控制字符串。这典型地发生在为一个双精度数值使用一个"%f"的序列符而不是所要求的"%lf"。尽管这将不会导致编译器错误,但在执行这个语句时它确实导致赋予不正确的数值。

(4) 忘记声明程序中使用的所有变量。这个错误可被编译器检测到,并且对所有未声明的变量产生一个错误消息(见编译器错误部分)。

(5) 把一个不正确的数据类型存储在一个已声明的变量中。这个错误不会被编译器检测到。

(6) 不正确地整除。这个错误通常掩藏在一个大表达式内,并且检测起来可能是很麻烦的。如表达式 3.25 + 1/2 + 7.5 产生与表达式 3.25 + 7.5 一样的结果,因为 1/2 的整数除法是 0。

（7）没有清楚地理解同一表达式中使用混合数据类型运算的结果。因为C语言允许表达式用"混合的"数据类型，因此，搞清楚计算的次序和所有中间计算值的数据类型是重要的。作为一般的规则，最好不要把数据类型混合在一个表达式中。

2.5.2 编译器错误

与本章内容有关的编译器错误如表2.7所示。

表2.7 第2章有关的编译器错误

序　号	错　误	编译器的错误消息
1	试图使用一个数学函数，如 pow，却没有在源程序中包含 math.h 头文件	pow identifier not found
2	在使用强制类型转换符时把括号放在错误的位置，例如在表达式(int count)中	syntax error:missing ')'before count syntax error : ')'
3	对一个表达式使用自增或自减运算符，如表达式(count + n)++	'++' needs l-value
4	忘记声明一个程序中的所有变量	undeclared identifier

小　结

本章要求掌握以下内容：

（1）C的数据类型包括：基本类型，构造类型，指针类型，空类型。

（2）常量是在程序执行过程中值不会改变的量。

（3）变量是程序执行过程中值可以改变的量。变量必须先定义后使用，在定义时可以指定变量初值。变量在内存中占据一定的存储单元，区分变量名和变量值。

（4）基本类型的分类及特点见表2.2。

（5）运算符的优先级和结合性十分重要，要牢记，见表2.6。

（6）表达式是由运算符连接常量、变量、函数所组成的式子。每个表达式都有一个值和类型。C语言中在表达式后加上";"就构成了表达式语句。

（7）数据类型转换

① 自动转换。在不同类型数据的混合运算中，由系统自动实现由少字节类型向多字节类型转换。不同类型的数据相互赋值时也由系统自动把赋值号右边的类型转换为左边的类型。

② 强制转换。由强制转换运算符完成类型转换。

（8）位运算是C语言的一种特殊运算功能。

习　题

2.1 填空题

2.1.1 C程序中数据有＿＿＿＿和＿＿＿＿之分，其中，用一个标识符代表一个常量的,称为_____常量。C 语言规定在程序中对用到的所有数据都必须指定其_____类型,对变量必须做到先_____,后使用。

2.1.2 在 C 语言源程序中,一个变量代表_____。

2.1.3 C 语言所提供的基本数据类型包括:单精度型、双精度型、_____、_____、_____。

2.1.4 C 语言中,用关键字_____定义单精度实型变量,用关键字_____定义双精度实型变量,用关键字_____定义字符型变量。

2.1.5 C 语言中,字符型数据和_____数据之间可以通用。

2.1.6 C 语言中的构造类型有_____类型、_____类型和_____类型三种。

2.1.7 在 C 语言中,以 16 位 PC 为例,一个 char 型数据在内存中所占的字节数为_____;一个 int 型数据在内存中所占的字节数为_____,则 int 型数据的取值范围为_____。一个 float 型数据在内存中所占的字节数为_____;一个 double 型数据在内存中所占的字节数为_____。单精度型实数的有效位是_____位,双精度型实数的有效位是_____位。

2.1.8 设 C 语言中的一个基本整型数据在内存中占 2 个字节,若欲将整数 135 791 正确无误地存放在变量 a 中,应采用的类型说明语句是_____。

2.1.9 C 规定:在一个字符串的结尾加一个_____标志'\0'。

2.1.10 C 的字符常量是用_____引号括起来的_____个字符,而字符串常量是用_____引号括起来的_____序列。

2.1.11 C 语言中,用 '\' 开头的字符序列称为转义字符。转义字符 '\n' 的功能是_____;转义字符 '\r' 的功能是_____。

2.1.12 若有定义"char c = '\010'",则变量 c 中包含的字符个数为_____。

2.1.13 负数在计算机中是以_____形式表示。

2.1.14 C 语言中,"&"作为双目运算符时表示的是_____,而作为单目运算符时表示的是_____。

2.1.15 运算符"%"两侧运算对象的数据类型必须都是_____;运算符 ++ 和 -- 的运算对象必须是_____。

2.1.16 在 C 语言的赋值表达式中,赋值运算赋左边必须是_____。

2.1.17 自增运算符 ++、自减运算符 --,只能用于_____,不能用于常量或表达式。++ 和 -- 的结合方向是"自_____至_____"。

2.1.18 若 a 是 int 型变量,则执行下面表达式"a = 25/3%3"后 a 的值为_____。

2.1.19 写出下列数所对应的其他进制数(D 对应十进制,B 对应二进制,O 对应八进制,H 对应十六进制)

32_D = _____$_B$ = _____$_O$ = _____$_H$

75_D = _____$_B$ = _____$_O$ = _____$_H$

2.1.20 字符串"abcke"长度为_____,占用_____字节的空间。

2.1.21 假设已指定 i 为整型变量,f 为 float 型变量,d 为 double 型变量,e 为 long 型变量,有式子"10 + 'a' + i * f - d/e",则结果为_____型。

2.1.22 若有定义:

```
int x = 3,y = 2; float a = 2.5,b = 3.5;
```

则下面表达式的值为_____。

```
(x + y) % 2 + (int)a/(int)b
```

2.1.23 若 s 为整型变量,且 s = 6,则表达式"s%2 + (s + 1)%2"的值为_____。

2.1.24 在 ASCII 码表中可以看到每一个小写字母比它相应的大写字母 ASCII 码大_____(十进制数)。

2.1.25 5/3 的值为_____,5.0/3 的值为_____。

2.1.26 若有以下定义:

```
int m = 5,y = 2;
```

则执行表达式 y += y -= m * = y 后的 y 值是_____。

2.1.27 把多项式 $5x^7 + 3x^6 - 4x^5 + 2x^4 + x^3 - 6x^2 + x + 10$ 写成只含 7 次乘法,其余皆为加、减运算的 C 语言表达式为:_____。

2.1.28 若 a 是 int 型变量,则表达式"(a = 4 * 5,a + 2),a + 6"的值为_____。

2.1.29 若 x 和 n 均为 int 型变量,且 x 的初值为 12,n 的初值为 5,则执行表达式"x%= (n% = 2)"后 x 的值为:_____。

2.1.30 若有定义语句:

```
int e = 1,f = 4,g = 2;float m = 10.5,n = 4.0,k;
```

则执行表达式"k = (e + f)/g + sqrt((double)n) * 1.2/g + m"后 k 的值是_____。

2.2 选择题

2.2.1 逗号表达式"(a = 3 * 5,a * 4),a + 15"的值是( )。

A. 15   B. 60   C. 30   D. 不确定

2.2.2 若有以下定义和语句:

```
char c1 = 'a', c2 = 'f';
printf("%d,%c\n",c2 - c1,c2 - 'a' + 'B');
```

则输出结果是:( )

A. 2,M   B. 5,!   C. 2,E   D. 5,G

2.2.3 sizeof(float)是( )。

A. 一个双精度型表达式   B. 一个整型表达式

C. 一种函数调用   D. 一个不合法的表达式

2.2.4 若有以下定义:

```
int k = 7,x = 12;
```

则能使值为 3 的表达式是( )。

A. x% = (k% = 5)   B. x% = (k - k%5)

C. x% = k - k%5   D. (x% = k) - (k% = 5)

2.2.5 在 C 语言中,要求运算数必须是整型的运算符是( )。

A. ％   B. /   C. <   D. !

2.2.6 下面 4 个选项中,均是合法整型常量的选项是( )。

A. 160	B. − 0xcdf	C. − 01	D. − 0x48a
− 0xffff	01a	986,012	2e5
011	0xe	0668	0x

2.2.7 下面 4 个选项中,均是不合法整型常量的选项是( )。

A. − 0f1	B. − 0xcdf	C. − 018	D. − 0x48eg
− 0xffff	017	999	− 068
0011	12,456	5e2	03f

2.2.8 下面 4 个选项中,均是不合法浮点数的选项是( )。

A. 160.	B. 123	C. − .18	D. − e3
0.12	2e4.2	123e4	.234
E3	.e5	0.0	1e3

2.2.9 下面正确的字符常量是( )。

A. "C"   B. "\\"   C. 'W'   D. ' '

2.2.10 下面不正确的字符串常量是( )。

A. 'abc'   B. "12'12"   C. "0"   D. ""

2.2.11 在 C 语言中,int、char 和 short 三种类型数据在内存中所占用的字节数( )。

A. 由用户自己定义   B. 均为 2 个字节

C. 是任意的   D. 由所用机器的机器字长决定

2.2.12 对应以下各代数式中,若变量 a 和 x 均为 double 类型,则不正确的 C 语言表达式是( )。

代数式   C 语言表达式

A. $\dfrac{e^{(x^2/2)}}{\sqrt{2\pi}}$ exp(x * x/2)/sqrt(2 * 3.14159)

B. $\dfrac{1}{2}\left(ax+\dfrac{a+x}{4a}\right)$ 1.0/2.0 * (a * x + (a + x)/(4 * a))

C. $\sqrt{(\sin x)^{2.5}}$ sqrt((pow(sin(x * 3.14159/180),2.5))

D. $x^2 - e^5$ x * x − exp(5.0)

2.2.13 若有代数式 $\dfrac{3ae}{bc}$,则不正确的 C 语言表达式是( )。

A. a/b/c * e * 3   B. 3 * a * e/b/c   C. 3 * a * e/b * c   D. a * e/c/b * 3

2.2.14 以下表达式为 3 的是( )。

A. 16 − 13％10   B. 2 + 3/2

C. 14/3 − 2   D. (2 + 6)/(12 − 9)

2.2.15 假设所有变量均为整型,则表达式"(a = 2,b = 5,b ++ ,a + b)"后 x 的值为( )。

A. 7   B. 8   C. 6   D. 2

2.2.16 假设所有变量均为整型,则表达式"x = (i = 4,j = 16,k = 32)"后 x 的值为( )。

A. 4   B. 16   C. 32   D. 52

2.2.17 若有代数式 $|x^3 + \log_{10}^x|$,则正确的 C 语言表达式是(   )。

A. fabs(x * 3 + log(x))

B. fabs(pow(x,3) + log(x))

C. abs(pow(x,3.0) + log(x))

D. fabs(pow(x,3.0) + log(x))

2.2.18 设变量 n 为 float 型,m 为 int 型,则以下能实现将 n 中的数值保留小数点后两位,第三位进行四舍五入运算的表达式是(   )。

A. n = (n * 100 + 0.5)/100.0

B. m = n * 100 + 0.5,n = m/100.0

C. n = n * 100 + 0.5/100.0

D. n = (n/100 + 0.5) * 100.0

2.2.19 以下不正确的叙述是(   )。

A. 在 C 语言中,逗号运算符的优先级最低

B. 在 C 语言中,APH 和 aph 是两个不同的变量

C. 若 a 和 b 类型相同,在执行了赋值表达式 a = b 后 b 中的值将放入 a 中,而 b 中的值不变

D. 当从键盘输入数据时,对于整型变量只能输入整型数值,对于实型变量只能输入实型数值

2.2.20 以下正确的叙述是(   )。

A. 在 C 语言中,每行中只能写一条语句

B. 若 a 是实型变量,C 程序中允许赋值 a = 10,因此实型变量中允许存放整型数

C. 在 C 程序中,无论是整数还是实数,都能被准确无误地表示

D. 在 C 程序中,"%"是只能用于整数运算的运算符

2.3 编程题

2.3.1 写出下列程序的运行结果,并上机予以验证。

```c
#include<stdio.h>
void main()
{
    int a;
    a = -30 + 4 * 7 - 24;
    printf("a = %d\n",a);
    a = -30 * 5 % -8;
    printf("a = %d\n",a);
}
```

2.3.2 写出下列程序的运行结果,并上机予以验证。

```c
#include<stdio.h>
void main()
{
    int a = 0100,b = 100;
    char c1 = 'B',c2 = 'Y';
    printf("%d, %d\n", - -a,b++);
    printf("%d, %d\n",++c1, -- c2);
}
```

2.3.3 编写一程序,求出给定半径 r 的圆的面积和周长,并输出计算结果。其中,r 的值由用户输入,用实型数据处理。

2.3.4 已知华氏温度和摄氏温度之间的转换关系是:C = 5/9 * (F - 32)。编写一程序,将用户输入的华氏温度转换为摄氏温度,并输出结果。

第 3 章　顺序结构程序设计

一个程序的功能不仅取决于所选用的语句,还决定于语句执行的顺序。除非另有指定,所有程序的执行顺序都是顺序的,这意味着程序中的语句按顺序一个接一个地按它们放置在程序内的次序执行。

3.1　结构化程序设计

在结构化程序设计中,把所有程序的逻辑结构归纳为三种:顺序结构、选择结构(也叫分支结构)和循环结构。

3.1.1　结构化程序设计概述

结构化程序设计思想和方法的引入,使程序结构清晰,容易阅读、修改和验证,从而提高了程序设计的质量和效率。

结构化程序设计方法基本思路是把一个复杂问题的求解过程分阶段进行,每个阶段处理的问题都控制在人们容易理解和处理的范围内。结构化程序设计的原则如下:

(1) 自顶向下。程序设计时,应该先总体后细节,先全局后局部。不要一开始就过多地追求细节,应从最上层总体目标开始,逐步使问题具体化。

(2) 逐步细化。对复杂问题设计一些子目标作过渡,逐步细化。

(3) 模块化设计。设计是编码的前导。所谓模块化设计,就是按模块组装的方法编程,把一个待开发的软件分解成若干个功能相对独立的小的简单部分,称为模块。每个模块都独立地开发、测试,最后再组装出整个软件。这种开发方法是对待复杂事物的“分而治之”的一般原则在软件开发领域的具体体现。模块化澄清和规范了软件中各部分间的接口,便于成组的软件设计人员工作,也促进了更可靠的软件设计实践。

(4) 结构化编码。编码俗称编程序。软件开发的最终目的是产生能在计算机上执行的程序。即:使用选定的程序设计语言,把模块的过程描述翻译为用该语言书写的源程序(源代码)。重要的是结构化编码的思想,具备了该思想,语言就只是工具。

遵循结构化程序的设计原则,按照结构化程序设计方法设计出来的程序具有两个明显的优点:一是程序易于理解、使用和维护;二是提高了编程工作的效率,降低了软件开发的成本。

总体来说,程序设计应该强调简单和清晰。“清晰第一”、“效率第一”已成为当今主导的程序设计风格。

3.1.2　结构化程序设计的基本结构及其特点

结构化程序设计的基本程序结构有 3 种,这 3 种基本结构是表示算法的基本单元。

(1) 顺序结构。这是最简单的一种基本结构,依次顺序执行不同的程序块,如图 3.1(a)所示。

(2) 选择结构。根据条件满足或不满足而去执行不同的程序块,如图 3.1(b)所示。如满足条件 P 则执行 A 程序块,否则执行 B 程序块。

(3) 循环结构。循环结构是指重复执行某些操作,重复执行的部分称为循环体。循环结构分当型循环和直到型循环两种,如图 3.1(c)和 3.1(d)所示。

当型循环先判断条件是否满足,如满足条件 P 则反复执行 A 程序块,每执行一次判断一次,直到不满足条件 P 为止,跳出循环体执行它后面的基本结构。

直到型循环先执行一次循环体,再判断条件是否满足,如满足条件 P 则反复执行 A 程序块,每执行一次判断一次,直到不满足条件 P 为止,跳出循环体执行它后面的基本结构。

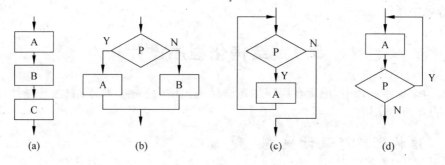

图 3.1 程序的控制结构

3.2 算 法

3.2.1 算法的基本概念

事实上,人们每做一件事都是按一定的方法、步骤进行的。算法就是一种在有限的步骤内解决问题或完成任务的方法步骤。

计算机程序就是告诉计算机如何去解决问题或完成任务的一组详细的、逐步执行的指令的集合。计算机处理问题的能力是有限的,所以在给计算机提供指令时,说明得越清楚越好。编程很强调结构性和清晰度,丝毫马虎不得。编程就是用程序设计语言把算法程序化。事实上,好的编程是一种有趣的事,是一种创造性的情感发泄,也是一种用有形的方式表达抽象思维的方法。编程可以教会人们各种技能,如阅读思考、分析判断、综合创造以及关注细节等。

学习计算机程序设计首先应从问题描述开始,问题描述是算法的基础,而算法则是程序的基础。

数据是操作的对象,操作的目的是对数据进行加工处理,以得到期望的结果。作为程序设计人员,必须认真考虑、设计数据结构和算法。为此,1976 年瑞士计算机科学家沃思(N. Wirth)曾提出了一个著名的公式:

程序 = 算法 + 数据结构

实际上,在设计一个程序时,要综合运用算法、数据结构、设计方法、语言工具和环境等方面的知识。这其中,算法是程序设计的灵魂,数据结构是数据的组织形式,语言则是编程的工具。

3.2.2 算法的特性

并不是所有组合起来的操作系列都可以称为算法。算法必须符合以下 5 项基本特性:

（1）有穷性。算法中的操作步骤必须是有限个,而且必须是可以完成的,有始有终是算法最基本的特征。

（2）确定性。算法中每个执行的操作都必须有确切的含义,并且在任何条件下,算法都只能有一条可执行路径,无歧义性。

（3）可行性。算法中所有操作都必须是可执行的。如果按照算法逐步去做,则一定可以找出正确答案。可行性是一个正确算法的重要特征。

（4）有零个或多个输入。在程序运行过程中,有的数据是需要在算法执行过程中输入的,而有的算法表面上看没有输入,但实际上数据已经被嵌入其中了。没有输入的算法是缺少灵活性的。

（5）有一个或多个输出。算法进行信息加工后应该得到至少一个结果,而这个结果应当是可见的。没有输出的算法是没有用的。

3.2.3 算法的流程图表示法

为了表示一个算法,可以用不同的方法描述。描述算法的常用方法有：自然语言表示法、传统流程图表示法、N-S 图（盒图）表示法、PAD 图（Problem Analysis Diagram,问题分析图)表示法和伪代码表示法等。使用它们的目的是把编程的思想用图形或文字表述出来。本节主要介绍用流程图描述算法的方法。

1. 传统流程图

传统流程图是历史最悠久、使用最广泛的一种描述算法的方法,也是软件开发人员最熟悉的一种算法描述工具。它的主要特点是对控制流程的描绘很直观,便于初学者掌握。

流程图用一些图框表示各种类型的操作,用流程线表示这些操作的执行顺序。美国国家标准协会 ANSI 规定了一些常用的流程图符号,如图 3.2 所示。

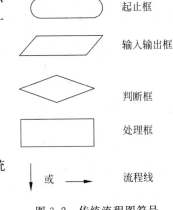

- 起止框：表示算法的开始或结束。
- 输入输出框：用于表示输入输出操作。
- 判断框：按条件选择操作。
- 处理框：用于表示赋值等操作。
- 流程线：表示流程及流程的方向。

如图 3.1 所示,是对结构化程序设计的三种结构的传统流程图描述。

图 3.2　传统流程图符号

2. N-S 图

在条件判断比较多的情况下,传统流程图中的箭头使整个流程图显得比较菱乱。而 1973 年美国学者 I. Nassi 和 B. SHEneiderman 提出的 N-S 流程图很好地解决了这个问题。这种流程图去掉了传统流程图中表示流程的箭头,取而代之的是矩形框,因此 N-S 图也被称为盒图。这种流程图在结构化程序设计中很受欢迎。

N-S 流程图用以下符号表示三种程序结构。

(1) 顺序结构:顺序结构用图 3.3(a)形式表示。A 和 B 两个框组成一个顺序结构。

(2) 选择结构:选择结构用图 3.3(b)表示,它是一个整体,它与图 3.1(b)相对应。其中 P 表示一个条件,如果条件 P 成立,执行 A 操作;如果不成立,执行 B 操作。

(3) 循环结构:当型循环结构用图 3.3(c)表示,它与图 3.1(c)相对应。当条件 P 成立时,反复执行 A 操作,直到 P 条件不成立为止。

直到型循环结构用图 3.3(d)表示,它与图 3.1(d)相对应。先执行 A 操作,再判断条件 P 是否成立,如果成立再继续执行 A 操作,不成立就退出此结构。如果对 N-S 图的写法熟悉了,"当 P 成立"或"直到 P 不成立"可以不写"当"或"直到"字样,只写"P"就可以从图的形状判别出是当型还是直到型。

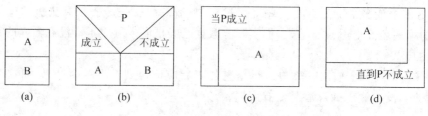

图 3.3　N-S 流程图表示法

例 3.1　输入两个实数,按代数值由小到大次序输出这两个数。

分析:该问题的输入是两个实数,输出也是两个实数,但输出的两个实数是从小到大排序的。可见输入的两个实数是在比较了大小后输出的,如果输入的第一个数比第二个数小,则按输入次序输出这两个数。否则交换次序后输出即可。

经过上述分析,可以得到该题的算法。用传统流程图和 N-S 图表示分别如图 3.4(a)和(b)所示。

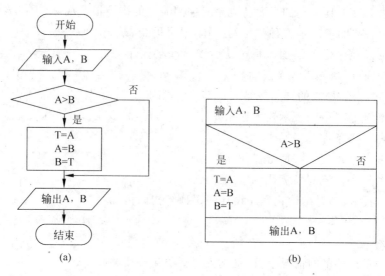

图 3.4　两个数排序的流程图

例 3.2　求从 1 开始的一百个自然数之和。

分析：由题意可知这是重复百次的求和运算。即累加百次，而且每次参与累加的数就是累加的次数。据此分析，可用循环结构实现其算法。用当型循环结构表示，如图 3.5 所示，用直到型循环结构表示则如图 3.6 所示。

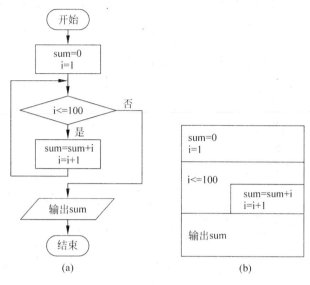

图 3.5　累加算法的当型循环流程图

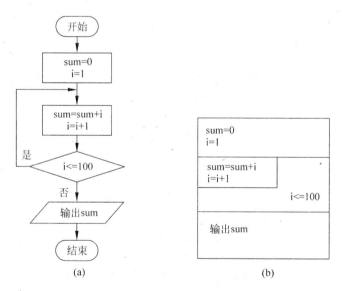

图 3.6　累加算法的直到型循环流程图

用流程图表示算法直观形象，能比较清楚地显示出各个框之间的逻辑关系。但是，这种流程图占用篇幅多，而且传统的流程图对指向线的使用没有严格限制，因此使用者可以不受限制，这使得画流程图变得没有规律，从而使算法的可靠性和可维护性难以保证。为了提高算法的质量，必须限制指向线的滥用，即不允许无规律地使流程随意转向，只能按顺序进行下去。

顺序结构程序设计

3.2.4　基本算法

1. 累加

(1) 首先将和初始化为 0(如 sum = 0)。

(2) 循环,在每次迭代中将一个新值加到和上(如 sum = sum + i)。

(3) 退出循环后输出结果。

2. 累乘

(1) 首先将乘积初始化为 1(如 product = 1)。

(2) 循环,在每次迭代中将一个新数与乘积相乘(如 product = product * x)。

(3) 退出循环后输出结果。

3. 求最大值或最小值

它的思想是通过分支结构找出两个数中的较大(小)值,然后把这个结构放在循环中,就可以得到一组数中的最大(小)值。

4. 穷举

穷举是一种重复型算法,它的基本思想是对问题的所有可能状态一一测试,直到找到解或将全部可能状态都测试过为止。

5. 迭代(递推)

迭代(递推)是一个不断用新值取代变量的旧值,或由旧值递推出变量的新值的过程。迭代算法只包括参数,不包括算法本身。这个算法通常包含循环。

例如,阶乘计算的迭代算法(递推公式):

$$factorial(n) = \begin{cases} 1 & (n = 0) \\ n \times (n-1) \times (n-2) \times (n-3) \times \cdots \times 3 \times 2 \times 1 & (n > 0) \end{cases}$$

6. 递归

递归是算法自我调用的过程。一种算法是否叫做递归,关键取决于该算法定义中是否有它本身。递归算法不需要循环,但递归概念本身包含循环。

例如,阶乘计算的递归算法(递归函数):

$$factorial(n) = \begin{cases} 1 & (n = 0) \\ factorial(n-1) \times n & (n > 0) \end{cases}$$

7. 排序

排序是在待排序记录中按一定次序(递增或递减)排列数据的过程。试想在一个没有顺序的电话号码本中,查找某人的电话号码是件多么困难的事。选择排序、比较排序和插入排序是当今计算机科学中使用快速排序的基础。

8. 查找

查找是在数据列表中确定目标所在位置的过程。对于列表,有两种基本的查找方法,即顺序查找和折半查找。顺序查找可在任何列表中查找,折半查找则要求列表是有序的。

3.3　C 语句概述

程序是语句(statement)的有序集合,因此,要想学会程序设计,就必须掌握每一条语句。一条语句只能完成有限的功能,而要完成一个比较复杂的功能,则需要一组按照一定顺序排列的语句。C 语句一般可划分为表达式语句、函数调用语句、空语句、复合语句和控制语句 5 类。

1. 表达式语句

表达式语句是在各种表达式后加一个分号构成的语句,表达式语句是 C 语言的一个重要特色,其一般形式如下:

表达式;

最典型的表达式语句是由一个赋值表达式加一个分号";"构成的赋值表达式语句。例如:

```
k = 2
```

是一个 C 语言的合法表达式,而

```
k = 2;
```

是一个表达式语句。

再如:

```
x = 2, y = 3, z = 4;
```

是一个语句,而

```
x = 2; y = 3; z = 4;
```

是三个语句。

实际上,函数调用属于表达式的一种,而空语句则是没有任何表达式的语句,所以函数调用语句和空语句实际上都属于表达式语句的范畴,只是为了便于理解和使用,才把它们分开来说明。由于 C 程序中大多数语句是表达式语句,因此有人也将 C 语言称为"表达式语言"。

2. 函数调用语句

函数调用语句是在函数调用的一般形式后加一个分号构成的语句,其作用是完成特定的功能。其一般形式如下:

函数名(实参表);

例如:

```
scanf("%c",&a);        /*格式输入函数调用语句*/
printf("%c",a);        /*格式输出函数调用语句*/
```

C 语言有丰富的标准库函数,可以提供各类函数供用户调用。标准库函数完成预先设定的功能,用户无须定义,也不必在程序中声明,就可以直接调用。例如,常用的数学函数 $\sin(x)$、$\sqrt(x)$ 等。调用标准库函数时,需要在程序前用编译预处理命令将有关的含有该函数原型的头文件包括到程序中来。例如:

```
# include < stdio. h >
# include "stdio. h"
```

```
# include < math. h >
# include "math. h"
```

3. 空语句

在 c 程序中只有一个分号的语句,称为空语句,其形式如下:

```
;
```

空语句在语法上占据一个语句的位置,但是它不具备任何操作功能。

4. 复合语句

复合语句(compound statement)是为了满足将多条语句从语法上作为一条语句使用的需要而设计的。复合语句是用一对花括号"{}"将多条语句括起来构成的语句体。

复合语句的一般形式如下:

```
{ 语句组 }
```

5. 控制语句

一般来讲,所有程序的正常执行次序都是顺序的。也就是说,这些语句按照它们放置在程序内的先后次序一个接一个地执行。这种按顺序执行程序的方法,被称为顺序流程控制。C 语言允许通过控制语句的使用实现对语句顺序执行过程的改变。C 语言有 9 种控制语句:

(1) 条件语句: if···else

(2) 多分支选择语句: switch

(3) 当型循环语句: while

(4) 直到型循环语句: do···while

(5) 当型循环语句: for

(6) 终止本次循环语句: continue

(7) 终止整个循环或跳出 switch 语句: break

(8) 无条件转移语句: goto

(9) 函数返回语句: return

其中 continue、break 和 goto 虽然属于流程控制语句,但是不能单独使用,只能与别的控制语句结合使用。通过这些控制语句的合理使用,可以实现选择结构程序设计、循环结构程序设计及调用控制。在后续章节中,将逐步讨论控制语句改变程序流程的实例。

3.4   输入输出介绍

设计程序时,首先要由问题所给予的已知条件和所要求的输出结果来决定输入和输出界面,接着再选择一个好的算法,处理如何由输入得到输出结果的过程。由于输入输出接口是用户和计算机沟通的桥梁,本节的主要目标是如何设计出一个高效的输入输出接口,让用户操作容易且降低输入错误的机率。

C 语言不提供输入输出语句,它的输入输出操作是由输入输出函数调用语句来实现的。在 C 的标准库函数库中提供了多种输入输出函数,使其输入输出形式多样,使用方便灵活。

例如,printf 函数和 scanf 函数。在使用它们时,千万不要简单地认为它们是 C 语言的"输入输出语句"。printf 和 scanf 不是 C 语言的关键字。完全可以不用 printf 和 scanf 这两个名字,而另外编写两个函数,另用其他函数名。由于 C 语言提供的函数是以库的形式存放在系统中,它们不是 C 语言文本中的组成部分。因此各函数的功能和名字,在各种不同的计算机系统中有所不同。不过,有些通用的函数(如 printf 和 scanf 等)在各种计算机系统中都提供,成为各种计算机系统的标准函数(标准输入输出库的一部分)。在使用标准 I/O 库函数时,要用预编译命令"include"将"stdio.h"头文件包含到用户的源程序中。即:

```
# include "stdio.h"
```

stdio.h 是 standard input & output 的缩写,它包含了与标准 I/O 库中有关的变量定义和宏定义。在需要使用标准 I/O 库中的函数时,应在程序的前面使用上述预编译命令,程序在编译连接时,用户程序与标准文件相连,但在仅用到 printf 和 scanf 函数时,可以不用预编译命令(只有 printf 和 scanf 函数例外)。有关编译预处理命令的用法将在后面章节介绍。

常用的标准输入输出函数有两种:用于格式输入输出的函数(scanf/pintf);用于字符输入输出的函数(getchar/putchar)。这里所谓的标准输入输出是指以系统隐含指定的输入输出设备作为输入输出设备的,例如对于微机,是指键盘和显示器。

3.4.1 格式化输出函数 printf

1. printf 函数

printf 函数的调用形式如下:

printf(格式字符串,输出项表);

功能:按格式字符串中的格式依次输出输出项表中的各输出项。

说明:字符串是用双引号括起的一串字符,如:"study"。格式字符串是用来说明输出项表中各输出项的输出格式。输出项表列出要输出的项(常量、变量或表达式),各输出项之间用逗号分开。若没有输出项表,且格式字符串中不含格式信息,则输出的是格式字符串本身。因此实际调用时有两种形式:

```
printf(字符串);                /*按原样输出字符串*/
printf(格式字符串,输出项表);    /*按格式字符串中的格式依次输出输出表列中的各输出项*/
```

例如:

```
printf("Happy new year to you!\n");
```

输出:

```
Happy new year to you!
```

并换行。'\n'表示换行。

又如:

```
printf("r=%d,s=%f\n",3,3*3*3.14);
       格式说明          输出表列
```

顺序结构程序设计

输出：r = 3,s = 28.260000。用格式"%d"输出整数 3,用格式"%f"输出 3 * 3 * 3.14 的值 28.26,"%f"格式默认小数后 6 位,因此在 28.26 后补充了 4 个 0。"r = "和"s = "不是格式符,原样输出。

2. 格式字符串

格式字符串中有两类字符：非格式字符,格式字符。

(1) 非格式字符

非格式字符(或称普通字符)一律按原样输出。如：上例的"r = "、"s = "等。

(2) 格式字符

格式字符的形式如下：

%[附加格式说明符]格式符

例如%d、%.2f 等,其中"%d"格式符表示用十进制整型格式输出,而"%f"表示用实型格式输出,附加格式说明符".2"表示输出 2 位小数。常用的格式符见表 3.1,常用的附加格式说明符见表 3.2。

表 3.1　格式符

格　式　符	功　　能
d	输出带符号的十进制整数
o	输出无符号的八进制整数
x	输出无符号的十六进制整数
u	输出无符号的十进制整数
c	输出单个字符
s	输出一串字符
f	输出实数(默认 6 位小数)
e	以指数形式输出实数(尾数 1 位整数,默认 6 位小数,指数至多 3 位)
g	选择 f 与 e 格式中输出宽度较小的格式输出,且不输出无意义的 0

表 3.2　附加格式说明符

附加格式说明符	功　　能
—	数据左对齐输出,无"_"时默认右对齐输出
m(m 为正整数)	数据输出宽度为 m,如数据宽度超过 m,按实际输出
.n(n 为正整数)	对实数,n 是输出的小数位数；对字符串,n 表示输出前 n 个字符
l	ld 输出 long 型数据；lf、le 输出 double 型数据
h	用于格式符 d、o、u、x 或 X,表示对应的输出项是短整型

(3) d 格式符

将输出数据视作整型数据,并以十进制形式输出。例如：

```
printf("%d,% +5d,%05d,% -5d,%5ld",123,123,123,123,123);
```

将输出：

123,␣+123,00123,123␣␣,␣␣123

其中，

⊔：表示空格。

＋：正数要输出"＋"号，负数输出"－"号。

0：在"％05d"中，如果宽度不足 5 位，则在数前补 0。

（4）o 格式符

将输出数据视作无符号整型数据，并以八进制形式输出。由于将内存单元中的各位值（0 或 1）按八进制形式输出，输出的数值不带符号，符号位也一起作为八进制数的一部分输出。例如：

printf("％♯o,％4o,％d,％4lo",045,045,045,－1L);

将输出：

045,⊔⊔45,37,37777777777

其中："♯"表示输出八进制（或十六进制）常量的前缀。

（5）x（或 X）格式符

将输出数据视作无符号整型数据，并以十六进制形式输出。与 o 格式符一样，符号位作为十六进制数的一部分输出。对于 x 和 X 分别用字符 a、b、c、d、e、f 和 A、B、C、D、E、F 表示 9 之后的 6 个十六进制数字。例如：

printf("％♯x,％4x,％6lX",045,045,－1L);

将输出：

0x25,⊔⊔25, FFFFFFFF

（6）u 格式符

将输出数据视作无符号整型数据，以十进制形式输出，一个整型数据可以用 d 格式、o 格式和 x 格式输出，也可以用 u 格式输出。反之亦然，值的类型转换按相互赋值规则处理。例如：

printf("％d,％hu,％lu",－1,－1,－1L);

将输出

－1,65535,4294967295

（7）c 格式符

视输出数据为字符的 ASCII 码，输出一个字符。一个整数，只要它的值在 0～255 范围内，也可以用字符形式输出，输出以该整数为 ASCII 码的字符。反之，一个字符数据也可以用整数形式输出，输出该字符的 ASCII 码值。例如：

printf("％d,％c,％d,％c",65,65,'A','A');

将输出

65,A,65,A

顺序结构程序设计

（8）s格式符

用于输出一个字符串。例如：

```
printf("%4s,%5.3s,%-6.3s,%.4s","ABCDEF","ABCDEF","ABCDEF","ABCDEF");
```

将输出

ABCDEF,␣␣ABC,ABC␣␣␣,ABCD

（9）f格式符

用于输出实型数据，并以"整数部分、小数部分"形式输出。小数点后的数字个数为 n 个，n 的默认值为 6。若 n 为 0，不显示小数。格式转换时有四舍五入处理。例如：

```
printf("%f,%8.3f,%6.0f,%.1f",123456.78,123456.78,123456.78,123456.78);
```

将输出

123456.780000,123456.780,123457,123456.8

注意实型数据的有效数字位数，不要以为凡是打印（显示）的数字都是准确的。一般地，float 型有 7 位有效数字，double 型有 15 位有效数字。实际上，因计算过程中的误差积累，通常不能达到所说的有效数字位数。

（10）e（或 E）格式符

用于输出实型数据，并以指数形式输出。尾数 1 位整数，默认 6 位小数，指数至多 3 位。例如：

```
printf("%e,%8.3e,%6.0e,%.1e",123456.78,123456.78,123456.78,123456.78);
```

将输出

1.234568e+005,1.235e+005,1e+005,1.2e+005

（11）g（或 G）格式符

用于输出实型数据。g 格式能根据表示数据所需字符的多少进行自动选择，如 f 格式的形式或 e 格式的形式输出实数。选择是以输出时所需字符少为标准。选择这种输出形式时，附加格式说明符"#"有无也对输出形式有影响。如"#"默认，输出时，小数部分无意义的 0 及小数点不输出；如有"#"，则无意义的 0 及小数点照常输出。如：

```
printf("%g,%#g,%g,%#g",123456.78,123456.78,120000000.883,120000000.883);
```

将输出：

123457,123457.,1.2e+008,1.20000e+008

3.4.2 格式化输入函数 scanf

1. scanf 函数

与格式化输出函数 printf 相对应的是格式化输入函数 scanf。scanf 函数的调用形式如下：

scanf(格式字符串,输入项地址表);

功能：按格式字符串中规定的格式,在键盘上输入各输入项的数据,并依次赋给各输入项。

说明：格式字符串与 printf 函数基本相同,但需要特别注意的是：输入项以其地址的形式出现,而不是输入项的名称。例如：

scanf("%d,%f",&a,&b);

其中,&a、&b 分别表示变量 a、b 的地址,共中 & 是取地址运算符(优先级及结合性与 ++ 相同)。若在键盘上输入 5,5.5.则 5 赋给 a,5.5 赋给 b。

2. 格式字符串

scanf 函数中格式字符串的构成与 printf 函数基本相同,但使用时应注意以下不同点。

(1)附加格式说明符 m 可以指定数据宽度,但不允许用附加格式说明符.n(例如用.n 规定输入的小数位数)。例如：

scanf("%6.1f,%6f",&a,&b);   /* 其中"%6.1f"是错误的 */

(2)输入 long 型数据必须用"%ld",输入 double 型数据必须用"%lf"或"%le"。而在 printf 函数中输出 double 型数据可以用"%f"或"%e"。

(3)附加格式说明符"*"允许对应的输入数据不赋给相应变量。例如：

double x;int y;float z;
scanf("%f,%3d,%*d,%3f",&x,&y,&z);

在键盘上输入：

6.2,52,4562,1234.5↙ (↙表示回车键)

输入后,x 的值为随机数,y 的值为 52,z 的值为 123。x 的值不正确,原因是格式符用错了。x 是 double 型,所以输入 x 用"%lf"或"%le",用"%f"是错误的;"%*d"对应的数据是 4562,因此 4562 实际未赋给 z 变量,把 1234.5 按"%3f"格式截取 123 赋给 z。

3. 关于输入方法

(1)普通字符按原样输入

对于以下语句：

scanf("x=%d,y=%d",&x,&y);

若输入序列为"1,2↙",则输出结果 x 和 y 的值不确定。
若输入序列为"x=1,y=2↙",则输出结果 x 的值为 1,y 的值为 2。

(2)按格式截取输入数据

对于以下语句：

scanf("%d,%3d",&a,&b);

若输入序列为"12,1234.5↙",则 a=12,b=123,虽然输入的是 1234.5,但"%3d"宽度为 3 位,截取前 3 位,即 123。

(3) 输入数据的结束

输入数据时,表示一个数据结束有下列三种情况:

- 从第一非空字符开始,遇空格、跳格(TAB 键)或回车。
- 遇宽度结束。
- 遇非法输入。

3.4.3 字符输出函数 putchar

putchar 函数的作用是向标准输出设备输出一个字符。例如:

```
putchar(c);
```

这条语句的作用是向标准输出设备输出字符变量 c 的值。c 可以是字符型变量或整型变量。字符输出函数不仅可以输出一般字符,也可以输出控制字符,如 putchar('\n'),输出一个换行符。

例 3.3 理解下列程序,分析其运行结果。

(3_3. c)

```
# include < stdio. h>
void main()
{
    char a,b,c;
    a = 'O'; b = 'K'; c = '\101';
    putchar(a); putchar(b);
    putchar('\n'); putchar(c);
}
```

程序运行结果:

```
OK
A
```

程序分析:

调用 putchar 函数时,必须用"# include "stdio. h""或"# include < stdio. h>"编译预处理命令,将 stdio. h 文件包含到用户源文件中去。

3.4.4 字符输入函数 getchar

此函数的作用是从标准输入设备输入一个字符,该函数没有参数,其函数值就是从输入设备得到的字符。函数调用的一般形式如下:

```
getchar();
```

例 3.4 输入并回显一个字符。

(3_4. c)

```
# include < stdio. h>
void main()
{
```

```
    char c;
    c = getchar();
    putchar(c);
}
```

程序运行结果：

```
A↙
A
```

程序分析：

getchar()只能接收一个字符。getchar 函数得到的字符可以赋给一个字符变量或整型变量，也可以不赋给任何变量，而是作为表达式的一部分。例如上面这个程序的第 4、5 行可以用下面一行代替：

```
putchar(getchar());
```

因为 getchar()的值为"A"，因此输出"A"。getchar()函数也可以用在 printf 函数中，例如：

```
printf(" % c", getchar());
```

例 3.5 输入两个字符并回显这两个字符。

(3_5.c)

```
# include < stdio. h>
void main()
{
    char a,b;
    a = getchar();
    b = getchar();
    putchar(a);
    putchar(b);
}
```

程序运行结果：

```
XY↙
XY
```

输入两个字符 XY 后，按回车键，它们才送到内存标准输入缓冲文件中，标准输入函数实际上是从内存标准输入缓冲文件中读取数据。注意，不能按如下形式输入：

```
X↙
Y↙
```

如果输入 X↙，则第一个 getchar 输入的是"X"，赋给 a；第二个 getchar 输入的是"\n"（即换行符），赋给 b。接下来不会再要求继续输入 Y↙。此时的输出结果为：

```
X
```

顺序结构程序设计

程序分析：

调用 getchar 函数时，必须用"# include "stdio. h""或"# include < stdio. h >"编译预处理命令，将 stdio. h 文件包含到用户源文件中去。

3.5 顺序结构程序设计举例

例 3.6 已知圆的半径为 2，编程计算圆的周长和圆的面积。

算法：

(1) 说明实型变量 r 为半径，l 为圆周长，s 为圆面积；

(2) 调用格式输入函数输入半径 r；

(3) 分别利用公式：$l = 2\pi r, s = \pi r^2$ 计算；

(4) 调用格式输出函数输出结果。

(3_6. c)

```c
# include < stdio. h >
void main()
{
    float pi,r,l,s;
    pi = 3.14159;
    printf("Please input radius: \n");        /* 输入提示 */
    scanf("%f",&r);                           /* 从键盘上输入半径 r 的值，回车 */
    l = 2 * pi * r;                           /* 计算周长 */
    s = pi * r * r;                           /* 计算面积 */
    printf("The circle length: l = %.2f\n",l);  /* 输出圆的周长 */
    printf("The circle area: s = %.2f\n",s);    /* 输出圆的面积 */
}
```

程序运行结果：

```
Please input radius:
3↙
The circle length: l = 18.85
The circle area: s = 28.27
```

例 3.7 从键盘输入一个大写字母，要求输出小写字母及对应的 ASCII 码值。

(3_7. c)

```c
# include < stdio. h >
void main()
{
    char c1,c2;
    c1 = getchar();
    c2 = c1 + 32;
    printf("\n%c, %d\n",c1,c1);
    printf("%c, %d\n",c2,c2);
}
```

程序运行结果：

```
B↙
B,66
b,98
```

程序分析：

getchar 函数得到从键盘输入的大写字母"B"，赋给字符变量 c1。经过运算得到小写字母"b"，赋给字符变量 c2。将 c1、c2 分别用字符形式和整数形式输出。

例 3.8 根据三角形的三边长，求面积。

设三角形三边长为 a、b、c，则计算三角形面积的公式如下：

$$p = (a + b + c)/2$$
$$s = \sqrt{p(p - a)(p - b)(p - c)}$$

算法：

(1) 定义实型变量 a、b、c、p、s；

(2) 输入 a,b,c 的值；

(3) 根据公式计算 p 的值；

(4) 根据公式计算 s 的值；

(5) 输出三角形的面积。

提示： C 程序中求平方根，需调用数学库函数 sqrt，该文件包含在头文件 math.h 中。

(3_8.c)

```c
# include < math.h >
# include < stdio.h >
void main()
{
    float a,b,c,p,s;
    printf("Please input a b c: ");              /* 提示输入 */
    scanf("%f%f%f",&a,&b,&c);
    p = (a + b + c)/2;
    s = sqrt(p * (p - a) * (p - b) * (p - c));    /* 调用数学函数计算面积 s */
    printf("a = %.2f,b = %.2f,c = %.2f\n",a,b,c); /* 输出边长 */
    printf("s = %.2f\n",s);                       /* 输出面积 */
}
```

程序运行结果：

```
3  4  5↙
a = 3.00,b = 4.00,c = 5.00
s = 6.00
```

3.6 常见编程错误和编译器错误

在使用本章介绍的内容时，应注意下列可能的编程错误和编译器错误。

3.6.1 编程错误

（1）在 scanf()函数调用中忘记在变量名前使用地址运算符 &。这在编译时不会发生错误，但在程序运行时将发生错误。

（2）在预处理命令行结尾处加分号。

3.6.2 编译器错误

与本章内容有关的编译器错误如表 3.3 所示。

表 3.3　第 3 章相关的编译器错误

序　号	错　误	编译器的错误消息
1	忘记用双引号结束传递给 scanf()的控制字符串	newline in constant syntax error：missing ')' before … （第一行消息是提示你字符串中没使用双引号关闭；第二行消息是由于字符串没终止，导致紧跟在 scanf()的那一行发生错误）
2	忘记用逗号分开 scanf()中的全部参数，例如 scanf("%d%d",&a &b)	'&'：illegal，left operand has type …
3	使用数学函数，如 fabs，却没有包含 math.h 头文件	warning C4013：'fabs' undefined；

小　结

本章要求掌握以下内容：

（1）了解结构化程序设计的方法。

（2）了解 C 语句的分类和特点以及复合语句在程序中的作用和特征。

（3）了解用流程图描述算法的方法。

（4）理解基本算法及其原理。

（5）掌握编写顺序结构程序设计的方法。

（6）掌握格式输入输出函数的使用。

习　题

3.1　填空题

3.1.1　程序的三种基本结构是_____、_____、_____。

3.1.2　执行（a = 3.0 + 5, a * 4），a + = - 6；变量 a 及表达式的值分别为_____和_____。

3.1.3　下列语句被执行后的执行结果是_____。

```
int a = 1;
printf ("%d\\%s\\%s",a,"abc","def");
```

3.1.4 getchar( ) 函数的作用是_____。

3.1.5 运行以下程序后,用户输入 123456abc,输出结果为_____。

```c
void main()
{   int a,b;
    char  c;
    scanf ("%3d%2d%3c",&a,&b,&c);
    printf("%d,%d,%c",a,b,c);
}
```

3.1.6 下面程序的输出结果是_____。

```c
# include < stdio. h >
 void main( )
   {   int i = 10;
   { /* int i = 20; */
     i++;
     printf ("%d",i ++);
     }
     printf ("%d\n",i );
   }
```

3.1.7 下面程序运行后,从键盘输入 30,则程序的输出结果是_____。

```c
void main ()
   {
     int a ;
     scanf("%d", &a );
     a++;
     printf ("a = %d,Ha = %x,Oa = %o",a,a,a);
   }
```

3.1.8 下面程序的输出结果是_____。

```c
void main ( )
   {
     int a,b = 68;
     a = - 3;
     printf("\ta = %d\n\tb = \'%c\'\n\"end\"\n",a,b);
   }
```

3.1.9 下面程序的输出结果是_____。

```c
# include < stdio. h >
# include < math. h >
void main()
{
  int a = 1,b = 4,c = 2;
  float x = 10.5,y = 4.0,z;
  z = (a + b)/c + sqrt((double)y) * 1.2/c + x;
  printf("%f\n",z);
}
```

3.1.10 下面程序运行后,若输入 a = 2,b = 3,则结果是_____。

```
void main()
{ float a ,b ,x1, x2 ;
  scanf ("a = % f,b = % f " ,&a ,&b ) ;
  x1 = a * b ;
  x2 = a/b ;
  printf ("x1 = % 5.2f \nx2 = % 5.2f \n" ,x1,x2 );
}
```

3.2 选择题

3.2.1 下面正确的输入语句是(   )。

A. scanf ("a = b = %d",&a ,&b);   B. scanf ("a = %d,b = %f",&m,&f);

C. scanf ("%3c",c);   D. scanf ("%5.2f", &f);

3.2.2 执行 scanf("%d%c%f",&a,&b,&c) 语句,若输入 1234a12f56 则变量 a,b,c 的值为(   )。

A. a = 1234 b = 'a' c = 12.56   B. a = 1 b = '2' c = 341256

C. a = 1234 b = 'a' c = 12.0   D. a = 1234 b = 'a12' c = 56.0

3.2.3 执行 scanf ("a = %d,b = %d",&a,&b) 语句,若要使变量 a 和 b 的值分别为 3 和 4,则正确的输入方法为(   )。

A. 3,4   B. a:3 b: 4   C. a = 3,b = 4   D. 3 4

3.2.4 设 b = 1234,执行 printf("%%d@%d",b) 语句,输出结果为(   )。

A. 1234   B. %1234   C. %%d@1234   D. %d@1234

3.2.5 若 x 是 int 型变量,y 是 float 型变量,所用 scanf 语句为"scanf("x = %d,y = %f",&x,&y),"正确的输入操作是(   )。

A. x = 10,y = 66.6 <回车>   B. 1066.6 <回车>

C. 10 <回车> 66.6 <回车>   D. x = 10 <回车> y = 66.6 <回车>

3.2.6 设 a,b 均是 int 型变量,则以下不正确的函数调用为(   )。

A. getchar()   B. putchar('\107');

C. scanf("%d,%2d",&a,&b);   D. putchar('\');

3.2.7 下列程序的执行结果是(   )。

```
# include < stdio. h>
   void main( )
{
  int a = 5;
  float x = 3.14;
  a * = x * ('E' - 'A');
  printf ("% f\n",(float)a);
}
```

A. 62.800000   B. 62   C. 62.000000   D. 63.000000

3.2.8 若输入 2.50,下列程序的执行结果是(   )。

```
void main( )
```

```
{
 float r , area ;
 scanf (" %f " , & r ) ;
 printf (" area = %f \n", area = 1/2 ∗ r ∗ r ) ;
}
```

A. 0   B. 3.125   C. 3.13   D. 程序有错

3.3 编程题

3.3.1 编写程序,从键盘上输入 2 个整数给变量 a 和 b,交换 a、b 值后输出。

3.3.2 试编写一个程序,任意输入一个小写字母,分别按八进制、十进制、十六进制、字符格式输出。

3.3.3 输入一个华氏温度(F),要求输出摄氏温度(C),输出要有文字说明,取 2 位小数。公式为:

$$C = \frac{5}{9}(F - 32)$$

3.3.4 设圆半径 r = 3,圆柱高 h = 4,求圆周长、圆面积、圆球表面积、圆球体积、圆柱体积。用 scanf 输入数据,输出计算结果,输出时要求有文字说明,取小数点后 2 位数字。请编程序。

第4章 选择结构程序设计

前面讨论了最基本的顺序结构程序的编写方法,然而,在现实生活中有许多问题,常会根据具体情况的不同,采取不同的处理方式。比如说解一元二次方程的根,根据系数的不同情况,有几种不同的解法;只有除数不为零时才可以执行除法;负数不能计算平方根等。类似的问题要求在处理数据时,先作出必要的判断,并基于判断的结果执行相应的动作。在程序的流程控制上体现为程序的执行次序根据对条件判断的真或假,选择下一步要执行的语句,即采用选择(或叫分支)结构程序控制方式。

本章将首先介绍与控制语句相关的关系运算符和逻辑运算符,以及能完成简单分支运算的条件运算符,然后再讨论选择控制语句 if 语句和 switch 语句的使用方法,并利用实例展示如何使用选择控制语句实现选择结构程序设计。

4.1 关系运算符、逻辑运算符、条件运算符

选择控制是指根据指定的条件是否满足,选择下一步要执行的语句。满足为真,不满足为假。前面介绍的一些基本表达式可以对条件进行描述,而最常见的描述条件的方式是关系表达式和逻辑表达式。

4.1.1 关系运算符和关系表达式

对于条件的描述,最为常见的就是关系表达式。关系表达式由一个比较两个操作数的关系运算符组成。关系表达式的一般形式如下:

操作数　关系运算符　操作数

操作数可以是变量、常量或者是任意有效的 C 语言表达式。

C 语言提供 6 种关系运算符:

(1) <　　　　　小于
(2) <=　　　　小于等于
(3) >　　　　　大于　　　　优先级相同　　高
(4) >=　　　　大于等于
(5) ==　　　　等于
(6) !=　　　　不等于　　　　优先级相同　　低

C 语言对于逻辑值的表达采用如下方法:

逻辑假 为 0

逻辑真 为 1

所以,关系表达式只能产生两个数值之一:0 或 1。判定为真的关系表达式的值为 1;判定为假的关系表达式的值为 0。例如:关系表达式"5 < 10"的值为 1;关系表达式"4 < 2"的值为 0。

除了数字操作数之外,字符数据同样可以用关系运算符比较,比较的依据是所用代码的数值。例如比较 ASCII 码的字符:表达式"'a' == 'A'"的值为 0,因为"'a'"和"'A'"在 ASCII 码中使用不同的代码。表达式"'A'>'C'"的值为 0,因为字母"C"使用一个数值比字母"A"更大的代码存储。表达式"'C'<'a'"的值为 1,因为在 ASCII 码中,字符用递增排序编码,小写字母排在大写字母之后。

关系运算符的优先级低于算术运算符的优先级,但高于赋值运算符的优先级。其结合性是左结合,即对于相同优先级的运算符,运算次序按照从左向右的顺序进行。例如:

a = 20, b = 70, c = 50, d = 90,

有下列表达式:

a < b > d

相当于(a < b) > d,a < b 的值为 1,1 > d 为假,整个表达式的值为 0

表达式"k = a + b < c + d"相当于 k = ((a + b) < (c + d)),即 k = (90 < 140),即 k = 1,为变量 k 赋值 1,整个表达式的值为 1。

4.1.2 逻辑运算符和逻辑表达式

逻辑运算符的引入使得对于条件的描述更加丰富,C 语言提供了 3 种逻辑运算符:

(1) !   逻辑非(单目运算符) 高

(2) &&   逻辑与

(3) ‖   逻辑或   低

对于双目运算符"&&"和"‖",具有左结合性,逻辑表达式的一般形式为:

操作数 逻辑运算符 操作数

对于单目运算符"!",具有右结合性,其逻辑表达式的一般形式为:

! 操作数

操作数可以是变量、常量或者是任意有效的 C 语言表达式。

对于逻辑非"!",当操作数为真时,逻辑表达式的值为假;当操作数为假时,逻辑表达式的值为真。可见,对一个逻辑操作数做逻辑非运算,可以得到该操作数的相反状态。例如:逻辑表达式"! (5 < 10)"的值为"假"。

对于逻辑与"&&",只有当两个操作数都为"真"时,其逻辑表达式的值才为"真";其他情况下,其逻辑表达式的值都是"假"。例如:逻辑表达式"(5 > 10) && (8 < 10)"的值为"假"。

对于逻辑或"‖",只要两个操作数之一为"真"时,其逻辑表达式的值就是"真";只有当两个操作数都为"假"时,其逻辑表达式的值才为"假"。例如:逻辑表达式"(5 > 10) ‖

第 4 章

选择结构程序设计

(8 < 10)"的值为"真"。

由于在 C 语言中采用"1"和"0"表示"真"和"假",因此上面的例子实际上是:

逻辑表达式"!(5 < 10)"的值为 0;逻辑表达式"(5 > 10)&&(8 < 10)"的值为 0;逻辑表达式"(5 > 10)||(8 < 10)"的值为 1。

逻辑运算符将其操作数视为逻辑值,即"真"或"假"。而 C 语言对于操作数真假的判定采取了如下原则:

零值 为 假
任意非零值 为 真

所以,逻辑表达式"(5 < 10)&&(-10)"的值为 1;逻辑表达式 "!'a'"的值为 0。在 C 语言对逻辑表达式的求解过程中,并非所有的逻辑运算符都被执行,只是在必须执行下一个运算符才能求出表达式的解时,才执行该运算符。例如:

(1) 只有当 x 为"真"时,y 的真假才被判定,表达式(x && y)的值才被求解。同样的道理,只有当表达式(x && y)的值为"真"时,第二个逻辑与运算符(&& z)才被执行。

(2) 对于表达式(x || y || z),如果 x 为"真",则无论 y 和 z 的值是什么,该表达式的值始终是"真"。只有当 x 为"假"时,y 的真假才被判定,表达式(x && y)的值才被求解。同样的道理,只有当表达式(x && y)的值为"假"时,第二个逻辑或运算符(|| z)才被执行。

4.1.3 条件运算符和条件表达式

C 语言提供了一个强有力的问号(?)操作符,可以方便地替代 if…else 形式的某些语句。它是 C 语言中唯一的一个三目运算符,又称为条件运算符,其表达式的一般形式如下:

操作数 1 ? 操作数 2 : 操作数 3

操作数可以是变量、常量或者是任意有效的 C 语言表达式。

条件表达式的执行过程为:先求解操作数 1 的逻辑值,如果为非零值——"真",则求解操作数 2,并将操作数 2 的值作为该条件表达式的值;如果逻辑值为零值——"假",则求解操作数 3,并将操作数 3 的值作为该条件表达式的值。

条件运算符的优先级高于赋值运算符,但低于算术运算符、关系运算符及逻辑运算符。例如:

y = x >= 60 ? 'P' : 'F'

如果 x 大于或等于 60,则 y 被赋值"P",该表达式的值为"P";如果 x 小于 60,则 y 被赋值"F",该表达式的值为"F"。

条件运算符具有右结合性,即"自右向左"。下面的表达式:

x > y ? x : y > z ? y : z

相当于

x > y ? x : (y > z ? y : z)

4.2 if 语 句

在例 3.8 程序中,即使用户输入的三边并不能构成三角形,程序仍将按三角形进行处理。要解决这个问题,程序中必须要有判断此三边能否构成三角形的功能语句。在 C 语言中,if 语句可完成此功能。

4.2.1 if 语句的一般形式

if 语句的一般形式如下:

if(表达式)
  语句 1
[else
  语句 2]

"["和"]"之间的部分,表示可以没有。如果没有 else 语句,则为单分支选择结构。

if 语句的执行流程:"表达式"的值为非 0 值,则执行语句 1;否则执行语句 2。语句 1、语句 2 不会同时执行,其流程图如图 4.1 所示。如果是单分支选择结构,则"语句 2"处无语句。

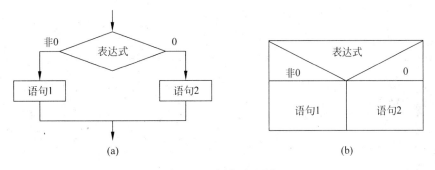

图 4.1　if 语句流程图

说明:

(1) 表达式可以是任何合法 C 表达式。

(2) 语句 1、语句 2 可以是单条语句,也可以是复合语句、空语句等。

(3) else 子句是可选的。当无 else 子句时的 if 语句形式为:

if(表达式)
  语句 1

(4) 尽量避免 if 语句中的表达式产生浮点数结果。因为浮点数运算占用几条 CPU 指令,将明显降低执行速度。

例 4.1　根据三角形的三边长,求面积(例 3.8 的改进算法)。

算法:

(1) 定义实型变量 a、b、c、p、s。

(2) 输入 a、b、c 的值。

（3）判断 a、b、c 是否构成三角形，如果是三角形，继续做第（4）步；否则提示输入错误，程序结束。

（4）根据公式计算 p 的值。

（5）根据公式计算 s 的值。

（6）输出三角形的面积。

提示：C 程序中求平方根，需调用数学库函数 sqrt，此函数包含在头文件 math. h 中。判断是否是三角形方法：任意两边之和大于第三边。

（4_1. c）

```c
# include <math. h>
# include <stdio. h>
void main()
{
float a,b,c,p,s;
printf("Please input a b c: ");                    /* 提示输入 */
scanf("%f%f%f",&a,&b,&c);
if(a+b>c&&a+c>b&&b+c>a)                             /* 判断是否是三角形 */
{ p=(a+b+c)/2;
  s=sqrt(p*(p-a)*(p-b)*(p-c));                      /* 调用数学函数计算面积 s */
  printf("a=%.2f,b=%.2f,c=%.2f\n",a,b,c);
  printf("s=%.2f\n",s);
}
 else
printf("输入有误,%.2f,%.2f,%.2f 不能构成三角形!\n",a,b,c);
}
```

程序运行结果：

```
3  4  5↙
a=3.00,b=4.00,c=5.00
s=6.00
```

再次运行：

```
1  2  3↙
输入有误,1.00,2.00,3.00 不能构成三角形!
```

注意：if 语句中当条件成立时，如果试图同时执行多条语句，就必须将这些语句用花括号"{}"括起来，使之成为一条复合语句。大家可以试试，在此程序中 if 语句中不使用"{}"，会有怎样的后果。

测试分支程序时，应多次运行，使程序中每一种选择都执行一次。

4.2.2 if 语句的嵌套形式

当 if 语句的目标块中又出现 if 语句时，C 语言有如下规定：else 子句总与距它最近的 if 配套。例如：

```c
if (a)
    if (b)
```

```
        if (c) do1();                          /* 如果 a、b、c 同时为非 0 值,执行 do1 */
        else   do2();                          /* 这个 else 与前面的 if(c)配套 */
            /* 如果 a、b 同时为非 0 值,c 为 0,执行 do2 */
    else                                       /* 这个 else 与前面的 if(b)配套 */
        if (d) do3();                          /* 如果 a 为非 0 值,b 为 0,d 为非 0 值, */
                                               /* 执行 do3 */
        else  do4();                           /* 这个 else 和 if(d)配套 */
            /* 如果 a 为非 0 值,b 为 0,d 为 0 值,执行 do4 */
```

这种一条 if 语句中又有 if 语句的语句,称为 if 语句的嵌套形式。

一个问题用 if 语句的描述方式是多种多样的。从以上程序段中不难看出,对于 if 嵌套语句的描述方式如果不好,将对编写或理解程序造成很大的困难。

基于上述规则,一个常用的嵌套 if 语言构成多分支选择结构,也称为 if…else…if 阶梯,其一般形式如下:

```
if(表达式 1)
    语句 1
else  if(表达式 2)
    语句 2
else  if(表达式 3)
    语句 3
    ⋮
else  语句 n
```

所有条件自顶向下求解,发现真值时,执行相关语句,跳过其余所有语句;所有测试失败时,执行最后一个 else 的语句 n。

例 4.2　写一个程序,完成下列功能:输入一个百分制分数 score,输出五级制成绩:A(100≥百分成绩≥90)、B(90>百分成绩≥80)、C(80>百分成绩≥70)、D(70>百分成绩≥60)或 E(百分成绩<60)。

算法:

(1) 输入百分制成绩 score。

(2) 根据 score 取值范围,得出相应的等级 grade。

(3) 输出五分制等级或错误提示。

提示:注意以下程序中关系表达式的写法,这是初学者最易犯的错误。

(4_2.c)

```
#include <stdio.h>
void main()
{ int score;
  scanf("%d", &score);
  if ( score<0||score>100)                printf ("Error!\n");
  else if ( 100>=score>=90)               printf ("A\n");
  else if (90>score>=80)                  printf ("B\n");
  else if (80>score>=70)                  printf ("C\n");
  else if (70>score>=60)                  printf ("D\n");
  else                                    printf ("E\n");
}
```

程序运行结果：

－3 ↙

Error!

再次运行：

98 ↙

E

再次运行：

78 ↙

E

再次运行：

48 ↙

E

程序分析：

(1) if 语句中由上至下，只有前面的条件不成立时，才做后面的 else 语句。当某个 if 语句中表达式成立，将不再执行后面的 else…if 语句。如 score 输入值<0 或>100，程序运行结果都是 Error!

(2) 如 score 输入的值是≥0 且≤100，关系表达式 100>=score>=90 的运算过程是：先算 100>=score，其结果为 1；再计算 1>=90，结果为 0。整个表达式结果为 0，表示条件不成立，再继续后面的判断，其余 3 个关系表达式的运算过程是类似的，即无论 score 输入值为 0~100 的任何数，后面 4 个关系表达式的值都是 0，最后程序输出的结果都是 E。

(3) 改正程序最简单的方法是将后面 4 个关系表达式中 score 之前的部分删除。

4.3 switch 语 句

C 语言中，switch 语句同样可以实现多分支选择。

4.3.1 switch 语句的一般形式

switch 语句的一般形式如下：

```
switch(表达式){
    case   常量表达式 1 :
        语句序列 1
        break;
    case   常量表达式 2 :
        语句序列 2
        break;
    case   常量表达式 3 :
        语句序列 3
        break;
        ⋮
```

```
default :
    语句序列 n
}
```

执行流程：依次判断"表达式"的值，从与"表达式"值相等的"常量表达式"后面开始执行语句，直到遇到"break"语句或 switch 语句结束，才退出"switch"语句；如果所有"常量表达式"的值都与"switch"中的表达式不相等，则执行"default"后的语句。执行过程如图 4.2 所示。

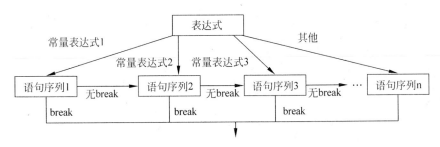

图 4.2　switch 语句的执行过程

说明：

（1）表达式：必须对整数求值，因此可以使用结果为整型数据或字符型数据的表达式，但不能使用结果是浮点型数据的表达式。

（2）case 常量：常量必须是整型常量或字符型常量，不能使用浮点型常量。一个 switch 语句块中的各个常量的值必须各异。case 是一种标号语句，不能在 switch 语句之外存在。

（3）break 语句：是 C 语言的跳转语句之一。用在 switch 语句中时，表示程序执行流程跳转到该 switch 语句之后的语句，即结束该 switch 语句，执行下一条语句。

（4）switch 语句执行流程：表达式的值按自顶向下的顺序与 case 语句中的常量逐一比较，当发现匹配（相等）时，与该 case 语句相关的语句序列被执行，直到遇到 break 语句或达到 switch 语句结尾时停止；如果没有发现任何匹配，则执行与 default 相关的语句序列。

（5）default 语句：该语句是可选的。如不选用，则在没有发现任何匹配时，该 switch 语句不进行任何操作。

（6）break 语句：该语句是可选的。无此语句时，则继续执行下一条语句。例如：若删除与 case 常量 2 相关的 break 语句，则发现表达式与常量 2 匹配时，执行语句序列 2 和语句序列 3，遇到 break 停止。

在例 4.2 中的程序，使用 switch 语句也可以完成相同功能。

例 4.3　写一个程序完成下列功能：输入一个百分制分数 score，输出五级制成绩：A（100≥百分成绩≥90）、B（90＞百分成绩≥80）、C（80＞百分成绩≥70）、D（70＞百分成绩≥60）或 E（百分成绩＜60）。用 switch 语句实现。

提示：注意 break 的灵活使用。

（4_3.c）

```
#include <stdio.h>
void main()
{ int score;
```

选择结构程序设计

```
    scanf(" % d", &score);
    if(score < 0 || score > 100)
        printf("Error!\n");
else
    switch(score/10)
    {case 10:
    case 9: printf ("A\n" ); break;
    case 8: printf ("B\n" ); break;
    case 7: printf ("C\n" );break;
    case 6: printf ("D\n" );break;
    default: printf("E\n");
    }
}
```

程序分析：

(1) score/10 的运用技巧利用了一个整型数据除以一个整型数据仍是整型数据的特点，将 score 进行了分段处理。

(2) 对于数据超出范围的处理，如，输入 score 值为 − 3 或 3，score/10 均为 0，因此用 switch(score/10)没法区分一位数是正或负。这里用了 if 语句来处理。

4.3.2 switch 语句的嵌套形式

switch 语句可以作为另一个 switch 语句中语句序列的一部分，形成嵌套 switch 语句。这时，即使内外层的常量相同，也不会引起冲突。例如：

```
switch (x) {
    case 1 :
        printf("process(x , y)\n");
        switch (y) {
            case 0 :    printf("Divided by 0 error!\n");
                    break;
            case 1 :    process (x , y );
        }
        break;
    case 2 :
    ⋮
}
```

另外，switch 语句也可以和 if 语句相互嵌套使用。

提示： switch 语句在解决某些问题时比 if 语句简单，但它的使用领域由于"switch(表达式)"语句中的表达式只能是整型或字符型数据而受限。因此，if 可用于解决任何选择问题，而 switch 则不行。

4.4 选择结构程序设计举例

例 4.4 有如下函数，编程实现从键盘上输入 x 的值，求 y 值。

$$y = \begin{cases} x^5 & x < 0 \\ \sqrt{x} & 0 \leqslant x \leqslant 100 \\ 2x - 100 & x > 100 \end{cases}$$

提示：程序中用到两个数学库函数，开方是 sqrt 函数，幂函数是 pow 函数，在头文件 math. h 中。

(4_4. c)

```
# include < stdio. h >
# include < math. h >
void main()
{  float x, y;
   printf("x = ");
   scanf(" % f",&x);
   if(x < 0)
      printf("\nx = % .4f, y = pow(x,5) = % .4f\n", x, pow(x,5));
   else if(x < = 100)                          /* 注意关系表达式的写法 */
      printf("\nx = % .4f, y = sqrt(x) = % .4f\n", x, sqrt(x));
   else
      printf("\nx = % .4f, y = 2x - 100 = % .4f\n", x, 2 * x - 100);   /* 注意 2x 在 C 中写法 */
}
```

注意：C 语言中关系表达式和算术表达式与数学中的书写方式有区别。

例 4.5 从键盘读入两个整数，然后显示这两个数的商。

(4_5. c)

```
# include < stdio. h >
void main()
{
   int a, b;
   printf("请输入两个整数 a,b:");
   scanf(" % d, % d",&a, &b);
   if (b)
      printf("a/b: % d/ % d = % d\n",a,b,a/b);
   else
      printf("除数不能为 0!\n");
}
```

程序分析：

如果 b 值为零，则控制 if 的条件为假，else 被执行；否则 if 条件为真（非零值），执行除法操作。在本例中，若把 if 的条件改为 if(b! = 0)，则是冗余且潜在低效。因为 b 值足以控制 if 条件，没有必要再通过与零比较去测试它。

例 4.6 从键盘读入年份，然后判断该年是否为闰年。符合下列条件之一的年份都是闰年：

（1）能被 400 整除的年份；

（2）不能被 100 整除，但可以被 4 整除的年份。

(4_6. c)

```
#include < stdio. h >
void main( )
{
    int year;
    printf("请输入一个年份:");
    scanf("%d",&year);
    if (year % 400 = = 0||(year % 4 = = 0&&year % 100!= 0))   /*判断是不是闰年*/
        printf("%d是闰年!\n",year);
    else
        printf("%d不是闰年!\n",year);
}
```

程序分析：

利用关系运算符及逻辑运算符判断是否为闰年。

例 4.7　求一元二次方程的解。

提示：为方便叙述，程序中的 if 语句分别用 if1、if2、if3 标记，每个 else 也用 else1、else2、else3 标识。

（4_7. c）

```
#include < math. h >
#include < stdio. h >
void main( )
{ float a,b,c,disc,x1,x2,p,q;
  printf("请输入一元二次方程系数(a,b,c): \n");
  scanf("%f, %f, %f", &a, &b, &c);            /*输入一元二次方程的系数 a、b、c*/
  disc = b * b - 4 * a * c;
if(fabs(a)< = 1e - 6)                           /* if1: fabs()是求绝对值库函数*/
    { printf("这是一元一次方程!\n");
      printf("x = %7.2f\n", - c/b);
    }
else                                            /* else1*/
 {
if (fabs(disc)< = 1e - 6)                        /* if2*/
   printf("x1 = x2 = %7.2f\n", - b/(2 * a));     /*输出两个相等的实根*/
else                                            /* else2*/
  { if (disc > 0)                               /* if3*/
      {x1 = ( - b + sqrt(disc))/(2 * a);         /*算出两个不相等的实根*/
       x2 = ( - b - sqrt(disc))/(2 * a);
       printf("x1 = %7.2f,x2 = %7.2f\n", x1, x2);
      }
  else                                          /* else3*/
      { p = - b/(2 * a);                         /*算出两个共轭复根*/
        q = sqrt(fabs(disc))/(2 * a);
        printf("x1 = %7.2f + %7.2f i\n", p, q);
        printf("x2 = %7.2f - %7.2f i\n", p, q);
      }                                         /* else3 结束*/
    }                                           /* else2 结束*/
  }                                             /* else1 结束*/
}
```

程序分析：

(1) if1 表达式成立，即 a 的绝对值小于 10^{-6}，则 a 近似为 0，按一元一次方程运算。后面不再执行。

(2) if1 表达式不成立，则执行 else1 后的复合语句。按一元二次方程计算。

① if2 成立，即 $b^2 - 4ac$ 近似为 0，则计算并输出两个相等实根，后面不再执行。

② if2 不成立，则执行 else2 后面的复合语句：

- if3 成立，即 $b^2 - 4ac > 0$，计算并输出两个不等实根，后面不再执行。
- if3 不成立，即 $b^2 - 4ac < 0$，执行 else3 后的语句，计算并输出两个不等复根。

例 4.8 输入某年某月某日，判断这一天是这一年的第几天。

解析： 以 2000 年 4 月 8 日为例，应该先把前 3 个月的天数加起来，然后再加上 8 天即本年的第几天。遇闰年情况，且输入月份大于 3 时需要多加 1 天。

(4_8. c)

```c
#include <stdio.h>
void main()
{
    int day,month,year,sum,leap;
    printf("\nplease input year,month,day\n");
    scanf("%d, %d, %d",&year,&month,&day);
    switch(month)                          /* 先计算某月以前月份的总天数 */
    {
        case 1:sum = 0;break;
        case 2:sum = 31;break;
        case 3:sum = 59;break;             /* 二月按 28 天计 */
        case 4:sum = 90;break;
        case 5:sum = 120;break;
        case 6:sum = 151;break;
        case 7:sum = 181;break;
        case 8:sum = 212;break;
        case 9:sum = 243;break;
        case 10:sum = 273;break;
        case 11:sum = 304;break;
        case 12:sum = 334;break;
        default:printf("month data error");
    }
    sum = sum + day;                       /* 再加上某天在当月的天数 */

    if(year % 400 == 0||(year % 4 == 0&&year % 100!= 0))    /* 判断是不是闰年 */
        leap = 1;
    else
        leap = 0;
    if(leap = = 1 && month > 2)            /* 如果是闰年且月份大于 2,总天数应该 */
                                           /* 再加 1 天 */
    sum++;
```

选择结构程序设计

```
printf("It is the % dth day of the year.\n", sum);
}
```

程序分析:

这里,使用 switch 语句按输入的月份,将该月份之前的总天数计入 sum。例如:若输入的月份为 3,则 swich 语句执行 case 3:sum = 59;break;,即一、二月份的天数之和为 59 天。二月按 28 天计算,并根据闰年的判断,作相应调整。

4.5　常见编程错误和编译器错误

在使用本章介绍的内容时,应注意下列可能的编程错误和编译器错误。

4.5.1　编程错误

(1) 在关系运算符"=="的位置中使用赋值运算符"="。如以下程序:

```
# include < stdio. h >
void main()
{ int a,b;
scanf(" %d %d",&a,&b);
if(a = b)
printf("a = b = % d\n",a);
else
printf("a <> b,a = % d,b = % d\n",a,b);
}
```

此程序段的本意是比较 a 和 b 的值是否相等,但由于"(a==b)"被错误地写成了"(a=b)",此程序段的结果只取决于 b 的值。

程序运行结果:

```
3 4↙
a = b = 4
```

再次运行:

```
3 0↙
a <> b,a = 0,b = 0
```

(2) C语言中关系表达式与数学上表达式的书写没有区分开来。如:"0 < x < 100"在 C程序中无论 x 取值如何,此表达式结果始终为 1。

(3) 逻辑运算符"&&"和"||"与位运算符"&"和"|"没有区别开。

(4) if 语句中该用"{ }"的地方没有用,这将造成语法错误或逻辑错误。

4.5.2　编译器错误

与本章内容有关的编译器错误如表 4.1 所示。

表 4.1 第 4 章有关的编译器错误

序号	错 误	编译器的错误消息
1	忘记用括号把被测表达式包围起来	syntax error：identifier …
2	错误地输入关系运算,例如使用 =>而不是 >=	syntax error：'>'
3	使用这样的结构: if(表达式) 语句 1;语句 2; else 语句 3;	illegal else without matching if (if 后只能跟一个语句,由于有语句 2,if 语句变成了单向选择,else 关键字没有 if 与其匹配)
4	在 switch 开关语句中测试一个浮点表达式	switch expression of type '…' is illegal
5	忘记 switch 开关语句中的大括号	illegal break illegal default

小　　结

本章要求掌握以下内容:

(1) C 语言对逻辑值的表达及判定方法。

(2) 关系运算符及关系表达式的意义及应用。

(3) 逻辑运算符及逻辑表达式的意义及应用。

(4) 条件运算符及条件表达式的意义及应用。

(5) 各种运算符的优先级及结合性。

(6) if 语句的一般形式及执行流程。

(7) 嵌套 if 语句的规定。

(8) if…else…if 阶梯语句的执行流程。

(9) switch 语句的形式及执行流程。

(10) 使用 if 语句及 switch 语句进行选择结构程序设计。

习　　题

4.1 填空题

4.1.1 表示条件:$10 < x < 100$ 或 $x < 0$ 的 C 语言表达式是＿＿＿＿＿＿＿＿＿＿＿＿。

4.1.2 若要求在 if 后一对圆括号中表示 a 不等于 0 的关系,则能正确表示这一关系的表达式为＿＿＿＿＿＿＿＿＿＿＿＿。

4.1.3 当 $a = 10,b = 20$ 时,表达式$(!a < b)$的值为＿＿＿＿＿＿。

4.1.4 当 $a = 3,b = 2,c = 1$ 时,表达式 $f = a > b > c$ 的值是＿＿＿＿＿＿。

4.1.5 设 y 为 int 型变量,请写出描述"y 是奇数"的表达式＿＿＿＿＿＿＿＿＿＿。

4.1.6 设 x、y、z 为 int 型变量,请写出描述"x 或 y 中有一个小于 z"的表达式＿＿＿＿＿＿＿＿＿＿＿。

4.1.7 已知 $a = 7.5,b = 2,c = 3.6$,表达式$(a > b \ \&\& \ c > a \ || \ a < b \ \&\& \ ! c > b)$的值是＿＿＿＿＿＿。

4.1.8　假设 a = 5，b = 2，c = 4，以下表达式的值依次为：＿＿＿＿＿＿＿＿＿＿＿。

(1) a ％ b ＊ c && c ％ b ＊ a

(2) b ％ c ＊ a && a ％ c ＊ b

(3) a ％ b ＊ c || c ％ b ＊ a

(4) b ％ c ＊ a || a ％ c ＊ b

4.1.9　假设 a = 3，b = 4，c = 5，以下各表达式的值依次为＿＿＿＿＿＿＿＿＿＿＿。

(1) a + b > c && b == c

(2) a || b + c && b - c

(3) ! (a > b) && ! c || 1

(4) ! (x = a) && (y = b) && 0

(5) ! (a + b) + c - 1 && b + c/2

4.1.10　两次运行下面的程序，如果从键盘上分别输入 6 和 4，输出的结果是＿＿＿＿＿＿。

```
void main()
 { int x;
   scanf(" % d",&x);
   if(x++ > 5)
    printf(" % d",x);
   else
    printf(" % d\n",x-- ); }
```

4.2　选择题

4.2.1　设 a 为整型变量，不能正确表达数学关系"10 < a < 15"的 C 语言表达式是(　　)。

A. 10 < a < 15　　　　　　　　B. a == 11||a == 12||a == 13||a == 14

C. a > 10 && a < 15　　　　　　D. ! (a <= 10) && ! (a >= 15)

4.2.2　在以下一组运算符中，优先级最高的是(　　)。

A. <=　　　　　B. =　　　　　C. ％　　　　　D. &&

4.2.3　设 a,b,c 都是 int 型变量，且 a = 3，b = 4，c = 5，则下面表达式中，值为 0 的表达式是(　　)。

A. 'a' && 'b'　　B. a <= b　　　C. c || + c && b - c　　D. ! ((a < b) && ! c || 1)

4.2.4　在 C 语言的 if 语句中，用作判断的表达式为(　　)。

A. 关系表达式　　B. 逻辑表达式　　C. 算术表达式　　　D. 任意表达式

4.2.5　在以下运算符中，优先级最高的运算符是(　　)。

A. <=　　　　　B. /　　　　　C. !=　　　　　D. &&

4.2.6　假设所有变量均为整型，表达式(a = 2,b = 5,a > b? a ++ ：b ++ ,a + b)的值是(　　)。

A. 7　　　　　B. 8　　　　　C. 9　　　　　D. 2

4.2.7　在 C 语言中，能代表逻辑值"真"的是(　　)。

A. true　　　　B. 大于 0 的数　　C. 非 0 整数　　　D. 非 0 的数

4.2.8　在以下运算符中，优先级最高的运算符是(　　)。

A. !　　　　　B. =　　　　　C. +　　　　　D. ||

4.2.9 逻辑运算符两侧运算对象的数据类型( )。

A. 只能是 0 或 1
B. 只能是 0 或非 0 正数
C. 只能是整型或字符型数据
D. 可以是任何类型的数据

4.3 编程题

4.3.1 编写一个 C 程序,要求从键盘输入一个整数,判断该整数是否能够被 17 整除。(解析:当该数与 17 的余数为零时,即可以被 17 整除。)

4.3.2 编写一个 C 程序,计算并显示由下列说明确定的一周薪水。如果工时小于 40,则薪水按每小时 8 元计;否则,按 320 元加上超出 40 小时部分的每小时 12 元计。(解析:一周工时数从键盘输入,显示其相应薪水为输出。)

4.3.3 编写一个 C 程序,要求从键盘输入 3 个整数 a、b、c,输出其中最大的数。(解析:这是求极值问题,先设立一个变量 max,总是保留两数比较时较大的那个值。具体方法如下:先将 a 的值赋给 max,如果 max<b 则将 b 的值赋给 max,然后再用 max 与 c 进行比较,如果 max<c 则将 c 的值赋给 max,这样能使 max 总是保留最大的值。最后输出 max。)

4.3.4 编写一个 C 程序,要求从键盘输入 3 个整数 x、y、z,请把这 3 个数由小到大输出。(解析:这是排序问题,须想办法把 3 个数进行调换,使得最小的数放到 x 变量里,最大的数放在 z 变量里。具体方法如下:先将 x 与 y 进行比较,如果 x>y 则将 x 与 y 的值进行交换,然后再用 x 与 z 进行比较,如果 x>z 则将 x 与 z 的值进行交换,这样能使 x 最小;然后将 y 与 z 比较,并将较小的值保存在 y 里,而较大的值放在 z 里。最后,依次输出 x、y、z。)

4.3.5 编写一个 C 程序,要求从键盘输入一个不多于 5 位的正整数 x,要求输出:(1)它是几位数;(2)逆序打印出各位数字。例如,原数为 789,应输出 987。(解析:该问题的核心是分解出每一位上的数字:

```
a = x/10000;          /* 分解出万位上的数字 */
b = x%10000/1000;     /* 分解出千位上的数字 */
c = x%1000/100;       /* 分解出百位上的数字 */
d = x%100/10;         /* 分解出十位上的数字 */
e = x%10;             /* 分解出个位上的数字 */
```

通过检测各数字是否为零,便可知道 x 是几位数,例如,当 if(a)为真时 x 是 5 位数。)

4.3.6 编写一个 C 程序,要求从键盘输入两个数,并依据提示输入的数字,选择对这两个数的运算,并输出相应运算结果。要求提示为:

(1) 作加法;

(2) 做乘法;

(3) 做除法。

(解析:可使用 switch 语句,以提示输入的数字为依据,作分支结构设计,使得提示输入 1 时,将两数之和输出;提示输入 2 时,将两数之积输出;提示输入 3 时,将两数之商输出。注意除数不可为零的检测与提示。)

第5章　循环结构程序设计

到目前为止,所分析过的程序已经说明了输入、输出、赋值和选择中的有关概念,已经获得了有关这些概念的足够丰富的经验以及用 C 语言实现它们的技术。但是,许多问题要求相同的计算或指令序列用不同的数据组重复循环的能力。这样循环的例子包括不断地检查用户输入的数据,直到一个可接受的输入为止。例如输入一个有效的密码、计数和累加产生总数、持续不断地接受输入数据等。这些例子都要用到循环结构,这一章讨论循环程序设计的基本思想及实现技术。

5.1　基本循环结构

构造循环结构就要用到循环控制语句,这个循环控制语句定义重复代码段的边界,还控制这段代码是被执行还是不被执行。C 语言提供三种循环语句的类型:

(1) while 语句

(2) do…while 语句

(3) for 语句

用这些循环语句构造循环控制结构要求三个要素组成。

- 第一个要求的要素是每个循环语句都要求一个必须被计算的条件表达式。有效的条件表达式与选择语句中使用的条件表达式相同。如果条件表达式为真,循环语句内包含的代码就执行,否则不执行。
- 第二个要求的要素是一个初始设置被测条件表达式的语句。这个语句总是放置在条件表达式被首次计算之前,以确保执行条件表达式首次被计算的正确的循环。
- 第三个要求是在重复代码段内必须有一个改变这个条件表达式以使它最后变成假的语句。为了确保循环在某个位置停止,这个语句是必要的。

一旦选择了一个循环语句,这三个要素(即条件表达式、初始化和改变)通常被一个简单的循环控制变量控制,用不同的循环语句类型来实现,下面就分别介绍常用的三种循环控制语句,即 while 语句、do…while 语句、for 语句。

5.2　while　语　句

while 语句用来实现"当型"循环结构。

while 语句的一般形式为:

while(表达式) 循环体语句;

while 语句的执行过程可以用如图 5.1 所示的传统流程图(a)与 N-S 流程图(b)来表示。

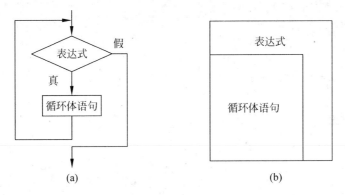

图 5.1 while 循环的流程图

其执行过程为：先判断表达式,为真(非 0)则执行语句,然后再判断。如果表达式为假 (值为 0)则跳过循环体而直接执行 while 语句的下一语句。因此循环体可能一次也没有执行。当初始条件为假时,是不会执行循环的。

注意：

(1) 如果循环体语句包含两个及以上的语句,应用"{ }"括起来,构成一个复合语句, 否则系统只把第一个语句当成循环体部分加以重复执行,余者作为 while 循环的后续语句。

(2) 循环体中应包含改变循环条件的语句,否则可能导致死循环。

例 5.1 求 $1+3+\cdots+99$ 的值。

首先画出流程图,如图 5.2 所示,其中(a)为传统流程图,(b)为 N-S 流程图。

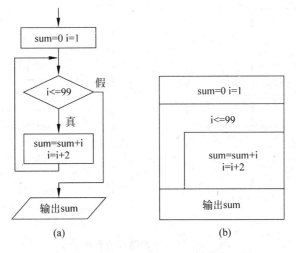

图 5.2 $1+3\cdots+99$ 的 while 循环流程图

(5_1.c)

```
# include < stdio. h >
void main( )
```

循环结构程序设计

```
{
    int i,sum;
    i = 1; sum = 0;
    while(i <= 99)
    {
        sum = sum + i;
        i = i + 2;
    }
    printf("sum = % d\n",sum);
}
```

程序运行结果：

sum = 2500

程序分析：

本题也可用其他算法完成,如转换成 $\sum_{i=1}^{50} 2i - 1$ 的形式,请大家自行完成程序。

例 5.2　从键盘读入一系列字符,以"#"结束,统计字符的个数。

程序分析：

这是典型的标志法。以"#"作为标志,当此标志出现时就结束循环。由于有可能第一个字符就是"#",因此适合用当型循环完成。此外,还需要一个计数器,用来统计实际字符个数。其传统流程图和 N-S 流程图分别如图 5.3(a)、(b)所示。

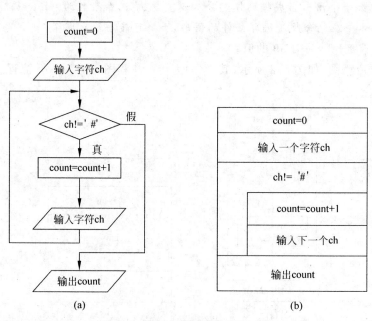

图 5.3　例 5.2 的两种流程图表示

(5_2.c)

```
# include < stdio. h >
void main( )
{
```

```
    int count;
    char ch;
    count = 0;
    scanf(" % c",&ch);
    while(ch!= ' # ')
    {
        count ++ ;
        scanf(" % c",&ch);
    }
    printf("total = % d\n",count);
}
```

5.3   do…while 语句

do…while 语句是另一种用来实现"当型"循环的结构。与 while 循环不一样，它是先执行，后判断。

它的一般形式为：

do
    循环体语句
while（表达式）；

do…while 语句的执行过程可以用如图 5.4 所示的传统流程图(a)与 N-S 流程图(b)来表示。

其执行过程为：先执行循环体语句，然后判断表达式，如果表达式值为真，则重复执行循环体，如表达式值为假，则结束循环。因此 do…while 的循环体语句至少会执行一次。

例 5.3　用循环 do…while 求 1 + 3 + … + 99 的值。

其传统流程图和 N-S 流程图分别如图 5.5 (a)、(b)所示，只是条件判断放在循环体之后。

(5_3.c)

```
# include < stdio. h >
void main()
{
    int sum, i = 1;
    sum = 0;
    do
    {
        sum = sum + i;
        i = i + 2;
    }while (i < = 99);
    printf("sum = % d\n",sum);
}
```

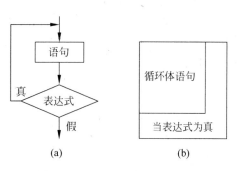

图 5.4　do…while 循环的流程图

循环结构程序设计

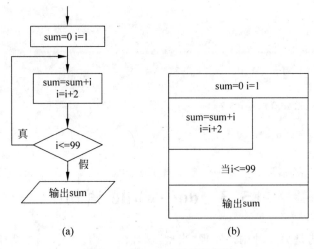

图 5.5　例 5.3 的两种流程图

可以看出：对于同一问题，既可以用 while 语句处理，也可以用 do…while 语句处理，do…while 语句结构可以转换为 while 结构。

在一般情况下，用 while 语句和用 do…while 语句处理同一问题时，若两者的循环体部分是一样的，它们的结果也一样。如例 5.1 和 5.3 程序中的循环体是相同的，得到的结果也相同。但是如果 while 语句后面的表达式一开始就为假（0 值）时，两种循环的结果是不同的。

例 5.4　while 和 do…while 循环的比较。
(5_4.c)

```
(1) # include < stdio. h>
void main()
{
int sum = 0, i;
scanf(" % d",&i);
while (i < = 10)
 {
 sum = sum + i;
 i + + ;
 }

printf("sum = % d\n",sum);
}
```

```
(2) # include < stdio. h>
void main()
{
int sum = 0, i;
scanf(" % d",&i);
do
 {
 sum = sum + i;
 i + + ;
 }
while (i < = 10);
printf("sum = % d\n",sum);
}
```

程序运行结果：
1 ↙
sum = 55
再运行一次：
11 ↙
sum = 0

程序运行结果：
1 ↙
sum = 55
再运行一次：
11 ↙
sum = 11

程序分析：

（1）当输入 i 的值小于或等于 10 时，两者结果相同。

（2）当 i>10 时，两者结果就不同了，这是由于此时对 while 循环来说，一次也不执行循环体（表达式"i <= 10"为假），而对 do…while 循环语句来说则要执行一次循环体。

（3）当 while 后面的表达式的第一次的值为"真"时，两种循环得到的结果相同；否则，两者结果不相同（指两者具有相同的循环体的情况）。

例 5.5 从键盘输入某班级学生的英语考试成绩，编程计算总分和平均分。

程序分析：

（1）由于学生人数未知，也只有采用标志法。由此设定：在最后一个学生成绩的后面添加一个标志 -1，因为学生成绩一般情况下是 ≥0 的。

（2）由于班级中学生人数>0，故可使用 do…while 循环。

其传统流程图和 N-S 流程图分别如图 5.6(a)、(b)所示。

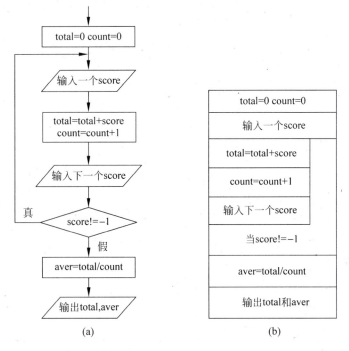

图 5.6 例 5.5 的两种流程图

(5_5.c)

```c
#include <stdio.h>
void main( )
{
    int count,score;
    float total,aver;
    total = 0;count = 0;
    printf("input scores:\n");
    scanf("%d",&score);
    do
    {
```

第5章

循环结构程序设计

```
        total = total + score;
        count ++ ;
        scanf(" % d",&score);
    }while(score!=- 1);
    aver = total/count;
    printf("count = % d total = % 7.2f aver = % 5.2f\n",count,total,aver);
}
```

5.4 for 语 句

for 循环是 C 语言中使用最频繁也是最灵活的一种语句,它主要适用于循环次数已知的情况,但也可用于循环次数未知的情况。

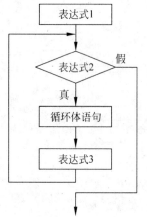

图 5.7 for 循环的流程图表示

for 语句的一般形式为:

for(表达式 1; 表达式 2; 表达式 3)
循环体语句

它的执行过程可以用如图 5.7 所示的流程图表示。

for 循环的执行过程为:

(1) 求表达式 1 的值。

(2) 判断表达式 2 的真假。

(3) 若值为真则执行循环体语句,并执行表达式 3,重复步骤(2)。

(4) 若表达式 2 的值为假,则结束循环,执行 for 语句的后续语句。

for 循环的执行可以理解为如下的形式:

for(循环变量赋初值; 循环条件; 循环变量自增值)
循环体语句

例 5.6 用 for 循环求 $1 + 3 + \cdots + 99$ 的值。

这个例子不仅可以用 while 和 do…while 循环来实现,还可以用 for 循环来实现,其具体的流程图如图 5.8 所示。

(5_6.c)

```
# include < stdio. h >
void main( )
{
    int i, sum = 0;
    for(i = 1;i < = 99;i = i + 2)
        sum = sum + i;
    printf("sum = % d\n", sum);
}
```

例 5.7 从键盘输入 10 个数,找出其中的最小值。

其 N-S 流程图如图 5.9 所示。

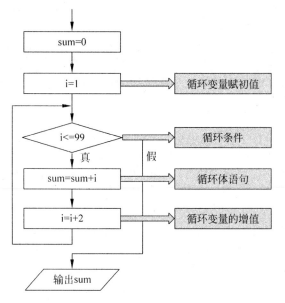

图 5.8　例 5.6 的 for 流程图

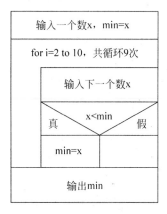

图 5.9　例 5.7 的 N-S 流程图

（5_7. c）

```c
#include <stdio.h>
void main( )
{
    int i,x,min;
    printf("input 10 datas:\n");
    scanf(" %d",&x);
    min = x;
    for(i = 2;i <= 10;i ++ )
    {
        scanf(" %d",&x);
        if(x < min) min = x;
    }
    printf("min = %d\n",min);
}
```

在 for 循环使用的具体过程中,有以下几个值得说明的地方。

（1）表达式 1、表达式 3 可以是简单的表达式或逗号表达式,表达式 2 一般是关系表达式或逻辑表达式(也可以是其他表达式,值为 0 表示假,非 0 表示真)。例如,例 5.6 可以表示为如下形式:

```c
for(sum = 0,i = 1;i <= 99;i = i + 2 )
    sum = sum + i;
```

或

```c
for(sum = 0,i = 1;i <= 99;i ++ ,i ++ )
    sum = sum + i;
```

第
5
章

循环结构程序设计

统计键盘输入字符个数可以用以下 for 语句表示：

```
for(i = 0;(ch = getchar())!= '\n';i ++);
```

表达式可以省略,但分号不能省略。

(2) 表达式 1 可以省略,但应在 for 语句之前给循环变量赋初值,如上例可以改为：

```
sum = 0;i = 1;
for(;i < = 99;i = i + 2)
   sum = sum + i;
```

(3) 表达式 2 可以省略,但执行时就没有循环条件可判断,循环将无休止地执行下去,如：

```
for(i = 1;;i = i + 2)
   sum = sum + i;
```

就构成死循环。但可以采取其他办法避免出现这种情况,如在循环体中使用 goto 语句或 break 语句等,详细内容参见后面章节。

(4) 表达式 3 可以省略,但应在循环体中添加循环变量自增的语句,否则也会造成死循环。如上例也可表示为：

```
for(i = 1;i < = 99;)
{
   sum = sum + i;
   i = i + 2;
}
```

(5) 可以同时省略表达式 1 和表达式 3,只有表达式 2,例如：

```
i = 1;
for(;i < = 99;)
{
   sum = sum + i;
   i = i + 2;
}
```

此时相当于 while 语句。实际上,for 循环完全可以替代 while 循环,但其用法远比 while 灵活。

(6) 三个表达式均可同时省略,此时情况与(3)类似,也要采取其他办法来控制循环结束。

5.5　goto、break、continue 语句

5.5.1　goto 语句

有时需要从程序中的某个语句转移到另一个语句,这时可以使用 goto 语句。goto 语句是无条件转移语句,它的一般形式为：

goto 语句标号；

其中语句标号为一标识符，它的命名规则与变量名一样，只能由字母、数字、下划线组成，且只能由字母或下划线开头。例如：

goto loop;

表示将流程无条件地转移到 loop 所标识的语句去继续执行。

goto 语句一般与 if 语句配套使用，用来构成循环，或者从循环体内跳转到循环体外。

例 5.8 用 goto 求 $1 + 3 + \cdots + 99$。

(5_8.c)

```
# include < stdio. h >
void main( )
{
    int i, sum = 0;
    i = 1;
    next:
        sum = sum + i;
        i = i + 2;
        if (i < = 99) goto next;
printf("sum = % d\n", sum);
}
```

结构化程序不提倡使用 goto 语句，因为频繁使用 goto 语句使得程序结构无规律可言，尤如一团乱麻。

5.5.2 break 语句

break 语句不仅能跳出 switch 语句，而且能跳转出任何一种循环语句的循环体，进而执行循环语句的下一个语句。

break 语句的一般形式为：

break;

例 5.9 用 break 语句完成例 5.8。

(5_9.c)

```
# include < stdio. h >
void main( )
{
    int i, sum;
    for(sum = 0, i = 1; ; i = i + 2)
    {
        sum = sum + i;
        if (i > = 99) break;
    }
    printf("sum = % d\n", sum);
}
```

注意:

(1) break 语句一般与 if 语句配套使用,用以控制是否继续循环。

(2) break 语句只能用于 switch 语句和循环语句中,不能用于任何其他语句。

5.5.3 continue 语句

continue 语句用于结束本次循环,即跳过循环体中尚未执行的语句,流程转移到判断循环条件处,准备下一次循环。

continue 语句的一般形式为:

```
continue;
```

例 5.10 从键盘输入 10 个整数,打印所有的负数。

(5_10. c)

```
#include <stdio.h>
void main( )
{   int x,i;
    printf("input 10 datas:\n");
    for(i = 1;i <= 10;i ++ )
      {   scanf(" % d",&x);
          if(x >= 0) continue;          /* 非负数就跳过 */
          printf(" % 8d",x);
      }
}
```

下面通过举例来形象地区分二者。假设有以下两种结构的循环:

```
(1) while(表达式 1)                      (2) while(表达式 1)
      {   ⋮                                   {   ⋮
        if(表达式 2) break;                       if(表达式 2) continue;
          ⋮                                       ⋮
      }                                       }
```

图 5.10 是它们的流程图,请大家仔细注意 break 语句与 continue 语句的区别。

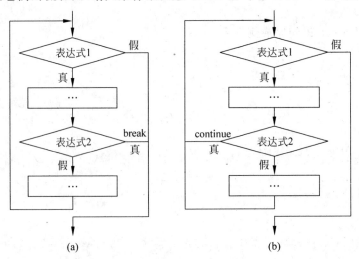

图 5.10   break 与 continue 的区别

5.6 循环的嵌套

循环可以嵌套使用,即循环体内还可以包含另一个完整的循环。循环的嵌套可以是双重的,也可以是多重的。

循环的嵌套形式是多种多样的,前面介绍的几种循环语句,它们都可以互相嵌套。例如在 while 的循环体中包含一个 for 循环,或者在 for 循环中包含一个 do…while 循环等。

例 5.11 求 $1! + 2! + \cdots + 10!$。

其流程图如图 5.11 所示。

(5_11. c)

```c
# include < stdio. h>
void main( )
{
    int i, j;
    long mul, sum = 0;
    for(i = 1; i <= 10; i ++ )
    {
        mul = 1;
        for(j = 1; j <= i; j ++ )
            mul = mul * j;
        sum = sum + mul;
    }
    printf("sum = % ld", sum);
}
```

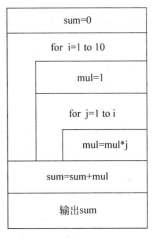

图 5.11 求 $1! + 2! + \cdots + 10!$

使用循环嵌套时,要注意几个问题:

(1) 外循环必须完全嵌套内循环,严禁交叉嵌套。

(2) 内、外循环变量尽量不要同名,否则结果不可预料。

例如:

```c
for(i = 1; i <= 10; i ++ )
  for(j = 1; j <= 10; j ++ )
    printf(" * ");
```

一共打印了多少个" * "? 请大家思考。

5.7 几种循环的比较

(1) 三种循环都可以用来处理同一问题,一般情况下它们可以互相代替。

(2) 用 while 和 do…while 循环时,循环变量初始化的操作在 while 和 do…while 语句前完成,for 可以在表达式 1 中完成。

(3) while 和 do…while 循环只在 while 后面指定循环条件,且在循环体中应包含使循环趋于结束的语句;for 循环可以在表达式 3 中包含使循环趋于结束的操作,甚至可以将循环体中的操作全部放到表达式 3 中。

循环结构程序设计

5.8 循环结构程序设计举例

许多程序都要用到循环结构,关于循环的算法很多,这里只列举一些常用的算法。

例5.12 输入两个正整数 m 和 n,求它们的最大公约数。

程序分析:

求最大公约数可以用"辗转相除法":将大数 m 作为被除数,小数 n 作为除数,二者余数为 r。如果 r≠0,则将 n→m,r→n,重复上述除法,直到 r = 0 为止。此时最大公约数就是 n。

其流程图如图 5.12 所示。

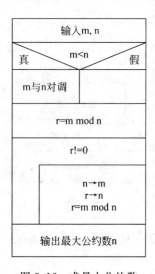

图 5.12 求最大公约数

(5_12.c)

```c
#include <stdio.h>
void main( )
{
    int m,n,r,t;
    printf("input m and n:\n");
    scanf("%d%d",&m,&n);
    if(m<n)
    { t=m;m=n;n=t; }
    r=m%n;
    while(r!=0)
    {
        m=n;
        n=r;
        r=m%n;
    }
    printf("%d",n);
}
```

例5.13 打印 Fibonacci 数列的前 20 项,每行打印 5 个数。该数列前两个数是 1,1,以后的每个数都是其前二个数之和。

程序分析:

这要用到递推法。所谓递推,是指根据前面的一个或多个结果推导出下一个结果。这里设三个变量 f1、f2、f3,其中 f3 = f1 + f2。

其流程图如图 5.13 所示。

(5_13.c)

```c
#include <stdio.h>
void main( )
{
    int f1,f2,f3,i;
    f1=1;f2=1;
    printf("%10d%10d",f1,f2);
    /***** 求后面18个数 *****/
    for(i=3;i<=20;i++)
    {
        f3=f1+f2;
```

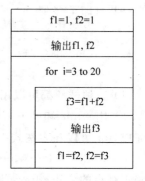

图 5.13 输出 20 项 Fibonacci 数列

```
        printf(" % 10d",f3);
        if(i % 5 == 0) printf("\n");
        f1 = f2;
        f2 = f3;
    }
}
```

例 5.14 打印出所有的"水仙花"数。所谓"水仙花"数,是一个三位数,其各位数字的立方和等于该数本身。例如 407 就是一个"水仙花"数,因为 $407 = 4^3 + 0^3 + 7^3$。

程序分析:

本题可以采用穷举法。穷举法是把所有的可能组合一一考虑到,对每种组合都判断是否符合要求,符合则输出。

(5_14.c)

```
# include < stdio.h>
void main( )
{
    int i,j,k,m,n;
    for(i = 1;i < = 9;i ++ )
       for(j = 0;j < = 9;j ++ )
          for(k = 0;k < = 9;k ++ )
          {
              m = i * 100 + j * 10 + k; n = i * i * i + j * j * j + k * k * k;
              if(m == n) printf(" % 10d",m);
          }
}
```

例 5.15 从键盘输入一行字符,要求将所有大写字母转换成小写字母,小写字母转换成大写字母,然后输出该串。

(5_15.c)

```
# include < stdio.h>
void main( )
{
    char ch;
    while((ch = getchar())!= '\n')
    {
        if(ch > = 'a'&&ch < = 'z') ch = ch - 32;        /* 小写变大写 */
        else if(ch > = 'A'&&ch < = 'Z') ch = ch + 32;   /* 大写变小写 */
        putchar(ch);
    }
}
```

如果上例去掉 else,即改成:

```
if(ch > = 'a' && ch < = 'z') ch = ch - 32;
if(ch > = 'A' && ch < = 'Z') ch = ch + 32;
```

后,会得到什么结果,请大家自行分析。

例 5.16 输入一正整数 n,在屏幕中央打印 n 行三角形。例如 n = 4,则打印:

循环结构程序设计

```
        *
       ***
      *****
     *******
```

程序分析：

要想将图形打印在屏幕中央,应在每行输出第一个"＊"之前打印若干个空格作为占位符。这里假设图形输出在 30 列处。

(5_16.c)

```
# include < stdio.h>
void main( )
{
    int i,j,n;
    printf("input n:\n");
    scanf(" % d",&n);
    for(i = 1;i < = n;i + + )
    {
        for(j = 1;j < = 30;j + + )
          printf(" ");                    /* 打印 30 个空格,占位 */
        for(j = 1;j < = 2 * i - 1;j + + )
          printf(" * ");                   /* 打印" * "号 */
        printf("\n");                      /* 打印完一行,换行 */
    }
}
```

5.9　常见编程错误和编译器错误

在使用本章介绍的内容时,应注意下列可能的编程错误和编译器错误。

5.9.1　编程错误

1. 循环体忘记加花括号

在用 while 语句、do…while 语句、for 语句执行循环时,如果循环体包含两个及两个以上的语句,应用花括号"{ }"括起来,构成一个复合语句,否则系统只把第一个语句当成循环体部分加以重复执行,余者作为该循环的后续语句。例如:

```
while(i < = 99)
  sum = sum + i;
i = i + 2;
```

在这个语句中,循环体就只有"sum = sum + i"一个语句,而不包括"i = i + 2"这个语句,如果两者同为循环体内容,就必须加括号,如下:

```
while(i < = 99)
  { sum = sum + i;
    i = i + 2;
  }
```

2. 初始条件的设置问题

在这个错误中,循环执行次数比期望的执行次数多一次或少一次。例如,由语句"for(i = 1;i < 11;i ++)"建立的循环执行 10 次而不是 11 次,即使在这个语句中数字 11 被使用。这样,一个等价的循环能够使用语句"for(i = 1;i <= 10;i ++)"构造。但是,如果这个循环用一个初始值 i = 0 开始,使用语句"for(i = 0;i < 11;i ++)",那么这个循环将执行 11 次,就像语句"for(i = 0;i <= 10;i ++)"构造的循环一样。在构造循环中,必须特别注意用于控制循环的初始条件表达式和最终条件表达式,以确保循环通过的次数正好是你预期的。

3. 混淆赋值运算符和相等运算符

在被测表达式中,使用赋值运算符" = "代替相等运算符" == "。这个错误的一个例子是用赋值表达式"a = 5"替代期望的关系表达式"a == 5"。由于被测表达式能够是任何有效的 C 语言表达式,包括算术表达式和赋值表达式,这个错误不会被编译器检测到。

4. for 语句后误用分号

把一个分号放在 for 语句括号的后面,将产生个什么都不做的循环。例如:

```
for(count = 1;count <= 10;count ++ );
    total = total + num;
```

在这个语句中,代码的第一行结束处的分号是一个空语句。这具有建立一个通过 10 次、除了自增运算和测试 count 之外什么都不做的循环效果。因为 C 语言程序员习惯用分号结束大多数行,这个错误往往会发生。

5. for 循环中的项目用逗号分隔

使用逗号而不是所要求的分号分开 for 语句中的那些项目,而不是使用要求的分号,例如:

```
for(count = 1,count <= 10,count ++ )
```

逗号用于分开初始化列表和改变列表内的项目,而分号用于把这些列表与被测表达式分隔。

6. 遗漏 do 语句中最后的分号

这个错误通常是由已经知道遗漏 while 语句括号之后的分号且在 do 语句结束处遇到保留字 while 时延续这个习惯的程序员造成的。

5.9.2 编译器错误

与本章内容有关的编译器错误如表 5.1 所示。

表 5.1　第 5 章有关的编译器错误

序号	错　误	编译器的错误消息
1	用逗号而不是分号分隔 for 语句中的语句。例如, for(init, cond, alt)	Error：syntax error：missing '；' before ')'
2	遗漏 while 语句中的括号,例如: while 条件式 ｛　语句；　｝	Error：syntax error：missing '；' before '('

序号	错误	编译器的错误消息
3	遗漏 do…while 语句末端的分号,例如: do { 语句; } while(条件式)	Error: syntax error: missing '; '
4	遗漏后缀自增或后缀自减语句中的第二个" + "或 " – "。例如: val + ; 或 val – ;	Error: syntax error: '; '

小　结

本章要求掌握以下内容:

(1) while 语句的意义及应用。

(2) do…while 语句的意义及应用。

(3) for 语句的意义及应用。

(4) goto、break、continue 语句的意义及应用。

(5) 循环的嵌套使用。

(6) 三种循环的流程。

(7) 循环控制变量的灵活使用。

习　题

5.1　填空题

5.1.1　C 语言三个循环语句分别是_____语句,_____语句和 _____语句。

5.1.2　至少执行一次循环体的循环语句是_____。

5.1.3　循环功能最强的循环语句是_____。

5.1.4　下面程序段是从键盘输入的字符中统计数字字符的个数,用换行符结束循环。请填空。

```
int n = 0;char c
c = getchar();
while(_____ )
{   if(_____ ) n + + ;
    c = getchar();
}
```

5.1.5　在执行以下程序时,如果键盘上输入:ABCdef <回车>,则输出为_____。

```
# include < stdio. h >
{   char ch;
    while((ch = getchar())!= '\n')
```

```
    {   if(ch>='A'&&ch<='Z') ch=ch+32;
        else if(ch>='a'&&ch<='z') ch=ch-32;
    printf("\n"); }
```

5.1.6 下面程序的功能是用辗转相除法求两个正整数的最大公约数,请填空。

```
# include < stdio. h >
void main()
{   int r,m,n;
    scanf("%d,%d",&m,&n);
    if(m<n) {_____}
    r=m%n;
    while(r) { m=n; n=r; r=_____; }
    printf("%d\n",n);
}
```

5.1.7 当运行以下程序时,从键盘输入"right? <回车>",则下面程序的运行结果是_____。

```
# include < stdio. h >
void main()
{   char c;
    while((c=getchar())!='?') putchar(++c);
}
```

5.1.8 下面程序的运行结果是_____。

```
# include < stdio. h >
void main()
{   int a,s,n,count;
    a=2; s=0; n=1; count=1;
    while(count<=7) { n=n*a; s=s+n; ++count; }
    printf("s=%d",s); }
```

5.1.9 执行下面程序段后,k 的值是_____。

```
k=1;n=263;
do{ k*=n%10; n/=10; } while(n);
```

5.1.10 下面程序的运行结果是_____。

```
# include < stdio. h >
void main()
{ int i;
    for(i=100; i>=0; i-=10);
    printf("%d\n", i);
}
```

5.1.11 下面程序使循环结束的条件是_____。

```
# include < stdio. h >
void main()
{   int i;
```

```
    for(i = 250;i;i -= 5)
    printf("%d\n",i);
}
```

5.1.12 以下程序输出结果为_____。

```
#include<stdio.h>
void main()
{   int x,y;
    for(x = 30,y = 0;x >= 10,y < 20;x -- ,y ++ )
        x/ = 2,  y += 2;
    printf("x = %d,  y = %d\n",x,y);
}
```

5.1.13 下面程序的功能是计算 $1 - 3 + 5 - 7 + \cdots - 99 + 101$ 的值,请填空。

```
#include<stdio.h>
void main()
{   int i, t = 1, s = 0;
    for( i = 1; i <= 101; i += 2)
    {_____; s = s + t;_____; }
    printf("%d\n",s);
}
```

5.1.14 下面程序的运行结果是_____。

```
#include<stdio.h>
void main()
{   int i, j = 4;
    for(i = j; i < 2 * j; i ++ )
    switch(i/j)
    {   case 0:
        case 1: printf("*"); break;
        case 2: printf("#");
    }
}
```

5.1.15 下面程序的输出结果是_____。

```
#include<stdio.h>
void main()
{   int i, k = 19;
    while(i = k - 1)
    {   k -= 3;
        if(k%5 == 0) { i ++ ; continue; }
        else if(k < 5) break;
        i ++ ;
    }
    printf("i = %d, k = %d\n",i,k);
}
```

5.2 选择题

5.2.1 设有程序段:"int k = 10; while(k = 0) k = k - 1;",则下面描述正确的是(   )。

A. while 循环执行 10 次　　　　　　B. 循环时无限循环

C. 循环体语句一次也不执行　　　　　D. 循环体语句执行一次

5.2.2　有以下程序：

```
#include<stdio.h>
void main() { while(putchar(getchar())!='?'); }
```

当输入"china?"时,程序的执行结果是(　　　)。

A. china　　　　　B. dijob　　　　　C. dijiob?　　　　　D. china?

5.2.3　语句"while(!E);"中的表达式!E 等价于(　　　)。

A. E==0　　　　　B. E!=1　　　　　C. E!=0　　　　　D. E==1

5.2.4　下面程序段的运行结果是(　　　)。

```
a=1;b=2;c=2;
while(a<b<c)
{ t=a; a=b; b=t;c--; }
printf("%d,%d,%d",a,b,c);
```

A. 1,2,0　　　　　B. 2,1,0　　　　　C. 1,2,1　　　　　D. 2,1,1

5.2.5　下面程序段的输出结果是(　　　)。

```
int n=0;
while(n++<=2); printf("%d",n);
```

A. 2　　　　　　　B. 3　　　　　　　C. 4　　　　　　　D. 有语法错误

5.2.6　下面程序的功能是将从键盘输入的一对数,由小到大排序输出。当输入一对相等数时结束循环,请选择填空。

```
#include<stdio.h>
void main()
{   int a,b,t;
    scanf("%d,%d",&a,&b);
    while(_____)
    {   if(a>b)
        {   t=a; a=b; b=t; }
        printf("%d,%d\n",a,b);
        scanf("%d,%d",&a,&b);
    }
}
```

A. !a=b　　　　　B. a!=b　　　　　C. a==b　　　　　D. a=b

5.2.7　下面程序的功能是从键盘输入的一组字符中统计出大写字母的个数 m 和小写字母的个数 n,并输出 m、n 中的较大者,请选择填空。

```
#include<stdio.h>
void main()
{   int m=0,n=0;
    char c;
    scanf("%d,%d",&a,&b);
```

```
   while( ([1])!= '\n ' )
   {   if(c >= 'A'&&c <= 'Z') m ++ ;
       if(c >= 'a'&&c <= 'z') n ++ ;
   }
   printf(" % d",m < n?( [2] ))
}
```

[1] A. c == getchar(   )   B. getchar(   )
     C. c = getchar(   )   D. scanf(" % c",c)

[2] A. n:m   B. m:n
     C. m:m   D. n:n

5.2.8   下面程序的功能是在输入的一批正整数中求出最大者,输入 0 结束循环,请选择填空。

```
# include < stdio. h >
void main()
{   int a,max = 0;
    scanf(" % d",&a);
    while(_____)
    {   if(max < a) max = a;
        scanf(" % d", &a);
    }
    printf(" % d",max);
}
```

A. a == 0   B. a   C. !a == 1   D. !a

5.2.9   下面程序段的输出结果是(   )。

```
# include < stdio. h >
void main()
{   int num = 0;
    while( num <= 2 )
    {   num ++ ;
        printf(" % d\n",num);
    }
}
```

A. 1   B. 1   C. 1   D. 1
                    2   2   2
                                       3   3
                                                          4

5.2.10   若运行以下程序,从键盘输入 2473 <回车>,则下面程序的结果是(   )。

```
# include < stdio. h >
void main()
{   int c;
    while((c = getchar())!= '\n' )
    switch(c - '2')
    {   case 0:
```

```
        case 1: putchar( c + 4 );
        case 2: putchar( c + 4 ); break;
        case 3: putchar( c + 3 );
        default: putchar( c + 2 ); break;
    }
    printf("\n");
}
```

A. 668977   B. 668988   C. 66778777   D. 6688766

5.2.11　以下描述正确的是(　　)。

A. while、do…while、for 循环中的循环体语句都至少被执行一次。

B. do…while 循环中,while(表达式)后面的分号可以省略。

C. while 循环中,一定要有能使 while 后面表达式的值变为"假"的操作。

D. do…while 循环中,根据情况可以省略 while。

5.2.12　C 语言的 do…while 循环中,循环由 do 开始,用 while 结束;而且在 while 表达式后面的(　　)不能丢,它表示 do…while 循环的结束。

A. \n   B. ";"   C. "%"   D. "。"

5.2.13　下面程序段的输出结果是(　　)。

```
int x = 3;
do{ printf(" % 3d", x -= 2); } while(!( -- x));
```

A. 1　2   B. 3　2   C. 2　3   D. 1　-2

5.2.14　下面程序的功能是计算正整数 2345 的各位数字的平方和,请选择填空。

```
# include < stdio. h>
void main()
{   int n = 2345, sum = 0;
    do
    {   sum = sum + ([1] );
        n = ([2] )
    }while(n);
    printf("sum = % d", sum);
}
```

[1] A. n % 10   B. (n % 10) * (n % 10)

  C. n/10   D. (n/10) * (n/10)

[2] A. n/1000   B. n/100

  C. n/10   D. n % 10

5.2.15　执行程序段"x = - 1; do{x = x * x;} while(!x);"的结果是(　　)。

A. 死循环   B. 循环执行 2 次   C. 循环执行一次   D. 有语法错误

5.2.16　以下能正确计算 1 * 2 * 3 * 4 * … * 10 的程序段是(　　)。

A. do(i = 1; s = 1; s = s * i; i ++) while(i <= 10);

B. do(i = 1; s = 0; s = s * i; i ++) while(i <= 10);

C. i = 1; s = 1; do(s = s * i; i ++) while(i <= 10);

D. i = 1; s = 0; do(s = s * i; i ++) while(i <= 10);

循环结构程序设计

5.2.17 下面程序的功能是从键盘输入若干学号,然后输出学号中百位数字是 3 的学号(输入 0 时结束循环),请选择填空。

```
# include < stdio.h >
void main()
{   long int num;
    scanf("%ld",&num);
    do
    {   if([1]) printf("%ld", num);
        scanf("%ld",&num);
    }whle([2] )
}
```

[1] A. num%100/10 == 3   B. num/100%10 == 3
    C. num%10/10 == 3   D. num/10%10 == 3
[2] A. !num   B. num < 0 == 0   C. !num == 0   D. !num!= 0

5.2.18 对于 for(表达式;;表达式 3)可理解为(   )。

A. for(表达式;0;表达式 3)

B. for(表达式;1;表达式 3)

C. for(表达式;表达式 1;表达式 3)

D. for(表达式;表达式 3;表达式 3)

5.2.19 以下不正确的描述是(   )。

A. break 语句不能用于循环语句和 switch 语句外的任何其他语句

B. 在 switch 语句中使用 break 语句或 continue 语句的作用相同

C. 在循环语句中使用 continue 语句是为了结束本次循环,而不是终止整个循环的执行。

D. 在循环语句中使用 break 语句是为了使流程跳出循环体,提前结束循环

5.2.20 若 i 为整型变量,循环语句"for(i=2;i==0;) printf("%d",i--);"的执行次数为(   )。

A. 无限次   B. 0 次   C. 1 次   D. 2 次

5.2.21 以下叙述正确的是(   )。

A. for 循环中设置 if(条件)break,当条件成立时中止程序执行。

B. for 循环中设置 if(条件)continue,当条件成立时中止本层循环。

C. for 循环中设置 if(条件)break,当条件成立时中止本层循环。

D. for 循环中设置 if(条件)continue,当条件成立时暂停程序执行。

5.2.22 下面关于 for 循环的正确描述是(   )。

A. for 循环只能用于循环次数已经确定的情况。

B. for 循环是先执行循环体语句,后判断表达式。

C. 在 for 循环中,不能用 break 语句跳出循环体。

D. for 循环的循环体语句中,可以包含多条语句。

5.2.23 循环语句"for(i=0,x=0;!x&&i<=5;i++);"的执行次数为(   )。

A. 5 次   B. 6 次   C. 1 次   D. 无限

5.2.24 以下程序段的输出结果是( )。

```
int x,i;
for(i=1;i<=100;i++)
{ x=i; if(++x%2==0) if(++x%3==0) if(++x%7==0)
   printf("%d",x); }
```

A. 39 81   B. 42 84   C. 26 68   D. 28 70

5.2.25 以下描述正确的是( )。

A. goto 语句只能用于退出多层循环

B. switch 语句中不能出现 continue 语句

C. 只能用 continue 语句来终止本次循环

D. 在循环中 break 语句不能独立出现

5.2.26 以下不是无限循环的语句是( )。

A. for(y=0,x=1;x>++y;x=i++) i=x;

B. for(; ; x++=i);

C. while(1) { x++; }

D. for(i=10; ; i--) sum+=i;

5.2.27 下面程序段的输出结果是( )。

```
int i,sum;
for(i=1;i<=10;i++) sum+=sum
printf("%d\n", i);
```

A. 10   B. 9   C. 15   D. 11

5.2.28 下面程序段的运行结果是( )。

```
for(x=3; x<6; x++)  printf((x%2)?("**%d"):("##%d"\n),x);
```

A. ** 3   B. ##3   C. ##3   D. **3##4
   ##4   **4   **4##5   **5
   **5   ##5

5.2.29 执行语句"for(i=1; i++<4);"后变量 i 的值是( )。

A. 3   B. 4   C. 5   D. 不定

5.2.30 下面程序段的运行结果是( )。

```
int i,j,k;
for(i=2;i<6;i++,i++)
{ k=1;
   for(j=i; j<6; j++) k+=j; }
 printf("%d\n",i);
```

A. 4   B. 5   C. 6   D. 7

5.2.31 下面程序段( )。

```
for( t=1; t<=100; t++)
{ scanf("%d", &x);
```

```
    if(x < 0) continue;
    printf(" % 3d",t);
}
```

A. 当 x < 0 时整个循环结束   B. x >= 0 时什么也不执行

C. printf 函数永远也不执行   D. 最多允许输出 100 个非负数

5.2.32 下面程序段的运行结果是(   )。

```
int i,j,a = 0;
for(i = 0;i < 2;i ++ )
{   for(j = 0; j < 4; j ++ )  {if(j % 2) break; a ++ ;} a ++ ; }
printf(" % d\n",a);
```

A. 4   B. 5   C. 6   D. 7

5.2.33 下面程序的运行结果是(   )。

```
# include < stdio. h>
void main()
{   int i,j,x = 0;
    for(i = 0;i < 2;i ++ )
    {   x ++ ;
        for(j = 0;j < = 3;j ++ )
        { if(j % 2) continue; x ++ ; }
        x ++ ; }
    printf("x = % d\n",x); }
```

A. x = 4   B. x = 8   C. x = 6   D. x = 12

5.2.34 下面程序段的运行结果是(   )。

```
# include < stdio. h>
void main()
{   int i;
    for(i = 1; i < = 5; i ++ )
    {   if(i % 2) printf(" * ");
        else continue;
        printf(" # ");
    }
    printf(" $ \n");
}
```

A. * # * # * # $ B. # * # * # * $ C. * # * # $ D. # * # * $

5.2.35 有一堆零件(100～200 之间),如果分成 4 个零件一组的若干组,则多 2 个零件;若分成 7 个零件一组,则多 3 个零件;若分 9 个零件一组,则多 5 个零件。下面程序是求这堆零件的总数,请选择填空。

```
# include < stdio. h>
void main( )
{   int i, sum = 0;
 for(i = 100; i < 200; i ++ )
    if((i - 2) % 4 == 0)
        if(!(i - 3) % 7)
```

```
    if(____)
        printf("% d", i);
}
```

A. i%9 = 5   B. i%9! = 5   C. (i - 5)%9! = 0   D. i%9 == 5

5.3 编程题

5.3.1 输入一行字符,分别统计出其中字母、数字和其他字符的个数。

5.3.2 求 100~200 之间不能被 3 整除也不能被 7 整除的数。

5.3.3 求 $1 - \dfrac{1}{2} + \dfrac{1}{3} - \dfrac{1}{4} + \cdots + \dfrac{1}{99} - \dfrac{1}{100}$。

5.3.4 求 $\dfrac{1}{1 \times 2} + \dfrac{1}{2 \times 3} + \cdots + \dfrac{1}{n \times (n + 1)}$,直到某一项小于 0.001 时为止。

5.3.5 用迭代法求 $X = \sqrt{a}$。迭代公式为:$X_{n+1} = \dfrac{1}{2}\left(X_n + \dfrac{a}{X_n}\right)$,要求迭代精度满足 $|X_{n-1} - X_n| < 0.00001$。

5.3.6 假设 x,y 是整数,编写程序求 x^y 的最后 3 位数,要求 x、y 从键盘输入。

5.3.7 从键盘上输入 10 个整数,求其中的最大值和最小值。

5.3.8 (1)判断一个数是否为素数。(2)输出 3~100 之间的所有素数。

5.3.9 求解爱因斯坦数学题。有一条长阶梯,若每步跨 2 阶,则最后剩 1 阶,若每步跨 3 阶,则最后剩 2 阶,若每步跨 5 阶,则最后剩 4 阶,若每步跨 6 阶,则最后剩 5 阶,若每步跨 7 阶,最后一阶都不剩,问总共有多少级阶梯?

5.3.10 100 匹马驮 100 担货,大马一匹驮 3 担,中马一匹驮 2 担,小马两匹驮 1 担,求大、中、小马的数目,要求列出所有的可能。

5.3.11 假设我国国民经济总值按每年 8% 的比率增长,问几年后翻番。

5.3.12 编写程序,求 1~99 之间的全部同构数。同构数是这样一组数:它出现在平方数的右边。例如:5 是 25 的右边的数,25 是 625 右边的数,5 和 25 都是同构数。

5.3.13 编写程序,对数据进行加密。从键盘输入一个数,对每一位数字均加 2,若加 2 后大于 9,则取其除 10 的余数。例如,2863 加密后得到 4085。

5.3.14 从键盘输入 n,打印 n 行倒等腰三角形,如 n = 4,则打印:

```
*******
 *****
  ***
   *
```

5.3.15 打印如下的九九乘法表:

```
1  2  3  4  5  6  7  8  9
-------------------------------------------
1
2  4
3  6  9
4  8  12  16
5  10  15  20  25
..........................
9  18  27  36  45  54  63  72  81
```

循环结构程序设计

第6章　　数　　组

在科学计算和数据处理中,经常会遇到需要对批量数据进行处理的情况,如学生成绩、职工工资、银行储蓄等,这些数据量大且类型相同,且彼此间存在一定的顺序关系,为了便于处理一批类型相同的数据,在 C 语言程序设计中引入了一种数据类型——数组。

数组是一组有序数据的集合;用一个统一的数组名和下标来唯一地确定数组中的各个元素。数组中的每一个元素都属于同一个数据类型。

在程序设计中使用数组是因为在许多场合下,使用数组可以缩短和简化程序设计,因为可以使用数组的下标,形成一个索引值,设计成一个循环结构,达到高效处理的功能。

例如输入 50 个学生某门课程的成绩,打印出低于平均分的学生的学号与成绩。

在解决这个问题时,接前面所学的知识可以通过读入一个数就累加一个数的办法来计算学生的总分,进而求出平均分。但因为只有读入最后一个学生的分数以后才能求得平均分,且要打印出低于平均分的同学,故必须把 50 个学生的成绩都保留下来,然后逐个与平均分比较,把低于平均分的成绩打印出来。如果用简单变量 a_1、a_2、…、a_{50} 存放学生成绩数据,不但增加了系统内存开销,而且程序代码很长且繁琐。假如问题中要求输入成绩的人数是 500 个、5000 个甚至更多,用简单变量来处理,繁琐程度将会成倍增加,使一个简单的数据处理方法变得复杂化。

要想如数学中使用下标变量 a_i 的形式来表示这 50 个数,则可以引入下标变量 a[i],设计一个循环,则该问题的程序编写变得很简单高效,核心程序段如下:

```
sum = 0;                    /* sum 为累计分数的变量并初始化为 0 */
for (int i = 0;i < 50;i ++ )    /* 循环读入每一个学生的成绩,并累加它到总分 */
{
   scanf(" % d",&a[i]);        /* 读入一个变量值 */
   sum = sum + a[i];          /* 累加 */
}
ave = sum/50;               /* 计算平均分 */
for(i = 0;i < 50;i ++ )         /* 如果第 i 个同学成绩小于平均分,则输出其学号和成绩 */
if (a[i]< ave) printf("2 班 % d 成绩 % d",i,a[i]);
```

而要在程序中使用下标变量,则必须先说明这些下标变量的整体——数组,即数组是若干个同名(如上例中下标变量的名字都为 a)下标变量的集合。现实生活中有很多可以用数组来表示的集合,如班级(数组成员是学生)、男生组(数组成员是男性学生)、女生组(数组成员是女性学生)等。

6.1 一维数组

6.1.1 一维数组的定义

当数组中每个元素只带有一个下标时,这样的数组被称为一维数组。定义格式如下:

存储类别 类型标识符 数组名[常量表达式];

例如以下数组定义:

    int a[6];

表示定义了一个自动型整型数组,数组名为 a,数组包含 6 个元素,依次分配内存单元如图 6.1 所示(假设起始地址为 2000)。

说明:

(1) 存储类别:说明数组的存储属性,即数组的作用域与生存期,可以是静态型(static)、自动型(auto)及外部型(extern)省略时默认是 auto 型。这几种存储类别的特点将在以后的章节中介绍。

(2) 类型标识符:数组元素的类型。

(3) 数组名:用户自定义的标识符,数组名代表数组所占存储空间的首地址(即第一个数组元素的地址)。

(4) 数组名的命名规则:与标识符的命名规则相同。在同一个函数中数组名不能与其他变量名相同。

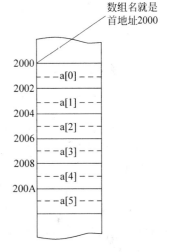

图 6.1 数组存储空间分配

(5) 常量表达式:方括号中常量表达式定义了数组的长度,即数组中包含元素的个数,是一个整型常量表达式或符号常量,故其值不能是实数。

(6) 数组定义时其常量表达式中不能有变量。因为声明或定义一个数组时,编译系统将为其分配固定大小的连续的存储空间,若常量表达式中含有变量,则编译系统无法正常给数组分配存储空间。

(7) 数组的下标从 0 开始索引,则数组元素为 a[0],a[1],…,a[5],数组元素中没有 a[6]这一项。默认情况下,数组的下标取值范围为:0~L-1,其中 L 表示数组的长度。

(8) 下标:数组元素在数组中的顺序号,使用整型常量或整型表达式表示。

(9) 数组名后用方括号,不能用圆括号。

(10) 允许在同一个类型说明中,说明多个数组和多个变量。

以下数组定义是合法的:

```
#define N 10              /* 宏定义,字符串替换,本教材的后续章节将详细介绍 */
char string[N];  /* 定义一个有 10 个元素的字符数组 string,常量表达式中的 N 在这里不是变量 */
int n[4 * N];             /* 定义了一个有 40 个元素的整型数组 n */
float a[10],b[5];        /* 同一类型下定义两个实型数组 a 和 b */
```

以下数组定义是不合法的:

```
int n;          /* 定义了一个变量 n */
int b[n];       /* 定义了一个整型数组 b,但是常量表达式是一个变量,编译时出错,不合法 */
char arr[3 * n]; /* 定义一个字符型数组 b,但常量表达式中含有一个变量,编译时出错,不合法 */
```

6.1.2 一维数组的引用

数组的定义完成后,就可引用其中的元素了。数组元素引用时,每个元素都可作为一个普通变量来使用。数组元素的引用形式如下:

数组名[下标] 或 <数组名>[<整型表达式>]

例如定义以下数组:

```
int i = 2, j = 1;          /* 定义两个整型变量,并赋初值 */
int a[5];                  /* 定义一个含有 5 个元素的整型数组,数组元素为 a[0]~a[4] */
```

则以下引用都是正确的:

```
a[0] = 1;  a[3] = a[0] + 2;  a[2 * i] = 3;  a[i + j] = 4;
```

整型表达式的取值范围:0≤<整型表达式>≤元素个数－1。

注意:数组元素引用时,下标为整型的表达式,可以使用变量。

说明:

(1) 引用数组元素时,下标可以是整型常数、已经赋值的整型变量或整型表达式。

(2) 数组元素本身可以看作是同一个类型的单个变量,因此对变量可以进行的操作同样也适用于数组元素。也就是数组元素可以在任何相同类型变量可以使用的位置引用。

(3) 引用数组元素时,下标不能越界,否则结果难以预料(覆盖程序区——程序出错,覆盖数据区——其他原始数据覆盖破坏,操作系统程序破坏——导致系统崩溃)。

在 C 语言中,只能逐个引用下标变量,而不能一次引用整个数组(字符数组例外)。例如,输出有 10 个元素的数组,必须使用循环语句逐个输出各下标变量:

```
int a[10];
for(i = 0; i < 10; i ++ )
    printf(" % d",a[i]);
```

而不能用一个语句输出整个数组,下面的写法是错误的:

```
int a[10];
printf(" % d",a);
```

例 6.1 从键盘上输入 10 个数,输出最大、最小的元素以及它们的下标。
(6_1.c)

```
# include < stdio. h >
# define SIZE 10
```

```
void main()
{   int i,j,k,max,min;                              //定义变量
    int n[SIZE];                                    //定义含有 SIZE 个元素的一维数组 n
    printf("Input 10 integers:\n");                 //打印提示语句,界面友好
    for(i = 0;i < SIZE;i ++ )                        //用循环控制语句给数组元素读数据
    {   printf(" % d:",i + 1);
        scanf(" % d",&n[i]);
    }
    max = min = n[0];                               //将数组中的第一个元素赋给 max 和 min
    for(i = 1;i < SIZE;i ++ )                        //通过循环比较数组中的其他元素的大小
    {   if(max < n[i])
        {
          max = n[i];
          j = i;
        }
        if(min > n[i])
        {
          min = n[i];
          k = i;
        }
    }
    printf("Maximum value is:a[ % d] = % d\n",j,max);   //输出最大值元素的下标及值
    printf("Minimum value is:a[ % d] = % d\n",k,min);   //输出最小值元素的下标及值
}
```

程序运行结果：

```
Input 10 integers:
1:23
2:4
3:3
4:1
5:56
6:5
7:7
8:99
9:10
10:32
Maximum value is:a[7] = 99
Minimum value is:a[3] = 1
```

程序分析：

(1) 首先定义一个长度为 10 的整型数组,这里通过宏定义 SIZE 字符常量使程序有更好的通用性,如果要改变数组的大小,只须改变 SIZE 的值,程序的其他代码都无须改变。

(2) 利用循环逐个输入数组 10 个元素的值。

(3) 本程序的核心算法是:首先把 n[0]送入 max 和 min 中,然后从 a[1]到 a[9]逐个与 max 中的内容比较,若比 max 的值大,则把该元素送入 max 中,同时用 j 记录当前元素的下标,直到所有的比较都完成后,max 放的是最大值,j 中就是最大值元素对应的下标。同理,

最小值送入变量 min 中,用 k 记录最小值元素的下标。

(4) 输出最大值 max 以及下标、最小值 min 以及下标。

6.1.3 一维数组元素的初始化

在定义一维数组时对各元素指定初始值称为数组的初始化。这样,数组的初始化就在编译阶段进行,即在程序运行之前初始化,节约了运行时间。

初始化也可以在程序运行时通过赋值语句或输入语句进行,但要占用运行时间。例如,输入数据给整型数组 num 初始化:

```
for(i = 0;i < 100;i ++ )
scanf(" % d",&num[i]);
```

初始化数组的一般形式如下:

存储类别 数据类型符 数组名称[常量表达式] = {表达式 1,表达式 2,…, 表达式 n};

该语法表示,在定义一个数组的同时,将各数组元素赋初值,规则是将第一个表达式的值(表达式 1)赋给第一个数组元素,将第二个表达式的值(表达式 2)赋给第二个数组元素,依此类推。

说明:

- 表达式列表要用大括号括起来,表达式列表为数组元素的初值列表。
- 表达式之间用逗号分割。
- 表达式的个数不能超过数组元素的个数。

数组初始化可以用以下几种方法进行。

1. 给数组的所有元素赋初值

例如,数组 a 定义如下:

```
int a[10] = {11,22,33,44,55,66,77,88,99,100};
```

则其赋值情况如图 6.2 所示。

a[0]	a[1]	a[2]	a[3]	a[4]	a[5]	a[6]	a[7]	a[8]	a[9]
11	22	33	44	55	66	77	88	99	100

图 6.2 所有元素赋初值

经过上面的定义和初始化之后: $a[0] = 11, a[1] = 22, a[2] = 33, a[3] = 44, a[4] = 55, a[5] = 66, a[6] = 77, a[7] = 88, a[8] = 99, a[9] = 100$。

2. 给数组的部分元素赋初值

例如,数组 a 定义如下:

```
int a[10] = {1,2,3,4,5};
```

则其定义数组有 10 个元素,但只提供了 5 个值,表示只给前 5 个元素赋初值,后 5 个元素值为 0。赋值情况如图 6.3 所示。

a[0]	a[1]	a[2]	a[3]	a[4]	a[5]	a[6]	a[7]	a[8]	a[9]
1	2	3	4	5	0	0	0	0	0

图 6.3　部分元素赋初值

注意:

- 对于 auto 型整型数组,如果只给数组部分元素赋初值,则后面的元素由编译系统自动赋值为 0。
- auto 类型的数组如果没有初始化,那么以随机值初始化。
- 对于 static 型的数组,如果没有初始化,全部元素由编译系统自动赋值为 0。
- 而对于非整型的数组,如果只给部分元素赋初值,其余元素为随机值。

3. 使数组所有元素为 0

如果想使一个数组中全部元素值为 0,可以写成:

int a[10] = {0,0,0,0,0,0,0,0,0,0};或 int a[10] = {0};

则系统会对所有数组元素自动赋以 0 值。

4. 在不指定数组元素个数的情况下为全部数组元素赋值

在对全部数组元素赋初值时,可以不指定数组长度,例如:

int a[5] = {1,2,3,4,5};

也可以写成:

int a[ ] = {1,2,3,4,5};

若定义数组长度为 10,在给部分元素赋初值时,就不能省略数组长度的定义,而必须写成:

int a[10] = {1,2,3,4,5};

提示:不能用数组名称直接对两个数组赋值,下面的代码是错误的:

long a[3] = {1,2,3}, b[3];
b = a;

在 C 语言中,数组名称不是代表数组元素的全部,而是代表数组在内存的首地址常量,数组名称不能被赋值。如果要复制一个数组,只能将数组中的每个元素逐个复制。

6.1.4　一维数组程序举例

例 6.2　利用数组实现 Fibonacci 数列前 20 个元素的输出(要求每行输出 5 个数据)。
(6_2.c)

```
# include "stdio.h"
void main()
{
int i,f[20] = {1,1};
for(i = 2;i < 20;i ++ )
```

```
        f[i] = f[i - 2] + f[i - 1];
    for(i = 0;i < 20;i + + )
        {
        if(i % 5 = = 0) printf("\n");    /* if 语句控制输出格式,用于换行显示 */
        printf(" % - 10d",f[i]);
        }
}
```

程序运行结果:

```
1          1          2          3          5
8          13         21         34         55
89         144        233        377        610
987        1597       2584       4181       6765
```

程序分析:

根据 Fibonacci 数列的形成规律,从第三个元素开始,其后的每一个元素等于其相邻的前两个元素之和,采用一维数组进行存放和计算比较简单。数组 f 的第 i 号元素用于存放 Fibonacci 数列的第 i+1 个元素,数组 f 在初始化时,f[0]和 f[1]赋值为 1,利用循环语句和表达式"f[i] = f[i-2] + f[i-1]"依次计算出下标为 2~19 的元素值,也就是 Fibonacci 数列第 3~20 个元素的值。采用数组计算 Fibonacci 数列的好处在于算法简单、能够把数列元素的值记录在数组中。最后利用 if 语句控制换行,每行输出 5 个数据。

提示: 程序中"if(i % 5 == 0) printf("\n");"语句中的模余运算表达式用于控制每行输出数据的个数,即输出几个数后就换行。本例中输出 5 个数后换行显示。

例 6.3 使用冒泡排序法对 10 个数按从小到大的顺序进行排序。

冒泡排序(Bubble Sort)的基本概念是:依次比较相邻的两个数,将小数放在前面,大数放在后面。即首先比较第 1 个和第 2 个数,将小数放前,大数放后。然后比较第 2 个数和第 3 个数,将小数放前,大数放后,如此继续,直至比较最后两个数,将小数放前,大数放后。重复以上过程,从剩下的数中仍从第一对数开始比较(因为可能由于第 2 个数和第 3 个数的交换,使得第 1 个数不再小于第 2 个数),将小数放前,大数放后,一直比较到最大数前的一对相邻数,将小数放前,大数放后,第二趟结束,在倒数第二个数中得到一个新的最大数。如此下去,直至最终完成排序。

由于在排序过程中总是小数往前放,大数往后放,相当于气泡往上升,所以称作冒泡排序。

(6_3.c)

```
# include < stdio. h >
void main()
{   int a[10],i,j,t;
    printf("Input 10 integer numbers:\n");                /* 从键盘输入 10 个数 */
    for(i = 0;i < 10;i + + )
        scanf(" % d",&a[i]);
    printf("\n");
    for(j = 0;j < 9;j + + )
```

```
    for(i = 0;i < 9 - j;i++ )
      if(a[i]> a[i + 1])
      {
      t = a[i];
      a[i] = a[i + 1];
      a[i + 1] = t;
      }
  printf("The sorted numbers:\n");
  for(i = 0;i < 10;i++ )
  printf(" % d ",a[i]);
}
```

程序分析:

(1) 比较第一个数与第二个数,若为逆序 a[0]> a[1],则交换;然后比较第二个数与第三个数;依次类推,直至第 n-1 个数和第 n 个数比较为止,完成第一趟冒泡排序,结果最大的数被安置在最后一个元素位置上。

(2) 对前 n-1 个数进行第二趟冒泡排序,结果使次大的数被安置在第 n-1 个元素位置上。

(3) 重复上述过程,共经过 n-1 趟冒泡排序后,排序结束。

图 6.4 说明了排序的具体过程。

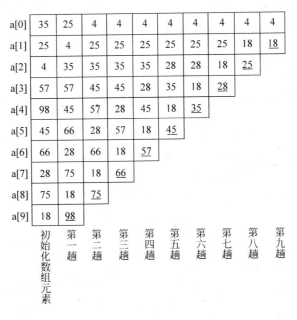

图 6.4　冒泡排序过程示意图

图中每一趟对应程序外层的一次循环,而每一趟中的两两比较则对应程序中的内层循环,第一趟中要进行 n-1 次两两比较,第 j 趟中进行 n-j 次两两比较。每一趟比较结束就"下沉"剩余数中最大的数(图 6.4 中带下划线的数)。

冒泡排序算法 N-S 流程图如图 6.5 所示。

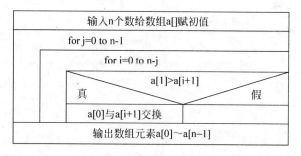

图 6.5　冒泡排序算法 N-S 流程图

若记录序列的初始状态为"正序",则冒泡排序过程只需进行一趟排序,在排序过程中只需进行 n−1 次比较,且不移动记录;反之,若记录序列的初始状态为"逆序",则需进行 n(n−1)/2 次比较和记录移动。因此冒泡排序总的时间复杂度为 O(n∗n)。

例 6.4　采用"选择法"对任意输入的 10 个整数按由大到小的顺序排序。

选择法排序思路如下:

S_0:将 n 个数依次比较,保留最大数的下标(位置),然后将最大数和第 0 个数组元素交换位置。(此后可以固定第 0 个数组元素)

S_1:将后面 n−1 个数依次比较,保留次大数的下标(位置),然后将次大数与第 1 个数组元素交换位置。(此后可以固定第 1 个数组元素)

S_2:将后面 n−2 个数依次比较,保留第 3 大数的下标(位置),然后将第 3 大数与第 2 个数组元素交换位置。(此后可以固定第 1 个数组元素)

……

S_i:将后面 n−i 个数依次比较,保留第 i+1 大数的下标(位置),然后将第 i+1 大数与第 i 个数组元素交换位置。

……

S_{n-2}:将最后面 2 个数(因为 n−i=2,所以 i=n−2)比较,保留第 n−2+1=n−1 大数的下标,然后将第 n−1 大数与第 n−2 个数组元素交换位置。

(6_4.c)

```c
#include "stdio.h"
#define N 10
void main()
{
    int b[10],i,j,t,max,max_i;
    for(i=0; i<N; i++)
    scanf("%d",&b[i]);
    for(i=0; i<N-1; i++)
    {
        max=b[i]; max_i=i;              /* 第 i 次找大数,假设 b[i]就是大数 */
        for(j=i+1; j<N; j++)            /* 从 b[i+1]开始,到 b[N-1]结束 */
        {
            if(b[j]>max)               /* 如果某个元素>当前最大值 */
            {
                max=b[j]; max_i=j;     /* 记录其下标,并设置大数值 */
            }
```

```
        }
        if( i != max_i )
            {t = b[i]; b[i] = b[max_i]; b[max_i] = t;}        /* 交换大数到 b[i]位置 */
    }
    for( i = 0; i < N; i ++ )
    printf(" % 4d",b[i]);
    printf("\n");
}
```

程序分析：

(1) 从完整的过程(步骤 $S_0 \sim S_{n-2}$)可以看出,选择排序的过程就是选择较大数并交换到前面的过程,总共进行了 $n - 2 - 0 + 1 = n - 1$ 次,整个过程中的每个步骤都基本相同,可以考虑用循环实现外层循环。

(2) 从每一个步骤看,也都是在若干个数中比较(比较进行若干次),搜索大数,记录其下标,并将大数交换到它应该占有的前面的某个位置的过程,共进行了 $n - i - 1$ 次比较(只进行 1 次数据交换)。所以也考虑用循环完成内层的循环。

(3) 为了便于算法的实现,考虑使用一个一维数组存放这 10 个整型数据,排序的过程中数据始终在这个数组中(原地操作,不占用额外的空间),算法结束后,结果也在此数组中。

例 6.5 从键盘上输入不超过 50 个学生的成绩,计算平均成绩,并输出高于平均分的人数及成绩。输入成绩为负数时结束。

(6_5.c)

```
# define N 50
# include < stdio. h >
void main( )
{ float score[N],avg = 0,sum = 0,x;
  int i,n = 0,count;
  printf("Input score:\n");
  scanf(" % f",&x);
  while (x > = 0&&n < N)
    {  sum += x;
       score[n ++ ] = x;
         if(n > = N)break;
         scanf(" % f",&x);                /* 输入的成绩保存在数组 score 中 */
    }
if(n > 0)avg = sum/n;
printf("average = % 5.2f\n",avg);         /* 输出平均分 */
for (count = 0,i = 0;i < n;i ++ )
    if (score[i] > avg)
    {  printf(" % 10.2f",score[i]);       /* 输出高于平均分的成绩 */
      count ++ ;                          /* 统计高于平均分成绩的人数 */
     if (count % 5 == 0) printf("\n"); /* 每行输出成绩达 5 个时换行 */
    }
  printf("count = % d \n",count);         /* 输出高于平均分的人数 */
}
```

程序分析：

首先定义一个有 50 个元素的一维数组 score,先将成绩输入到数组中,并计算平均成绩。然后,将数组中的成绩值逐一与平均值比较,输出高于平均分的成绩,并用 count 记录成绩高于平均分的学生人数。

6.2 二 维 数 组

现实生活中,有时需要追踪构造数组中的相关信息。例如,为了追踪记录计算机屏幕上的每一个像素,需要引用它的 X、Y 坐标。显然用一维数组无法存储一个像素的 X、Y 两个坐标值。这时应该用多维数组存储像素值及像素位置。

一个数组可以分解为多个数组元素,这些数组元素可以是基本数据类型或是构造类型。因此按数组元素的类型不同,数组又可分为数值数组、字符数组、指针数组、结构数组等各种类别。根据数组的维数不同可以分为两类:一维数组和多维数组。一维数组只有一维,外观上呈现多行,但是只有一列的数据。多维数组具有多维,但是通常使用的是二维或者三维数组,这三种数组的外观如图 6.6 所示。

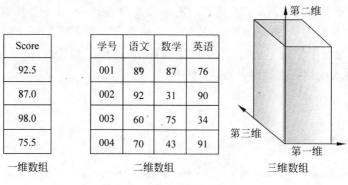

Score
92.5
87.0
98.0
75.5

一维数组

学号	语文	数学	英语
001	89	87	76
002	92	31	90
003	60	75	34
004	70	43	91

二维数组

三维数组

图 6.6 一维及多维数组

6.2.1 二维数组的定义

上一节介绍的一维数组只有一个下标,其数组元素也称为单下标变量。在实际问题中有很多量是二维的或多维的,例如:一个班有 50 个学生,每个学生选修了 5 门课程,如果存储每个学生各门课程的成绩,需要用 50 个一维数组,显然很不方便,因此需要定义一个二维数组 score[50][5]。C语言允许构造多维数组,多维数组元素有多个下标,以标识它在数组中的位置,所以也称为多下标变量。最常见的多维数组是二维数组,它主要用于表示二维表和矩阵,本节后面的讲述以二维数组为主,对于更高维数组,可由二维数组类推而得到。

二维数组定义的一般形式如下:

存储类别 类型标识符 数组名[常量表达式 1][常量表达式 2];

说明:

(1)二维数组中的每个数组元素都有两个下标,且必须分别放在单独的"[]"内。

(2)二维数组定义中的第 1 个下标表示该数组具有的行数,第 2 个下标表示该数组具有的列数,两个下标之积是该数组具有的数组元素的个数。

(3)二维数组中的每个数组元素的数据类型均相同。

（4）多维数组在内存中的排列顺序规律是：第一维的下标变化最慢，最右边的下标变化最快。

例如：

```
float   a[3][2];
```

声明定义了一个 3 行 2 列的二维浮点型数组，数组名为 a，如图 6.7 所示。

a[0][0]	a[0][1]
a[1][0]	a[1][1]
a[2][0]	a[2][1]

图 6.7　二维数组 a[3][2]

很显然，数组中元素的个数为：行数×列数。a 数组中共有 $3 \times 2 = 6$ 个元素。

二维数组在概念上是二维的，其下标在两个方向上变化，下标变量在数组中的位置也处于一个平面之中，而不是像一维数组只是一个向量。但是，实际的硬件存储器却是连续编址的，也就是说存储器单元是按一维线性排列的。如何在一维存储器中存放二维数组，有两种方式：一种是按行排列，即放完一行之后顺次放入第二行。另一种是按列排列，即放完 列之后再顺次放入第二列。在 C 语言中，二维数组是按行排列的，即二维数组的元素在内存中存放的顺序为：按行的顺序存放，即先存放第 0 行的元素，再存放第 1 行的元素，……，其中每 1 行中的元素再按照列的顺序存放。数组 a 中各元素在内存中的存放顺序如图 6.8 所示。由于数组 a 说明为 int 类型，该类型占两个字节的内存空间，所以每个元素均占有两个字节。

a[0][0]	a[0][1]	a[1][0]	a[1][1]	a[2][0]	a[2][1]

图 6.8　二维数组的存储

注意：在增加数组的维数时，数组所占的存储空间会大幅度增加，所以要慎用多维数组。

在实际应用中，尤其是在数组的初始化和指针处理的时候，可以把二维数组理解为几个一维数组的集合。例如上面定义的数组 a，可以理解为有 3 个元素 a[0]，a[1]，a[2]，而每个元素又是包含 2 个元素的一维数组，如图 6.9 所示，此处可以把 a[0]，a[1]，a[2] 看作是 3 个一维数组的名字。

$$a \begin{bmatrix} a[0] \longrightarrow a[0][0] \quad a[0][1] \\ a[1] \longrightarrow a[1][0] \quad a[1][1] \\ a[2] \longrightarrow a[2][0] \quad a[2][1] \end{bmatrix}$$

图 6.9　二维数组与一维数组

6.2.2　二维数组的引用

和一维数组一样，二维数组也必须先定义，后引用。二维数组元素的表示形式为：

数组名[下标][下标]

说明：

（1）下标可以是整型表达式，例如：

```
a[2][3],a[i][2 * i-1];
```

（2）数组元素可以出现在表达式中，也可以被赋值，例如：

```
b[1][2] = a[2][1]/3;
```

（3）在使用数组元素时，应该注意使下标值在已定义的数组大小的范围内。例如：

```
int a[3][4];
a[3][4] = 3;
```

定义 a 为 3×4 的数组，它可用的行下标最大值为 2，列下标最大值为 3。a[3][4]指第 3 行第 4 列的数组元素，超过了数组的范围。同一维数组一样，二维数组的访问也不能越界，编译系统不做越界检查，使用二维数组编程要谨慎。

注意：要区分定义数组时用的 int a[3][4]和引用数组元素时用的 a[3][4]，前者 a[3][4]是用来定义数组的维数和各维的大小，后者 a[3][4]中的 3 和 4 是下标值，代表数组的一个元素。

6.2.3 二维数组元素的初始化

二维数组元素的初始化与一维数组元素的初始化类似，即可以用下面的方法完成二维数组的初始化。

1. 按行分段赋值

例如：

```
int  score[5][3] = {{80,75,92},{61,65,71},{59,63,70},{85,87,90},{76,77,85}};
```

这种赋值方法比较直观，把第一个花括号内的数据赋给数组第一行的元素，第二个花括号内的数据赋给数组第二行的元素，依次类推。

2. 按行连续赋值

例如：

```
int  score[5][3] = {80,75,92,61,65,71,59,63,70,85,87,90,76,77,85};
```

以上这两种赋值的结果是完全相同的，不过第一种方法看上去更清晰，不容易出错。

3. 只对部分元素赋初值，未赋初值的元素自动取 0 值

例如：

```
int  score[5][3] = {{80},{61},{59},{85},{76}};
```

的作用是给每一行的第一个元素赋值，其余元素的值为 0，赋值之后的结果如下：

$$
\begin{bmatrix}
80 & 0 & 0 \\
61 & 0 & 0 \\
59 & 0 & 0 \\
85 & 0 & 0 \\
76 & 0 & 0
\end{bmatrix}
$$

当然，也可以给每一行的部分元素赋值，例如：

```
int score[5][3] = {{80,75},{61,65},{0,63},{85,87},{76,77}};
```

数组元素初始化结果如下：

$$
\begin{bmatrix}
80 & 75 & 0 \\
61 & 65 & 0 \\
0 & 63 & 0 \\
85 & 87 & 0 \\
76 & 77 & 0
\end{bmatrix}
$$

如果数组中非 0 元素很少时,利用这种赋值方法将会很方便,例如,可以给某些行的元素赋值:

int score[5][3] = {{80},{},{59,},{},{76}};

数组元素为:

$$\begin{bmatrix} 80 & 0 & 0 \\ 0 & 0 & 0 \\ 59 & 0 & 0 \\ 0 & 0 & 0 \\ 76 & 0 & 0 \end{bmatrix}$$

说明:对于部分元素赋初值的注意事项同一维数组,请参考一维数组关于部分元素赋初值的说明和注意事项。

4. 给全部元素赋值的特殊情况

如果对全部元素赋初值,则数组第一维的长度可以不给出,但第二维的长度不能省略。例如:

int score[ ][3] = {80,75,92,61,65,71,59,63,70,85,87,90,76,77,85};

系统将根据数据个数和第二维的长度自动计算出第一维的长度。

注意:如果只对数组的某些元素赋值,第一维的长度也可以省略,但是必须按行分段赋值。例如:

int score[ ][3] = {{ 80},{},{59,},{},{76}};

系统会自动判断出当前数组有 5 行。

6.2.4 二维数组程序举例

例 6.6 从键盘读入一个整型二维数组,并寻找其中的"鞍点"。所谓"鞍点"就是指这样一个元素,该元素在所在行中值是最小的,在所在列中值是最大的。如果鞍点存在,则输出鞍点所在的行、列以及鞍点的值。如果鞍点不存在,给出提示信息。

(6_6.c)

```
# include < stdio. h>
void main( )
 {
  int a[3][4];
  int i,j,k,s,t,flag1,flag2 = 0;
  for(i = 0;i < 3;i ++ )
    for(j = 0;j < 4;j ++ )
      scanf(" % d",&a[i][j]);
  for(i = 0;i < 3;i ++ )
  {
      for(j = 0;j < 4;j ++ )
        printf(" % 4d",a[i][j]);
      printf("\n");
  }
```

```
for(i = 0;i < 3;i ++ )
 {
   s = a[i][0];
   t = 0;
   flag1 = 0;
   for(j = 0;j < 4;j ++ )
     if (a[i][j]< s)
       {s = a[i][j]; t = j;}
   for(k = 0;k < 3;k ++ )
     if (a[k][t]> s)
        {flag1 = 1;break;}
   if(flag1 == 0)
   {
     flag2 = 1;
     printf("The saddle point is:a[ % d][ % d] = % d\n",i,t,a[i][t]);
   }
 }
 if(flag2 == 0)
   printf("No saddle point!\n");
 }
```

程序分析:

寻找鞍点的思路是:先在每行中找到该行最小的元素,对于第 i 行,通过对该行 4 个元素的比较,将最小元素的值记录到变量 s 中,将最小元素的列号记录在变量 t 中;再把列号为 t 的那一列中 3 个元素逐一与 s 比较,行号由变量 k 控制在 0～2 之间变化,如果 a[k][t]均小于 s,则元素 a[i][t]是鞍点。但是如果存在一个 a[k][t]的值大于 s,则元素 a[i][t]不是鞍点,则不用继续比较,通过 break 语句退出循环,退出前置标志 flag1 为 1,表示该列有元素大于 a[i][t],a[i][t]不是鞍点。最后根据 flag1 的值是否为 0 判断 a[i][t]是否鞍点,如果 s 与 t 列的 3 个元素都进行了比较且 s 最大,则 flag 为 0,表示 a[i][t]是该行的鞍点,则输出此鞍点,同时修改标志 flag2 为 1,如果最后 flag2 的值仍为 0,说明此数组无鞍点。

例 6.7 找出矩阵所有元素中的最大值及其所在的行号和列号。

(6_7.c)

```
# include < stdio. h>
void main( )
{
  int i,j,row = 0,col = 0,max;    /* 定义循环变量、存放行号和列号的变量、最大值变量 */
                                   /* 定义静态的 3 行 4 列的二维数组 a * /
  static int a[3][4] = {1,2,3,4,9,8,7,6, - 10,10, - 5,2};
  max = a[0][0];                  /* 将二维数组中的第一个元素作为当前最大值赋给 max 变量 */
  for (i = 0;i < = 2;i ++ )        /* 二重循环比较所有元素与当前 max 变量中的值 */
    for (j = 0;j < = 3;j ++ )
      if (a[i][j]> max)
        {
          max = a[i][j];
          row = i;                /* 若找到一个元素比当前 max 变量中的值还大,则替换并记录行
          col = j;                   号和列号 */
        }
```

```
        printf("max = %d,row = %d,col = %d", max,row,col);
}
```

程序运行结果：

max = 10,row = 2,col = 1

程序分析：

寻找最大值的思路是：首先将二维数组中的第一个元素 a[0][0] 作为当前最大值赋给 max 变量，然后用二重循环分别取二维数组中的其他元素同 max 比较，若找到一个元素比 max 中的当前值还大，则用该元素替换 max 变量中原来的值，同时记录下该元素的行下标和列下标。即 max 变量中从头到尾存放的是二维数组中最大元素的值，row 和 col 两个变量存放的是当前最大值元素的行下标和列下标。最后输出最大值及其行下标和列下标。

注意：程序中的 row 和 col 两个行列下标值必须首先初始化为 0。因为很有可能第一个元素 a[0][0] 就是二维数组中的最大值。那么后面的二重循环结束后，找不到其他元素比 a[0][0] 大，则 row 和 col 两个变量的值在没有初始化的情况下为随机值，因此输出最大值和行列下标时容易出错。

例 6.8 有如下的 3×3 矩阵 a，求矩阵 a 的转置矩阵 b。

$$a = \begin{bmatrix} 1 & 2 & 3 \\ 4 & 5 & 6 \\ 7 & 8 & 9 \end{bmatrix} \quad b = \begin{bmatrix} 1 & 4 & 7 \\ 2 & 5 & 8 \\ 3 & 6 & 9 \end{bmatrix}$$

(6_8.c)

```
#include<stdio.h>
void main()
{
  int i,j;
  int a[3][3]={1,2,3,4,5,6,7,8,9},b[3][3];
  printf("array a:\n");
  for(i=0;i<3;i++)
   {
    for(j=0;j<3;j++)
      {
        printf("%5d",a[i][j]);
        b[j][i]=a[i][j];      /*行列互换*/
      }
     printf("\n");
   }
  printf("array b:\n");
  for(i=0;i<3;i++)
   {
    for(j=0;j<3;j++)           /*循环三次,输出一行共三个元素*/
      printf("%5d",b[i][j]);
    printf("\n");              /*输出一行后换行,再输出下一行*/
   }
}
```

程序运行结果:

```
array a:
    1    2    3
    4    5    6
    7    8    9
array b:
    1    4    7
    2    5    8
    3    6    9
```

程序分析:

转置矩阵就是将原矩阵元素行列互换形成的矩阵,程序中利用 b[j][i] = a[i][j]实现数组的行列互换。另外,二维数组的输出,要利用双重循环实现。

例 6.9 编写一个程序,统计某班 3 门课程的成绩,它们是 C 语言、数学和英语。先输入学生人数,然后依次输入学生成绩,最后统计每个学生课程的总成绩和平均成绩以及每门课程全班的平均成绩。

(6_9.c)

```c
#define N 100
#include <stdio.h>
void main()
{
  float score[N][5],sum,avg[3];
  int i,j,n;
  printf("Input students number(1~%d):",N);      /* 输入 1~N 之间的学生个数 */
  scanf("%d",&n);
  while(n<=0||n>N)                                /* 检验输入数据的合法性 */
  {
    printf("Input error!\nPlease input again:");
    scanf("%d",&n);
  }
  printf("Input score:\n");
  for(i=0;i<n;i++)                                /* 输入每个学生各门课的成绩 */
  {
    printf("Student %5d:",i+1);
    for(j=0;j<3;j++)
      scanf("%f", &score[i][j]);
  }
  for(i=0;i<n;i++)                                /* 计算每个学生的总分及平均分 */
  {
    score[i][3]=0;
    for(j=0;j<3;j++)score[i][3] += score[i][j];
    score[i][4]=score[i][3]/3;
  }
  for(j=0;j<3;j++)                                /* 计算每门课程的平均分 */
  {
    sum=0;
    for(i=0;i<n;i++)sum += score[i][j];
```

```
        avg[j] = sum/n;
    }
    printf("\nNo. C Language Math English Total Average\n");
    for(i = 0;i < n;i ++ )                          /* 输出课程分数、总分、平均分 */
    {
        printf(" % 2d",i + 1);
        for(j = 0;j < 5;j ++ )
        printf(" % 10.2f", score[i][j]);
        printf("\n");
    }
    printf("\nSubject Average:\n");                 /* 输出全班每门课程的平均分 */
     for(i = 0;i < 3;i ++ )
        printf(" % 11.2f",avg[i]);
}
```

程序分析：

程序定义了一个二维数组 scorc[50][5]，score[i][0]、score[i][1]、score[i][2]分别存储 3 门课程的分数，score[i][3]和 score[i][4]分别存储每个学生的总分和平均分。avg[3]存放全班每门课程的平均分。每一部分的功能分别在程序中做了注释，其中计算部分的功能，在学习了函数以后，可以用函数实现，以使程序更加简洁。

6.3 字 符 数 组

从前面章节的学习中知道，C 语言有字符常量、字符串常量和字符变量，但是没有字符串变量。如果要使用多个连续的字符，需要引入字符数组，即用来存放字符型数据的数组。数组中一个元素存放一个字符。

6.3.1 字符数组的定义

字符数组的定义与前面介绍的数组定义相同。

1. 一维字符数组的定义

一维字符数组的定义格式为：

char 字符数组名[常量表达式];

一维字符数组，用来存放一行字符串。例如"char ch[10];"定义一个有 10 个元素的字符数组 ch，每个元素相当于一个字符变量。字符数组中每个字符占用一个字节的空间，因此 ch 数组共开辟出 10 个字节，存储形式如图 6.10 所示。

ch[0]	ch[1]	ch[2]	ch[3]	ch[4]	ch[5]	ch[6]	ch[7]	ch[8]	ch[9]

图 6.10 一维字符数组存储形式

2. 二维字符数组的定义

二维字符数组的定义格式如下：

char 字符数组名[常量表达式 1] [常量表达式 2];

二维的字符数组，可以存放多行字符串。例如"str[3][5];"定义的 str 数组共开辟 3×5＝15 个字节，存储形式如图 6.11 所示。

str[0][0]	str[0][1]	str[0][2]	str[0][3]	str[0][4]
str[1][0]	str[1][1]	str[1][2]	str[1][3]	str[1][4]
str[2][0]	str[2][1]	str[2][2]	str[2][3]	str[2][4]

图 6.11 二维字符数组存储形式

说明：由于字符与整型数是互相通用的，因此也可以用整型数组存放字符数据。例如：

int str[30];

但这时每个数组元素占 2 个字节的内存单元。

6.3.2 字符数组的初始化

在对字符数组进行初始化之前，应首先了解一下字符串的结束标记，因为它直接影响字符数组的初始化。前面章节的内容提到，字符串常量结束的标记为'\0'。如有字符串"China!"，在内存要开辟 7 个字节的空间，其存储形式如图 6.12 所示。

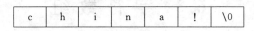

图 6.12 字符串的存储形式

对字符数组初始化的方式有两种：一是用字符常量进行初始化操作；二是利用字符串常量进行初始化操作。对字符数组的初始化，要将字符常量以逗号分隔写在花括号中，逐一赋给数组元素。可以用以下方法进行。

1. 用字符常量逐个元素初始化

例如：

char c[10] = { 'C','',' L','a','n','g','u','a','g','e'};

赋值后数组各元素的值如图 6.13 所示。

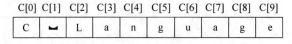

图 6.13 字符数组元素逐个初始化

注意：这种方法，系统不会自动在最后一个字符后加'\0'。花括号中提供的字符数只能少于数组的长度，否则将出现语法错误。

例如：

char c[10] = { 'I','',' L','i','k','e','',' C'};

定义的数组中各元素状态如图 6.14 所示。

C[0]	C[1]	C[2]	C[3]	C[4]	C[5]	C[6]	C[7]	C[8]	C[9]
I	␣	L	i	k	e	␣	C	\0	\0

图 6.14　带字符串结束标记的字符数组初始化

把提供的字符数据赋给数组前面的元素,其余的元素系统自动赋予空字符(即'\0')。

2. 在对全部元素指定初值时,可省略数组长度,系统会根据初值个数自动确定数组的长度

例如:

```
char ch[] = {'s','t','u','d','e', 'n','t'};
```

定义的数组的长度为 7。

3. 给二维字符数组赋初值

例如:

```
char country[][10] = {{'C','h','i','n','a'},
                      {'I','n','d','i','a'},
                      {'G','e','r','m','a','n','y'}
                     };
```

初始化结果如图 6.15 所示。

country[0]	C	h	i	n	a	\0	\0	\0	\0	\0
country[1]	I	n	d	i	a	\0	\0	\0	\0	\0
country[2]	G	e	r	m	a	n	y	\0	\0	\0

图 6.15　二维字符数组初始化

6.3.3　字符数组的输入输出

对于整型或实型数组,不允许整体输入或输出,而在字符数组中,既可以逐个元素输入输出,也可以整体数组元素输入或输出。这里提到的字符数组整体输出是指字符数组按照字符串的方式输出,后面在关于字符串的学习中将进行介绍。逐个元素的输入输出,可以利用格式控制%c 实现。

```
输入: scanf("%c",&ch[i]);
输出: printf("%c",ch[i]);
```

例 6.10　编程实现通过键盘输入 10 个字符并原样输出。

(6_10.c)

```
#include <stdio.h>
void main()
{
   char ch[10];
   int i;
   printf("please input 10 chars:\n");          /* 提示输入 */
```

```
    for(i = 0;i < 10;i ++ )
        scanf(" % c",&ch[i]);
    for(i = 0;i < 10;i ++ )
        printf(" % c",ch[i]);
}
```

程序运行结果：

键盘输入：0123456789
输出结果：0123456789

说明：这种输入方式在字符数组的末尾没有'\0',根据数组的下标控制字符的输入或输出的数量,使用起来并不方便。

例 6.11 输出水晶石图案。

(6_11. c)

```
# include < stdio. h >
void main( )
{
    char diamond[ ][5] = {{' ',' ',' * '},{' ',' * ',' ',' * '},{' * ',' ',' ',' ',' * ',
' ',' * '},{' ',' * ',
' ',' * '},{' ',' ',' * '}};
    int i,j;
    for(i = 0;i < 5;i ++ )
        {   for(j = 0;j < 5;j ++ )
                printf(" % c",diamond[ i][ j]);
            printf("\n");
        }
}
```

程序运行结果：

```
          *
        *   *
      *       *
        *   *
          *
```

6.3.4　字符串基础知识

从逻辑意义上说,字符串就是一串字符文字；从物理意义上说,字符串就是用一个字符数组来存储的一组字符。但不能说字符数组就是字符串,因为数组中的每一个数据元素在逻辑上是独立的,而字符串在逻辑上是一段相关的文字内容,不是一个个独立的字符。C 语言没有字符串变量,字符串不是存放在一个变量中,而是存放在一个字符数组中。C 语言规定以'\0'作为字符串的结束标志。'\0'是 ASCII 码值为 0 的字符。ASCII 码值为 0 的字符不是一个普通的可显示字符,而是一个"空操作"字符,它不进行任何操作,只是作为一个标记。它占内存空间，但不计入字符串的长度。

说明：

（1）字符串数据用双引号表示，而单个字符数据用单引号表示。

（2）对于字符串，系统在串尾加'\0'作为其结束标志，而字符数组并不要求最后一个字符是'\0'。

（3）用字符数组来处理字符串时，字符数组的长度至少要比字符串长度大1，以存放串尾结束符'\0'。例如，可以利用以下语句完成字符数组的初始化：

char str[11] = {'I',' ','a','m',' ','a',' ','b','o','y','\0'};

等价的字符串表示为：

char str[11] = {"I am a boy"};

也可以省略花括号以及数组长度，直接写成：

char str[ ] = "I am a boy"; /∗ 数组的长度自动定为11，而不是10 ∗/

（4）在对有确定大小的字符数组用字符串初始化时，数组长度应大于字符串长度。如：

char s[7] = {"student"};

这样的初始化是错误的。

（5）对一个字符数组，如果不作初始化赋值，则必须说明数组长度。

（6）只能在初始化的时候给字符数组赋值，不能直接将字符串赋值给字符数组。下面的操作是错误的：

char s[10];
s = "student";

注意：字符串的长度并不是总比字符数组的长度少一个，例如：

char c[ ] = {'C','h','i','n','a','\0','J','a','p','a','n','\0'};

字符数组在初始化时开辟了12个内存单元存放花括号内的字符，长度为12。而要测量这个字符数组存储的字符串的长度则应为5，因为字符串遇到第一个'\0'就结束了。

由上可知，可以采用字符串常量的方式进行字符数组的初始化。

例如：

char ch[10] = {"c program"};
char ch[10] = "c program";   /∗ 可以省略{ } ∗/
char ch[ ] = "c program";   /∗ 可以省略长度 ∗/

上面三种定义形式作用完全相同，在内存中的存储形式如图6.16所示。

| c | ␣ | p | r | o | g | r | a | m | \0 |

图 6.16　字符串常量初始化一维字符数组

当省略数组长度时，内存开辟的空间数为有效字符的个数加一，所以在使用字符串常量赋初值时常使用省略长度的形式。

二维字符数组的初始化一般使用字符串赋初值的方式,每行的字符串分别用内层花括号括起来。例如:

```
char string[3][10] = {{"school"},{"garden"},{"home"}};
```

也可以把内层的花括号省略掉:

```
char string[3][10] = {"school","garden","home"};
```

这种初始化方式系统会自动把三个字符串按照顺序分别给第一行、第二行和第三行。在使用时为书写简单,还可以把行长度省略掉。例如:

```
char string[][10] = {"school","garden","home"};
```

共有三个字符串,默认长度为3。

上面三种形式功能是相同的,在内存中的存储也是一致的,如图 6.17 所示。

s	c	h	o	o	l	\0	\0	\0	\0
g	a	r	d	e	n	\0	\0	\0	\0
h	o	m	e	\0	\0	\0	\0	\0	\0

图 6.17 字符串常量初始化二维字符数组

在处理字符数组的过程中,这种省略一维数组的长度和二维数组第一维长度的初始化方法被称为变长数组的初始化。变长数组初始化就是使 C 编译程序自动建立一个不指明长度的足够大的数组以存放初始化数据。

设想用数组初始化的方法建立一个如下错误信息表:

```
char e1[12]  = "read error\n";
char e2[13]  = "write error\n";
char e3[18]  = "cannot open file\n";
```

可以想象,如果用手工去计算每一条信息的字符数以确定数组的长度是何等的麻烦。利用变长数组初始化的方法,可以使 C 自动地计算数组的长度。使用这种方法,以上信息表变为:

```
char e1[]  = "read error\n";
char e2[]  = "write error\n";
char e3[]  = "cannot open file\n";
```

给定上面的初始化后,用“printf("%s has length %d\n",e2,sizeof(e2));”语句将打印出:

```
write error
has length 13
```

除了减少麻烦外,应用变长数组初始化使程序员可以修改任何信息,而不必担心随时可能发生的计算错误。

变长数组初始化的方法不仅仅限于一维数组。但在对多维数组初始化时,必须指明除了第一维以外其他各维的长度,以使编译程序能够正确地检索数组。其方法与数组形式参数的说明类似。这样就可以建立变长表,而编译程序自动地为它们分配存储空间。例如,下面用变长数组初始化的方法定义数组 sqrs:

```
int sqrs[][2] = {1,1,2,4,3,9,4,16,5,25,6,36,7,49,8,64,9,81,10,100};
```

相对定长数组的初始化而言,这种说明的优点在于可以在不改变数组各维长度的情况下,随时增加或缩短表的长度。

6.3.5 字符串的输入输出

1. 字符串的输入方法

除了上述用字符串赋初值的办法外,还可用 scanf 函数从键盘一次性输入一个字符串给字符数组赋初值,而不必使用循环语句逐个输入每个字符。使用 scanf 函数实现字符串整体的输入,必须利用格式控制符"%s"。

(1) 用 scanf 函数输入字符串,输入字符串数据时不需用界定符和'\0'。例如:

```
char c[10];
sacnf("%s",st);
```

从键盘输入:

China ↙

系统会自动在 China 后面加上结束符'\0'。

注意:

① 下面的语句是错误的:

```
scanf("%s",&st);
```

因为 st 就代表了该字符数组的首地址(见 6.1.1 节一维数组的定义),在输入时不能在 st 前再加取地址符 &。

② 可以输入多个字符串,在输入时,以回车符或空格作为结束标志。例如:

```
char str1[5],str2[5],str3[5],str4[5];
scanf("%s%s%s%s",str1,str2,str3,str4);
printf("%s %s %s %s",str1,str2,str3,str4);
若按如下方法输入:
How do you do?
输出结果:
How do you do?
```

说明以空格分隔的 4 个字符串分别存放到了 4 个数组中。

又如:如果执行以下语句:

```
char str[15];
scanf("%s",str);
printf("%s",str);
输入: How do you do?
输出结果为: How
```

因为输入的时候以空格或回车作为分隔符,所以只把第一个空格前的 How 送入了 str

中,这也说明用"％s"格式符输入的字符串中不能含有空格。

（2）用 gets 函数

gets 函数的一般格式：

gets(字符数组)

其功能是从键盘接受输入的一串字符,以回车作为输入结束标记,将其按字符串格式存储到指定的字符数组中。通常,要定义一个适当大小的字符数组,存储从键盘输入的字符串。

例如,某程序需要从键盘接收一个最大长度为 15 的字符串,要进行以下操作：

① 首先定义一个长度为 16 的字符数组：

```
char str[16];
```

② 然后使用 gets 函数接收从键盘的输入：

```
printf ("Input str: ");              /* 提示程序的使用者输入一个字符串 */
gets (str);                          /* 接收一个字符串并把它存储到字符数组 str */
```

③ 从键盘输入：

```
Visual C++↙
```

则字符数组 str 的存储状态如图 6.18 所示。

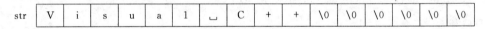

| str | V | i | s | u | a | l | ␣ | C | + | + | \0 | \0 | \0 | \0 | \0 | \0 |

图 6.18　字符数组 str 的存储形式

gets 函数每次只能输入一个字符串,字符串中可以包含空格,因为空格并不是 gets 函数字符串的结束符。

2. 字符串的输出方法

（1）用 printf 函数

使用 printf 函数可以实现字符串整体的输出,但必须利用格式控制符"％s"。例如：

```
char c[ ] = "I am a boy";
printf("％s",c);
```

输出结果为：

```
I am a boy
```

注意：

① 输出字符不包括结束符'\0'。

② 用格式符"％s"输出字符串时,printf 函数中的输出项是字符数组名,而不能用数组元素名。下面的语句是错误的：

```
printf("％s",c[0]);
```

③ 如果字符数组长度大于字符串实际长度,也只输出到'\0'结束。如果字符数组中包含多个'\0',则输出遇到第一个'\0'时结束。例如：

```
char c[ ] = {'h','e','l','\0','l','o','\0'};
printf("%s",c);
```

输出结果为:

hel

例 6.12　字符串输出。

(6_12.c)

```
#include <stdio.h>
void main( )
{
    char c[ ] = "Hello";
    printf("%c,%c\n",c[0],c[1]);
    printf("%s\n",c);
    printf("%o",c);
}
```

程序分析:

首先,字符数组初始化后,各元素在内存中的存储情况如图6.19所示(假设数组分配内存单元的首地址为2000)。

第一个printf利用"%c"格式符输出数组前两个元素。第二个printf利用"%s"输出整个字符串。在这里printf函数首先按照数组名a找到数组的首地址,然后逐个输出其中的字符,直到遇到'\0'为止。第三个printf利用"%o"以八进制的形式输出数组的首地址。

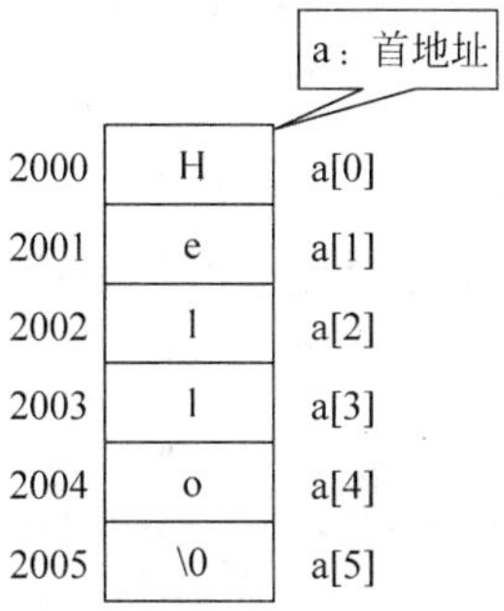

因此输出结果为:

H,e
Hello
2000

图 6.19　字符数组初始化后的存储

(2) 用 puts 函数

puts 函数的一般格式为:

puts(字符数组);

其功能是向终端输出字符串,输出时将字符串的结束标志'\0'转换成换行符'\n',因此输出完字符串后换行。

说明:字符数组必须以'\0'结束。

例如:

```
char ch[ ] = "student";
puts(ch);
puts("Hello");
```

输出结果:

student
Hello

可见,puts 函数将字符数组中包含的字符串输出,然后再输出一个换行符。因此,用 puts()输出一行,不必另加换行符'\n'。

puts 函数每次只能输出一个字符串,而 printf 可以输出几个,例如:

```
printf("%s%s",str1,str2);
```

6.3.6 字符串常用操作函数

C 语言库函数中除了前面用到的库函数 gets()与 puts()之外,还提供了一些常用的库函数,其函数原型说明在 string.h 中。下面介绍几种常用的函数。

1. 字符串拷贝函数 strcpy

一般格式:

strcpy(字符数组 1,字符串 2)

函数功能:将字符串 2 拷贝到字符数组 1 中去。

返回值:返回字符数组 1 的首地址

说明:

(1) 字符数组 1 必须是数组的名字,字符串 2 可以是数组的名字或者字符串常量。例如:

```
char str1[10],str2 = {"Turbo C ++ "};
strcpy(str1,str2);
```

执行以上语句后 str1 在内存中的存储形式如图 6.20 所示。

图 6.20 字符串拷贝

也可以这样:

```
strcpy(str1,"Turbo C ++ ");
```

结果和上面的一样。

(2) 字符数组 1 必须足够大,其长度应该大于字符串 2 的长度。

(3) 拷贝时字符串 2 连同'\0'一同复制到字符数组 1 当中去,字符数组 1 中原有内容被覆盖。

(4) 不能使用赋值语句为一个字符数组赋值。例如,下面的语句是非法的:

```
str1 = "Turbo C ++ ";
str1 = str2;
```

只有在字符数组初始化的时候才能给数组赋初值,否则只能用 strcpy 函数将一个字符串拷贝到另外一个字符数组中。

2. 字符串连接函数 strcat

一般格式:

strcat(字符数组 1,字符数组 2)

函数功能:把字符数组 2 连接到字符数组 1 后面。

返回值：返回字符数组 1 的首地址。

说明：

（1）字符数组 1 必须足够大，以容纳连接后的新字符串，否则会因长度不够而产生问题。

（2）连接前，两字符串均以'\0'结束，连接时将字符串 1 的'\0 '取消，在新字符串最后保留'\0 '。

例如：

```
char str1[20] = { "I like " };
char str2[10] = "Turbo C++ ";
strcat(str1,str2);
```

连接前各字符串状态如图 6.21 所示。

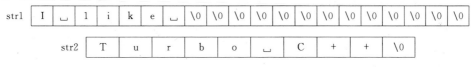

图 6.21 连接前各字符串状态

连接后，如图 6.22 所示。

图 6.22 连接后字符数组的存储

3. 字符串比较函数 strcmp

一般格式：

strcmp(字符串 1,字符串 2)

函数功能：比较两个字符串大小。

比较规则：对两个字符串从左向右逐个字符比较（ASCII 码），直到遇到不同字符或'\0'为止。

返回值：返回 int 型整数。

（1）若字符串 1 < 字符串 2，则函数返回负整数。

（2）若字符串 1 > 字符串 2，则函数返回正整数。

（3）若字符串 1 = 字符串 2，则函数返回零。

说明：如果两字符串全部相同，则两个字符串相等；若出现不同字符，则以第一个不相同的字符的比较结果为准。

字符串比较一般用以下形式：

```
if (strcmp(str1,str2)> 0)
    printf("ok ");
```

而不能用：

```
if(str1 > str2)
    printf("ok ");
```

4. 字符串长度函数 str1en

一般格式：

str1en(字符数组)

函数功能：计算字符串长度，即字符串中包含的字符个数。

返回值：返回字符串实际长度，不包括'\0'。

例如：

```
char str[10] = "student ";
printf(" % d, ",strlen(str));
printf(" % d",strlen("very good "));
```

输出结果为：

```
7,9
```

5. 字符串转小写函数 strlwr

一般格式：

strlwr(字符串)

函数功能：将字符串中的大写字母转换成小写字母。

返回值：字符串首地址。

说明：字符串可以是字符数组或字符串常量。

例如：

```
char str[15] = { "Visual FoxPro "};
printf(" % s ",strlwr(str));
printf(" % s ",strlwr("Program"));
```

执行结果是：

```
visual foxpro program
```

6. 字符串转大写函数 strupr

一般格式：

strupr(字符串)

函数功能：将字符串中的小写字母转换成大写字母。

返回值：字符串首地址。

说明：字符串可以是字符数组或字符串常量。

　　以上介绍了 C 库函数中提供的几种常用的字符串处理函数，当然，库函数中还有很多其他的函数，不同类型的库函数声明在不同的头文件中，用户在使用时要把库函数对应的头文件包含源程序。这些库函数只是 C 编译系统为了方便用户而提供的，用户也可以根据自己需要编写自定义函数。

6.3.7　字符数组应用举例

　　例 6.13　将一个字符串逆序存储。

（6_13.c）

```
# include < stdio. h>
# include < string. h>
```

```
void main( )
{
    char str[10],ch;
    int i,j;
    gets(str);
    for(i = 0,j = strlen(str) - 1;i < j;i ++ ,j -- )
    {
        ch = str[i];
        str[i] = str[j];
        str[j] = ch;
    }
    puts(str);
}
```

程序分析:

首先注意头文件 string.h,这是使用 strlen 函数所必须包含的。程序首先输入一个字符串 str,然后,i 和 j 分别定位到 str 的第一个字符和最后一个字符,从首位的位置开始交换,完成一次交换后,i ++ ,j -- 分别向后、向前各走一个字符,直到 i >= j 时,交换完成。交换前后的状态如图 6.23 所示。

输入:

abcdefg↙

输出:

gfedcba

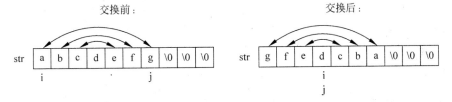

图 6.23 字符数组元素交换前后的存储状态

例 6.14 编写程序计算字符串的长度,要求不使用 strlen 函数。

(6_14.c)

```
# include < stdio.h >
void main( )
{
    char s[80];
    int k;
    printf("\nInput a string:");
    gets(s);
    for(k = 0; s[k]!= '\0';  ++k);            /* 计算字符串的长度 */
    printf("\nLength = % d\n", k);
}
```

程序分析:

本程序中计算字符串长度的功能是由语句:

第

6

章

数组

```
for(k = 0; s[k]!= '\0'; ++k);
```

完成的,通过顺序地扫描 s 中各元素,直到遇到字符串的结束标志'\0',使用 k 记录扫描过的字符的个数。

注意:本例程中循环语句的循环体是一个空语句。

例 6.15 编写程序,在两个已知的字符串中查找所有非空的最长公共子串的长度与个数,并输出这些子串。

(6_15.c)

```c
# include < stdio.h >
# include < string.h >
void main()
 {
  char str1[30], str2[30], temp[30];
  int len1, len2, i, j, k, p, sublen, count = 0;
  printf("Input first string: ");
  gets(str1);                          /* 从键盘获取字符串 */
  printf("Input second string: ");
  gets(str2);
  len1 = strlen(str1);                 /* 计算串长 */
  len2 = strlen(str2);
  if (len1 > len2)                     /* 使 str1 总是存放长度较短的字符串 */
   {
    strcpy(temp, str1);
    strcpy(str1, str2);
    strcpy(str2, temp);
    k = len1;
    len1 = len2;
    len2 = k;
   }
  for(sublen = len1; sublen > 0; sublen -- )  /* 查找长度为 sublen 的公共子串 */
   {
    for(k = 0; k + sublen < = len1; k ++ )
    /* 从 str1[k]开始找长度为 sublen 的子串,与 str2 中的子串进行比较 */
     {
      for(p = 0; p + sublen < = len2; p ++ )      /* str2 中的子串从 str2[p]开始 */
       {
        for(i = 0; i < sublen; i ++ )    /* 逐一比较两个子串中的字符 */
          if(str1[k + i]!= str2[p + i]) break;
        if(i == sublen)                  /* 找到一个最长的公共子串 */
         { count ++ ;                     /* 记录找到的个数 */
          for(j = 0; j < sublen; j ++ )  /* 输出找到的子串 */
              printf(" % c", str1[k + j]);
          printf("\n");
         }
       }
     }
    if (count) break;                    /* 已经找到至少一个最长的公共子串 */
   }
  printf("Number of Max common substring: % d\n", count);
  printf("Length of Max common substring: % d", sublen);
 }
```

程序运行结果：

在提示语句后输入：

abcd ↙

bcdabc ↙

输出：

abc

bcd

Number of Max common substring: 2

Length of Max common substring: 3

程序分析：

程序中定义了两个字符数组 str1 和 str2，分别存放两个串，并用 len1 和 len2 表示串的长度。如果用户输入的串 1 的长度大于串 2 的长度，则交换，以保证 len1≤len2，那么它们的公共子串的长度不会超过 len1。先在 str2 中查找有没有长度为 len1 的公共子串，若没有，则查找是否有长度为 len1－1 的公共子串……。

第一次查找长度为 4 的公共子串，如图 6.24 所示。

在 str1 中只有一个长度为 4 的串，在 str2 中依次取长度为 4 的串跟 str1 中取的串做比较，可见没有相同的，于是进行第二次查找，查找长度为 3 的公共子串，如图 6.25 所示。

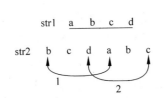

图 6.24　查找长度为 4 的子串

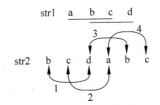

图 6.25　查找长度为 3 的子串

在 str1 中首先取长度为 3 的子串 abc，在 str2 中进行查找，在 str2 中的第一个位置开始依次截取 3 个字符进行比较，如图 6.25 所示，在第 4 次循环找到了 abc，输出 abc，同时 count++。再从 str1 中取子串 bcd，在 str2 中查找，在第一次循环找到 bcd，输出，同时 count++。

6.4　常见编程错误和编译器错误

在编程过程中，经常出现一些编译系统无法检查到的错误。当然，还有一些常见错误是在编辑程序和调试程序的过程中出现的。对于初学者来说，编程经验不足和编程的不良习惯将导致编写的程序在运行时得不到正确结果或者是不能编译通过。下面介绍与本章内容相关的常见的编程错误和编译器错误，仅供参考。

6.4.1　编程错误

（1）忘记声明数组

这个错误在程序内每次遇到一个下标变量时产生一个与"invalid indirection"等效的编

译器错误信息。

（2）使用下标法引用一个不存在的数组元素

例如，声明数组大小为 20，但引用了下标为 25 的元素。

说明：大多数 C 编译器不会检测到这个错误，但是它会引起运行时错误，导致程序"崩溃"或产生一个与期望的元素无关的数值从内存中被访问。任何一种情形通常都是查找起来非常麻烦的错误。解决这个问题的唯一方法是通过专门的编程语句或仔细编码以确保每个下标引用一个有效的数组元素。

（3）忘记数组的初始化或初始化数组时，在实际数值之间留有空位。例如：

```
int a[5] = {1,,3,,5};
```

是错误的，因为在 1 和 3 之间、3 和 5 之间必须有具体数值，即使是 0 也必须写上。

（4）初始化数组时，初始值的个数大于元素的个数。例如：

```
int a[5] = {1,2,3,4,5,6};
```

也是错误的，因为数组只有 5 个元素，而提供了 6 个初值，这会造成编译错误。

（5）数组越界

数组的长度若为 N，则可以访问的数组下标为 0～（N-1），这一点常常由于粗心而被疏忽导致越界。另外一个原因是由于扩展或其他修改，导致定义和使用不一致造成越界。

说明：最常见的越界访问数组元素就是定义数组时用了"宏"来表示长度，而程序中使用的地方却直接用数字作为下标，一旦数组的长度由于宏被改变而改变，这些直接以数字作为数组下标访问的程序总会产生问题，访问范围超出数组将导致严重的后果。

（6）混淆字符与字符串

一个字符一般就是一个字节而已，用单引号来定义，而字符串是用双引号括起来表示的。字符的长度非常明显，而字符串的长度却总是定义时的预置字符总数加上默含的一个结尾标志符'\0'（0x00）。这一点在字符串含单个可见字符时常常混淆，一定要分清"0"（0x30 0x00）、'0'（0x30）、"\x00"（0x00）以及'\0'（0x00）的概念。

（7）数组初始化

将数组中所有的元素都初始化为 0x00，其实非常简单，只要显式地将第一个元素设为 0x00 就行了，编译器将自动将其他元素也初始化为 0x00。例如：

```
char strAddress[50] = "\x00";            /* 整个字符串初始化,每个字节为 0x00 */
```

注意：若想用这种只指定第一个元素值的方法来初始化数组的值全为其他值是不合情理的。例如：

```
long Totals[100] = {300};
```

整个数组元素将只有首个元素为 300，其余元素值全为 0，而不是期望的 300。

6.4.2　编译器错误

与本章内容有关的编译器错误如表 6.1 所示。

表 6.1　第 6 章有关的编译器错误

序号	错　　误	编译器的错误消息
1	数组规模太大	Array size too large in function main
2	字符常量太大	character constant too long in function main
3	数组定义的时候,数组大小要求是常数	constant expression required in funtion main
4	丢失数组界限符	Array bounds missing
5	数组尺寸太大	Array size too large :
6	函数或数组中有多余的"&"	Superfluous & with function or array
7	数组大小不定	Size of array not known
8	未终结的串	Unterminated string
9	未终结的串或字符常量或字符串缺少引号	Unterminated string or character constant
10	未终结的字符常量	Untermimated character constant
11	下标缺少"]"	Subscription missing]
12	需要常量表达式	Constant expression required

小　　结

本章要求掌握以下内容:

(1) 一维数组和二维数组的定义、初始化和引用。

(2) 字符串与字符数组。

(3) 常用字符串处理函数

习　　题

6.1　填空题

6.1.1　C 语言中,数组名代表_____。

6.1.2　在 C 语言中,引用数组元素时,其数组下标的数据类型允许是_____

6.1.3　在 C 语言中,一维数组的定义形式为:存储类型 类型说明符 数组名_____。

6.1.4　若有说明"int a[][3] = {1,2,3,4,5,6,7};",则 a 数组第一维的大小是_____。

6.1.5　下面程序段的运行结果是_____。

```
char a[7] = "abcdef";
char b[4] = "ABC";
strcpy(a,b);
printf("%c",a[5]);
```

6.1.6　下面程序段的运行结果是_____。

```
char c[] = "\t\v\\\0will\n";
printf("%d",str1en(c));
```

6.1.7　假设字符串 s1 和 s2 均定义过并初始化,判断字符串 s1 是否大于字符串 s2,应当使用的语句为:_____。

6.1.8 定义"int arr[5] = {1,2,3};",则引用数组元素 a[4]的值是：_____。

6.1.9 数组的长度若为 N,则可以访问的数组下标范围为：_____。

6.1.10 数组元素引用时,下标为整型的表达式,可以使用_____。

6.2 选择题

6.2.1 合法的数组定义是(　　)。

A. int a[ ] = "string";　　　　　　　　　B. int a[5] = {0,1,2,3,4,5};

C. char a = "string";　　　　　　　　　D. char a[ ] = {0,1,2,3,4,5};

6.2.2 若有定义和语句"char s[10]; s = "abcd"; printf("％s\n",s);",则结果是(以下 u 代表空格)(　　)。

A. 输出 abcd　　　　　　　　　　　　B. 输出 a

C. 输出 abcd　u u u u u　　　　　　　　D. 编译不通过

6.2.3 数组 a[2][2]的元素排列次序是(　　)。

A. a[0][0],a[0][1],a[1][0],a[1][1]　　　B. a[0][0],a[1][0],a[0][1],a[1][1]

C. a[1][1],a[1][2],a[2][1],a[2][2]　　　D. a[1][1],a[2][1],a[1][2],a[2][2]

6.2.4 有以下语句：

static char x [ ] = "12345";　　　static char y[ ] = {'1','2','3','4','5'};

则下面正确的描述是(　　)。

A. x 数组和 y 数组的长度相同　　　　B. x 数组长度大于 y 数组长度

C. x 数组长度小于 y 数组长度　　　　D. x 数组等价于 y 数组

6.2.5 下列不能正确进行字符串赋值操作的语句是(　　)。

A. char str[10];gets(str);　　　　　　B. char ＊ str;str = "a";

C. char ＊ str;str = 'a';　　　　　　　D. charstr[10];strcpy(str,"hello");

6.2.6 若数组的长度为 n,则该数组中的元素最多有 n 个。若[3][5]是一个二维数组,则最多可使用的元素个数为(　　)。

A. 8　　　　　　　B. 10　　　　　　　C. 15　　　　　　　D. 5

6.2.7 若有说明"int a[3][4];",则对 a 数组元素的非法引用是(　　)。

A. a['B' - 'A'][2 ＊ 1]　　　　　　　　B. a[1][3]

C. a[4 - 2][0]　　　　　　　　　　　D. a[0][4]

6.2.8 设有语句"static char str[10] = {"china"};printf("％d",strlen(str)); ",则输出结果是(　　)。

A. 10　　　　　　　B. 5　　　　　　　C. china　　　　　　D. 6

6.2.9 表达式"strlen("string") + strlen("C")"的运算结果为(　　)。

A. 9　　　　　　　B. 10　　　　　　　C. 7　　　　　　　D. 8

6.2.10 执行以下程序段后,s 的值为(　　)。

```
static char ch[ ] = "623"
int a,s = 0;for(a = 0;ch[a]> = '0'&&ch[a]< = '9';a ++ )
s = 10 ＊ s + ch[a] - '0';
```

A. - 4705　　　　　B. 623　　　　　　C. 600　　　　　　D. 326

6.3 编程题

6.3.1 从键盘输入若干个整数(数据个数应少于 50),其值在 0 至 4 的范围内,用 -1 作为输入结束标志。试编程。统计每个整数的个数。

6.3.2 定义一个含有 30 个整型元素的数组,按顺序分别赋予从 2 开始的偶数;然后按顺序每五个数求出一个平均值,放在另一个数组中并输出。请编程。

6.3.3 通过赋初值按行顺序给 2×3 的二维数组赋予 2、4、6、…等偶数,然后按列的顺序输出该数组。试编程。

6.3.4 通过循环按行顺序为一个 5×5 的二维数组 a 赋 1 到 25 的自然数,然后输出该数组的左下半三角。试编程。

6.3.5 下面是一个 5×5 阶的螺旋方阵。试编程打印出此形式的 n×n(n<10)阶的方阵(顺时针方向旋进)。

```
 1  2  3  4  5
16 17 18 19  6
15 24 25 20  7
14 23 22 21  8
13 12 11 10  9
```

6.3.6 从键盘输入一个字符,用折半查找法找出该字符在已排序的字符串 a 中的位置。若该字符不在 a 中,则打印出提示信息:"The char is not in the string.",试编程。

提示:折半查找的算法思想是将数列按有序化(递增或递减)排列,查找过程中采用跳跃式方式查找,即先以有序数列的中点位置为比较对象,如果要找的元素值小于该中点元素,则将待查序列缩小为左半部分,否则为右半部分。通过一次比较,将查找区间缩小一半。折半查找是一种高效的查找方法。它可以明显减少比较次数,提高查找效率。但是,折半查找的先决条件是查找表中的数据元素必须有序。

6.3.7 从键盘输入两个字符串 a 和 b,要求不用库函数 strcat 把串 b 的前五个字符连接到串 a 中;如果 b 的长度小于 5,则把 b 的所有元素都连接到 a 中。试编程。

6.3.8 从键盘输入 10 个数给数组 a,然后逆序输出。

6.3.9 输入 10 个 0~100 的随机整数到指定的数组中。

6.3.10 为比赛选手评分。计算方法:从 10 名评委的评分中扣除一个最高分,扣除一个最低分,然后统计总分,并除以 8,最后得到这个选手的最后得分(打分采用百分制)。

第7章　函　　数

　　函数在程序中可表述为一个功能模块。能够正确设计函数、使用函数是衡量 C 语言程序设计人员具备设计能力的主要标志之一。在 C 语言程序设计中，函数是程序的基本组成单位。程序员可以通过使用函数作为程序模块来进行程序设计，这种使用函数作为程序模块来构建大程序的做法使得程序各部分有充分的独立性，设计出的程序简单直观，能提高程序的可读性和可维护性。

7.1　函数的概念

　　人们在求解问题的时候往往会把复杂的问题分解成许多简单的小问题，通过对小问题的求解来逐步实现对大问题的求解。在 C 语言程序设计中，函数是 C 语言程序的基本单位。所以，在用 C 语言编制程序时，可以用多个函数来解决程序设计中的复杂问题，一个 C 程序可由一个主函数和若干个子函数构成，一个子函数实现一个子功能，那么，程序员可以很方便地用函数作为程序模块来实现 C 语言程序设计。其 C 语言程序组成方式如图 7.1 所示。

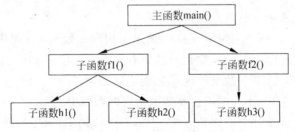

图 7.1　C 语言程序组成方式

　　在 C 语言中，函数主要分为以下两种：

　　(1) 标准库函数。由 C 语言预先编写的一系列常用函数功能，在标准 C 语言中提供的运行程序库中有 400 多个标准库函数，包括对 PC 机低端控制、DOS 的接口、输入输出、过程管理、算术操作等，详见附录 2。

　　(2) 用户自定义函数。由用户根据自己功能的需要编制的子函数。在自定义函数中，可以编制面向某一特定应用领域的各种自编函数的组合体，形成自定义函数库。

7.1.1　标准库函数的特点

　　标准库函数是 C 语言本身提供的，无须用户定义，也不必在程序中作类型说明，只需在程序前包含有该函数原型的头文件，即可在程序中直接调用。

为了实现字符串的赋值以及输出,例 7.1 使用了 C 语言标准库函数 strcmp、printf,但必须加入 stdio.h、string.h 头文件,这样才能使用该标准库函数。

例 7.1 两个字符串的比较。

(7_1.c)

```
# include < stdio.h >                /* 为 printf 函数提供的头文件 */
# include < string.h >               /* 为 strcmp 函数提供的头文件 */
void main()
{
  if(strcmp("china", "china") == 0)
      printf("the same!");
  else
      printf("not the same!");
}
```

说明:在使用 strcmp 标准函数时,必须要有"# include < string.h >"头文件表述方式,如果没有头文件,程序将会出错,将找不到 strcmp 标准函数。

7.1.2 用户自定义函数的特点

C 语言提供的标准库函数是有限的,在多数情况下可在程序中定义一个自己需要完成的功能函数。一般情况下,不需要头文件,但在调用该函数前,需要在主调函数模块中对被调函数进行类型说明,然后才能正常的调用该自定义函数。例 7.2 自定义了一个比较两个字符的函数,可实现 C 语言库函数 strcmp 的相似功能。

例 7.2 用自定义函数实现两个字符的比较。

(7_2.c)

```
# include < stdio.h >              /* 为 printf 函数提供的头文件 */
char s_cmp(char x,char y);        /* 为 s_cmp 函数声明 (1) */
void main()
{
  char a = 'A',b = 'b',c;
  c = s_cmp(a,b);                 /* 为 s_cmp 函数调用 (3) */
  printf("max = % d",c);
}

char s_cmp(char x,char y)         /* 为 s_cmp 函数定义 (2) */
{
  if(x > y)
      return 1;                   /* 函数返回值 */
  else if(x < y)
          return - 1;
      else
  return 0;                       /* 函数返回值 */
}
```

说明:一般自定义函数都需进行(1)函数声明(函数原型)、(2)函数定义、(3)函数调用这三部分工作,在特殊情况下,函数声明可省略。

7.1.3 函数运行中的参数传递及返回值

一个较大的 C 语言程序,可能需要调用标准的库函数及自定义函数,由于每一个函数都要执行一个功能,在函数运行中就有函数参数传递及返回值的问题。

一个函数调用另一个函数时,将调用函数称为主调函数,将被调用的函数称为被调函数。主调函数在对被调函数进行调用时,一般情况下需要进行参数的传递和函数值的返回,其表现形式及组成方式有以下两种。

(1) 从主调函数和被调函数之间数据传送的角度看,函数可分为有参数函数和无参数函数两种。例 7.2 中的主调函数和被调函数之间数据传送 a,b→x,y 就是一个字符参数的传递,函数 s_cmp 为有参数函数,例 7.3 函数 fun 为无参数函数。

(2) 函数是为完成某一项功能而设计的,根据需要可分为有返回值和无返回值两种情况,在 C 语言中,称为返回值函数和无返回值函数。例 7.2 中函数 s_cmp 中的函数是一个返回值函数,例 7.3 中函数 fun 为无返回值函数。

例 7.3 无参数传递及无函数返回值程序示例。

(7_3.c)

```
# include< stdio.h>          /* 为 printf 函数提供的头文件 */
void fun();                  /* 函数 fun 的声明 */
void main()
{
  int i;
  for(i = 0;i < 3;i ++ )
  fun();                     /* 为 fun()函数调用 */
}

void fun()                   /* 为 fun()函数定义 */
{
  int i;
  char a = '*';
  for(i = 0;i < 4;i ++ )
    printf(" %c",a);
printf("\n");
}
```

程序运行结果:

```
****
****
****
```

7.2   函数的定义

7.2.1   函数定义的一般形式

1. 函数定义的形式

函数定义就是程序员编制一个函数详细功能的过程。其一般格式为:

```
类型说明符 函数名(形式参数表)          /* 函数定义形式 */
{
    函数体                          /* 可以是一个需要完成的功能 */
    return 参数                     /* 函数返回的一个参数 */
}
```

（1）类型说明符：定义了函数 return 语句返回值的数据类型，如 int，char，float，double 等，函数无数据返回时，使用 void 作类型说明符。如果省略了类型说明符，编译程序认为函数返回一个整型值，即默认为 int 类型。

（2）函数名：即函数的名称，是用户标识符。注意，C 语言的关键字不能作函数名。

（3）形式参数表：是一个用逗号分隔的变量表，当函数被调用时这些变量接受调用参数的值。相当于函数调用时传递信息的通道。一个函数可以没有参数，这时形式参数表是空的。但即使没有参数，括号仍然是必须要有的。

函数的参数表的一般形式如下：

函数名(数据类型 形式参数，数据类型 形式参数，…)

以下是一些函数定义的示例：

```
float add( float x,float y )              /* 有参数的函数定义,并有返回值 */
{ x = x + y;
  return (x);
}
void disp( int a,char c )                 /* 有参数的函数定义,无返回值 */
{
    printf("a = % d,c = % c",a,c);
}
```

2. 函数定义的要求

（1）在函数的定义中，如果形式参数表中有参数，称为有参函数。在函数调用中，就必须考虑参数传递的问题。如果函数定义中无参数，称为无参函数，在函数调用中，无参数传递，操作就较为简单。

（2）在函数的定义中，如果没有函数体，即函数什么动作都不做，称为空函数。空函数的功能主要是在程序设计中，预留出该函数的功能，以后在需要的时候补充上去。

（3）C 语言中，所有的函数，包括主函数 main() 在内，其定义都是平行的。也就是说，各个函数在程序中所处的位置并不是固定的，可以在程序的最前端，也可以在程序的最末端，这种位置的不同并不影响程序的执行。但是要求一个函数是完整的、独立的，不允许出现在一个函数内部又去定义另一个函数或函数格式不齐全的现象。所以，在一个函数的函数体内，不能再定义另一个函数，即不能嵌套定义，嵌套定义表现形式如图 7.2 所示。

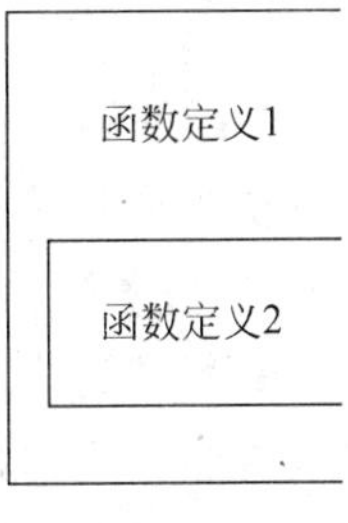

以下是嵌套定义函数示例，该定义方法是错误的：

```
float add( float x,float y )              /* 外部函数定义 */
```

图 7.2 函数的嵌套定义
形式示例

```
{
    int a;
    int fun(int i)                          /＊内部函数定义＊/
    {
        i = i + y;
        return(i);
    }
    return(x + y);
}
```

7.2.2 函数参数的传递方式

C语言程序是由若干个函数组成的,各函数在结构上是独立的,但它们所处理的对象即数据却是相互联系的。主调函数和被调函数具有数据传递的关系,其传递的实施是通过函数的参数来实现的,如图 7.3 所示。

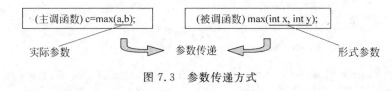

图 7.3 参数传递方式

函数的参数分为形参和实参两种。形参出现在函数定义中,在整个子函数体内都可以使用。实参出现在主调函数中。实参和形参是进行参数传送的直接渠道。发生函数调用时,主调函数把实参的信息传送给被调函数的形参,从而实现主调函数向被调函数的信息传送。

1. 函数形参和实参的特点

(1)形参变量只有在被调用时才分配内存单元,在调用结束时,立即释放所分配的内存单元,因此,形参只在子函数内部有效。

(2)实参可以是常量、变量、表达式、指针(存储地址值)、函数值。无论实参是何种类型,在进行函数调用时,它们都必须具有确定的值,以便把这些值传送给形参。

(3)实参和形参在数量上(个数)、类型上、顺序上应严格一致,否则会发生"类型不匹配、个数不匹配"的错误。

(4)函数调用中发生的参数传送是单向的,即只能把实参的数值传送给形参,而不能把形参的值反向地传送给实参。实际上就是主调函数与被调函数的调用关系问题。

2. 按值参数传递方式

在参数传递中,实参可以是常量、变量、表达式,即实参为一个具体数值,函数定义中的形参为变量。在参数传递方式中,是一个单向传递过程,实参的数值是通过复制的方式传递给形参变量。数值的传递如图 7.4 所示。

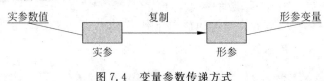

图 7.4 变量参数传递方式

例 7.4 采用变量数值传递的方式调用数据交换的函数例子。

(7_4.c)

```
# include < stdio.h >
void main()
{
  int a = 10, b = 20;
  void swap(a, b);                /* 函数声明,函数无返回值 */
  printf("1 > a = % d, b = % d\n", a, b);
  swap(a, b);                     /* 调用函数 swap */
  printf("4 > a = % d, b = % d\n", a, b);
}
void swap(int x, int y)          /* 函数定义,形参定义为变量 */
{
  int t;
  printf("2 > x = % d, y = % d\n", x, y);
  L = x; x = y; y = t;           /* 变量 x,y 进行交换 */
  printf("3 > x = % d, y = % d\n", x, y);
}
```

程序运行结果:

```
a = 10, b = 20                  /* 主函数输出结果 */
x = 10, y = 20        ⎫
x = 20, y = 10        ⎬         /* 子函数输出结果 */
a = 10, b = 20                  /* 子函数返回后,主函数输出结果 */
```

程序分析:

在 swap 子函数中,把 a 变量的数值复制给 x 变量,把 b 变量的数值复制给 y 变量,在子函数功能中对 x,y 进行了互换,并输出 x,y,但在主调函数 main 中,实际参数的值并没有发生互换,因此数据复制方式中的数据传递是单向的,对主函数中变量没有影响。

3. 数组名参数传递方式

函数调用中的实参为数组名(数组名表示一个数组的起始地址)。函数定义中的形参为数组或指针(指针概念参见第 8 章)。

数组名的传递是将数组的起始存储地址作为实参传递给形参。在形参的定义中,要求形参的类型应是能接受地址的数组或指针变量。在数组名参数的传递中,实参和形参两个参数都指向同一个地址,这样,对形参中的数组操作实际上就是直接对实参数组的操作。

例 7.5 采用数组名调用函数的例子。

(7_5.c)

```
# include < stdio.h >
void main()
{
  void fun(int b[5], int m);     /* 函数声明,函数无返回值 */
  int a[5] = {1,2,3,4,5}, n = 5, i;
  for(i = 0; i < n; i ++ )
    printf(" % d,", a[i]);
  fun(a, n);                     /* 调用函数,a 为数组名(表示数组地址) */
```

```
    printf("\n");
    for(i = 0;i < n;i ++)
        printf("% d,",a[i]);
}
void fun(int b[5],int m)              /* 函数定义,b 为形参数组,其共享 a 数组  */
{
    int i;
    for(i = 0;i < m;i ++)
        b[i] = b[i] + 2;              /* 对 b 数组元素运算,相当于对 a 数组元素运算 */
}
```

程序运行结果：

```
1,2,3,4,5
3,4,5,6,7
```

程序分析：

在该程序中,子函数对 b 数组元素进行运算,实际上就是对 a 数组元素进行运算。因为主调函数中 a 数组的地址和被调函数的形参共享 a 数组存储地址。

7.2.3　函数的返回值

在 C 程序中,一般希望通过函数调用使主调函数从被调函数中得到一个确定的值,这个值就是函数的返回值。该返回值需通过 return 语句来实现,其返回值的数据类型由函数定义时的类型来确定。

1. 函数返回值语句 return

一般形式：

return 表达式；

或者为：

return (表达式)；

功能：计算表达式的值并返回给主调函数。

说明：

（1）如果需要从被调函数带回一个函数值,被调函数必须有 return 语句。如果不需要从被调函数带回函数值,可以不要 return 语句。

（2）在被调函数中允许有多个 return 语句,但每次调用只能有一个 return 语句被执行,因此,只能返回一个值。

（3）函数返回值的类型和函数定义中函数的类型应保持一致,也就是说,return 语句中表达式的数据类型应和函数定义时的类型一致。

（4）为了在函数定义中明确表示该函数"不返回值",应把该函数的类型用"void"进行定义（表示"无类型"）。

例 7.6　打印平方表。（函数无返回值）

（7_6.c）

```
# include < stdio.h >
```

```
void main()
{
    void prin(int x);                      /* 函数声明 */
    int i;
    for(i = 1;i <= 10;i ++)
    prin(i);                               /* 函数调用 */
}
void prin(int x)                           /* void 表示该函数无返回值 */
{
    printf("%d\t%d\n",x,x*x);
}
```

说明：该程序中，其子函数就是一个无类型的子函数，在该函数中只执行一个功能，由于函数类型定义成 void，所以不需要 return 语句。

2. 多个返回值的处理方式

使用 return 语句只能把一个值返回给主调函数，当要求返回的值多于一个时，单独使用 return 语句是不行的。这时可采用数组名或指针类型的参数传递方式来进行传递，详见第 8 章。

7.3 函数的调用

7.3.1 函数调用的形式

定义函数的目的是使用该函数，即通过调用该函数来实现所需要的功能。

函数调用的一般形式是：

函数名(实参表)

在主调函数中是通过函数名找到定义的函数，将实际参数传递给被调函数的形式参数。函数名后圆括号中的实参可以有多个，彼此之间用逗号分隔开。实参与形参的类型及个数要一一对应。

在一个函数中调用另一个函数，程序控制就从主调函数转移到被调函数，并且从被调函数的函数体起始位置开始执行该函数中的语句，在执行完函数体中的所有语句后，被调函数将程序控制权返回给主调函数。

在 C 语言中，函数不能嵌套定义，但是函数之间允许相互调用，也允许嵌套调用。函数还可以自己调用自己，称为递归调用。main 函数是主函数，它可以调用其他函数，而不允许被其他函数调用。一个 C 程序中，只能有一个 main 函数，C 程序的执行总是从 main 函数开始，由 main 函数结束整个程序，main 函数体内可以出现函数调用。

7.3.2 函数调用的方式

在 C 程序设计中，对定义好的函数，如果要进行函数调用，有下列三种方式。

1. 函数语句

把函数调用作为一个语句。例如：

```
disp(5,'r');        /* 调用子函数 disp */
```

该方式在函数调用后,不要求函数返回值,只要求函数完成一定的操作及功能。

2. 函数表达式

函数调用出现在一个表达式中,这种表达式称为函数表达式。这时候函数调用后要返回一个确定的值以参加表达式的运算。例如:

```
result = 5 * add(5,6);
```

调用函数 add(5,6),其返回的值乘以 5 再赋给 result 变量。

3. 函数参数

函数调用作为一个函数的实际参数来用,与函数表达式的调用功能相同。例如:

```
result = max(x,add(5,6));
```

其中 add(5,6)是一次函数调用,它的值作为 max 调用的实际参数。又如:

```
printf(" % d",add(5,6));
```

是把 add(5,6)作为库函数 printf 的一个参数。

函数调用作为函数的参数,实际上也是函数调用作为函数表达式的另一种形式,因为函数的参数本来就要求是表达式形式的。

一个函数调用另一个函数有一定的要求,主要表现为:

(1) 被调用函数必须是已经存在的函数,可以是 C 语言的库函数或者是用户自定义的函数。

(2) 如果使用库函数,在 C 程序的开头要用 ♯include 命令将要调用的有关库函数的头文件包含进来。例如要使用数学中的一些库函数,可在程序前写入:

```
♯ include < math. h >
```

那么,在程序中就可以使用一些数学函数,如: fabs()、pow()、sqrt()等。如果没有上面的 ♯include < math. h >,那么编译程序会把含有这些函数的语句认为是错误的。

(3) 如果使用用户自定义函数,除特殊情况外(如被调函数的定义在主调函数的前面或被调函数的返回类型为整型或字符型),一般应该在主调函数中对被调函数进行声明。

7.3.3 函数声明

函数声明也称为函数原型,它是在函数使用前对函数的特征进行声明的语句,是非执行语句。在程序中调用一个函数时,必须先声明该函数的数据类型,然后才能调用。

函数声明的一般形式是:

数据类型 函数名(形参表);

函数声明的主要作用是程序在编译阶段对调用函数的合法性进行全面检查。函数声明同变量的说明一样,可以出现在函数内部,也可以出现在函数外部,位置不同,函数的可见性和适用范围也不同。

一般情况下,要求函数调用之前必须对函数作过声明。对于以下两种特殊情况,可以不对被调函数作声明：

（1）函数的数据类型是整型或字符型时，可以不对函数进行声明就直接使用。

（2）如果被调函数的定义出现在函数调用之前，可以不对函数进行声明就直接使用。

例 7.7　输入一个整数，用函数判断该数是否为素数，若是素数，函数返回 1，否则返回 0。

（7_7.c）

```
# include < stdio. h>
# include < math. h>
int i_prime( int );                    /* 函数声明 */
void main()
{
    int x;
    printf("Enter a integer number : ");
    scanf(" % d",&x);
    if(i_prime(x))                     /* 函数调用 */
        printf(" % d is prime\n",x);
      else
        printf(" % d is not prime\n",x);
}
int i_prime( int n )                    /* 函数定义 */
{
 int i;
 for( i = 2;i < = sqrt(n); i ++ )
   if ( n % i == 0 )
     return 0;
 return 1;                             /* 函数返回值 */
}
```

说明：

（1）由于被调函数在主函数后面，在程序设计中须进行函数声明。

（2）在函数声明中，函数参数可以只给出参数类型，如 int i_prime(int)。

例 7.8　输入多个字符，用字符@结束输入。用一个函数完成字符转换功能，如为大写字母转换成小写字母，其他字符不变，函数返回处理后的字符。（被调函数在前，主函数在后，可以不要函数声明）。

（7_8.c）

```
# include < stdio. h>
# include < math. h>
char myupper( char ch )                /* 函数定义 */
{
    if ( ch > = 'A'&&ch < = 'Z' )
        ch = ch + 32;
    return ch;
}
void main()
{
char c;
```

```
while((c = getchar())!= '@')          /*输入字符以@结束*/
  { c = myupper( c );                 /*函数调用*/
    putchar( c );
  }
}
```

说明：由于被调函数在主函数前面,在程序设计中可以不需要进行函数声明。

7.4 数组在函数参数传递中的应用

在函数参数传递中,数组可以作为函数的参数来使用。数组用作函数参数有两种形式,一种是把数组元素(下标变量)作为实参使用,其用法就是按值参数传递方式；另一种是把数组名作为实参使用,实现数组名参数传递方式。

7.4.1 数组元素作函数参数

由于每一个数组元素相当于一个普通变量,数组元素作函数参数的使用与普通变量是完全相同的,是一种数值传递方式。

例7.9 在一个数组中存放 30 名学生成绩,通过子函数判别一个整型数组中各元素的值,若 80 <值≤90 中,输出该学生成绩。

(7_9.c)

```
#include< stdio. h>
void main( )
{
  int func( int x );                  /*函数声明*/
  int a[30],i;
  printf("输入学生成绩分数\n");        /*从键盘输入成绩*/
  for(i = 0;i < 30;i ++ )
    {
      scanf(" %d",&a[i]);
      func(a[i]);                     /*函数调用*/
    }
}
  int func( int x )                   /*函数定义*/
  {
    if( 80 < x&&x < = 90 )
      printf("x = %d\n",x );
}
```

说明：该程序在主函数中输入学生成绩,通过数组元素(即每个学生的成绩)传递给被调函数 func 进行处理,并输出成绩在[80,90]范围中的学生成绩。

7.4.2 数组名作函数参数

在数组的表述中,数组元素能表示一个数值,而数组名表示该数组的首地址,即数组名是一个地址。在函数参数的传递中,数组名可以作为形参或实参,实现数组首地址的传递。

例7.10 在一个数组中存放一个学生 4 门课程的成绩,通过子函数求学生的总成绩和平均成绩,在主调函数中输出总成绩和平均成绩。

(7_10.c)

```c
#include<stdio.h>
void main()
{
  float sum( float a[] );                    /* 函数声明 */
  float sco[4],ave;
  int i;
  printf("输入 4 门成绩分数\n");              /* 从键盘输入成绩 */
  for(i=0;i<4;i++)
    scanf("%d",&sco[i]);
  s = sum(sco);                              /* 以数组名 sco 作实参进行传递 */
  ave = s/4;
  printf("s=%f\n",s);
  printf("ave=%f\n",ave);
}
float sum( float a[4] )                      /* 其形参必须定义成数组 */
{
  int i;
  float s = a[0];
  for(i=1;i<4;i++)
    s = s + a[i];
  return s;                                  /* 返回运算结果 */
}
```

说明：

(1) 如果以数组名作实参，那么，其形参必须定义为数组或指针(详见第 8 章)。

(2) 由于形参中的数组 a 和实参数组 sco 的地址相同，在函数 sum 中对数组 a 的运算实际上就是对数组 sco 的运算。

例 7.11 在一个数组中存放 n 个数据，用选择法对该数据按由小到大进行排序。由子函数实现排序功能，主函数实现数据的输入及输出。

分析：选择排序法的基本思想是：对于 n 个数，先从这 n 个数中挑选出最小的数，并通过交换而成为这 n 个元素的首元素；再从其后的(n-1)个数中挑选出最小的，并通过交换而成为这(n-1)个元素的首元素；再从其后的(n-2)个数中挑选出最小的，并通过交换而成为这(n-2)个元素的首元素，如此反复，当只剩下最后一个数据时，排序完成。本程序用子函数实现排序，用数组名方式进行参数传递。

(7_11.c)

```c
#include<stdio.h>
void main()
{
  void sort ( int array[],int n );           /* 函数声明 */
  int a[100],i,n;
  printf("排序数据的个数=");                  /* 输入待排序数据的个数及数值 */
  scanf("%d",&n);
  printf("\n排序的数据=");
  for(i=0;i<n;i++)
    scanf("%d",&a[i]);                       /* n 个数据的输入 */
```

```
    sort( a,n );                        / * 用数组名 a,调用排序函数 * /
    printf("\n");
    for(i = 0;i < n;i ++ )
      printf("排序的结果: % d",a[i]);    / * 输出排序结果 * /
  }
  void sort( int array[ ],int n )        / * 数组的长度可以任意,也可不给出 * /
  { int i,j,k,t;
    for(i = 0;i < n - 1;i ++ )
      { k = i;                           / * 把 k 作为最小数据的数组下标值 * /
        for(j = i + 1;j < n;j ++ )
          if(ayyay[k]> array[j])
            k = j;                       / * 把 j 的下标值保存在 k 中 * /
        t = array[k]; array[k] = array[i]; array[i] = t;
                                         / × 最小值和首元素进行交换 * /
      }
  }
```

说明：在子函数的定义中,形参定义的数组长度(int array[]),可以为空或任意给出,但"[]"符号不能省略。

例 7.12 编写程序,实现矩阵(3 行 3 列)的转置,即行列互换。

(7_12. c)

```
  # include < stdio. h >
  # include < conio. h >
  int fun( int array[3][3])              / * 函数定义 * /
  {   int i,j,t;
    for(i = 0;i < 3;i ++ )
    for(j = 0;j < i;j ++ )
      { t = array[i][j];
      array[i][j] = array[j][i];
      array[j][i] = t;
  }
  }                                      / * 无 return 返回语句 * /
  void main()
  {   int i,j;
    int a[3][3] = {{100,200,300},{400,500,600},{700,800,900}};
    clrscr() ;                          / * 清屏函数 * /
    for (i = 0;i < 3;i ++ )
      { for(j = 0;j < 3;j ++ )
        printf(" % 7d",a[i][j]);
        printf("\n"); }
    fun(a);                             / * 函数调用,数组名 a(属地址参数)传递 * /
    printf("Converted array:\n");
    for (i = 0;i < 3;i ++ )
      { for (j = 0;j < 3;j ++ )
          printf(" % 7d",a[i][j]);      / * 输出的值,就是 array 数组的值 * /
        printf("\n");
      }
  }
```

说明：子函数在前,主函数在后,可以不作函数声明。

数组有一维、二维及多维,多维数组作为函数参数进行传递的方法跟一维数组作函数参数的方法基本相同,但必须注意多维数组的地址问题。

二维数组元素相当于一个变量,可以像变量一样作实参,与用一维数组元素作函数参数相类似。下例为二维数组元素传值调用方式的应用:

```
void main()
{ int a[3][5];
…
mul( n,a[1][2],a[0][4] );          /* 调用函数 */
…
}
int mul( int x, int y, int z)        /* 函数定义 */
{ int s;
…
}
```

但二维数组名作实参和形参时,其使用的方式有一定的区别。由于二维数组在描述数组元素地址时,有行、列地址的表示方式,所以,它在作函数参数时,要特别注意它们的使用方式(详见第 8 章)。

7.5 函数的嵌套调用与函数的递归调用

7.5.1 函数的嵌套调用

虽然 C 语言不能嵌套定义函数,但可以嵌套调用函数,也就是说,在调用一个函数的过程中,可以又调用另一个函数,如图 7.5 所示。

例 7.13 用函数的嵌套调用形式实现用牛顿迭代法求一个正实数的平方根。

实现方法:

(1) 设置猜测初值为 1。

(2) 如果猜测值的平方与给定的正实数 x 的差值的绝对值小于给定的任意小的正数 e,转入第(4)步。

图 7.5 函数的嵌套调用形式示例

(3) 修改新的猜测值为(x/猜测值 + 猜测值)/2,然后返回第(2)步。

(4) 输出满足要求的 x 的平方根的猜测值。

(7_13.c)

```
# include < stdio. h >
void main()                          /* 求实数的平方根的主函数 */
{
    float squ_root( float x );       /* 函数声明 */
    float x, s;
    do {
        printf("Enter a float number : ") ;   /* 从键盘输入实数 */
        scanf(" % f",&x);
    } while ( x < = 0 );
```

```
    s = squ_root(x);                         /* 调用第 1 层函数 */
    printf("x = % f,s = % f",x,s);
}
/* 求 x 的平方根 */
float squ_root(float x)                      /* 定义函数 squ.root */
{
    float abs_value(float x);
    float guess = 1.0,e = 1e - 5;
    whlie( abs_value( guess * guess - x)> e ) /* 调用第 2 层函数 */
        guess = (x/guess + guess)/2.0;
    return guess;
}
/* 求 x 的绝对值 */
float abs_value( float x )                   /* 定义函数 abs_value */
{
    if ( x < 0 )
        x = - x;
    return x;
}
```

7.5.2 函数的递归调用

在函数调用中,如果直接或间接地调用该函数本身,称为递归调用。C 语言的特点之一就在于允许函数的递归调用。递归调用有时也称为循环调用,也是程序设计的一种方法,在某些程序算法中,还必须用递归程序来描述。

1. 递归调用的形式

(1) 函数递归直接调用的形式

在下面的例子中,在调用函数 func 中,其函数体内又调用 func 函数,实现直接的递归调用。

```
int func( int x)
{
    int sum;
    …
    sum = x * func(5);                    /* 直接调用 func 函数 */
    …
    return sum;
}
```

(2) 函数递归间接调用的形式

在下面的示例中,在主调函数 func1 的函数体内调用 func2 函数,而在被调 func2 函数的函数体内又调用 func1 函数。这样,func1 和 func2 函数都是在间接调用自身,实现间接的递归调用。

```
int func1(int x)
{
    int sum;
    …
    sum = x * func2(5);                   /* 直接调用 func2 函数 */
    …
```

```
      return sum;
}
int func2(int y)
{
  int sum;
  …
  sum = y * func1(3);                /* 间接调用 func1 函数 */
  …
  return sum;
}
```

2. 递归调用应用举例

下面以求函数的阶乘为例说明函数递归的过程。

例 7.14   计算 n!（其中 n! 可表示为：n! = n(n-1)!）。

在这里利用 n(n-1)! 的值来表示 n! 的值就是一种循环定义，根据这个循环定义，可以编写一个求正整数阶乘的函数。

(7_14.c)

```
# include < stdio.h >
void main()
{
  long int fac ( int n );           /*  函数声明  */
  long int s;
  int i ;
  scanf(" % d",&i);                  /* 从键盘输入求阶乘数  */
  s = fac(i);
  printf(" % 2d!= % ld\n",i,s );
}
long int fac((int n )               /* 求阶乘 n! 的递归调用函数 */
{
  long int fa;
  if(n == 0)
   fa = 1;
  else
   fa = n * fac(n-1);               /* 采用了递归算法 */
  return fa;
}
```

对于上面的程序，若计算 4!，即求 4×3×2×1 的结果，程序的主要执行过程描述如下。

(1) 递归的表述

在递归程序中：由递归方式与递归终止条件两部分组成。在递归实现过程中，必须具有一个结束递归过程的条件，不然，会产生死循环。

n! 的递归表示：

$$\text{递归公式} = \begin{cases} 1 & (n=0, 1) \quad \text{/* 可作为递归终止条件 */} \\ n(n-1)! & (n>1) \quad \text{/* 递归方式 */} \end{cases}$$

其中，在 n = 0 或 1 时，作为递归终止条件。

(2) 递归程序的执行步骤

	调用	递归调用	返回
第一步	fac(4)	fa = 4 * fac(4 - 1) = 4 * fac(3)	fa = 4 * 3 * 2 * 1 * 1
第二步	fac(3)	fa = 3 * fac(3 - 1) = 4 * fac(2)	fa = 3 * 2 * 1 * 1
第三步	fac(2)	fa = 2 * fac(2 - 1) = 4 * fac(1)	fa = 2 * 1 * 1
第四步	fac(1)	fa = 1 * fac(1 - 0) = 4 * fac(0)	fa = 1 * 1
第五步	fac(0)	fa = 1	

递归调用是不断进行自身调用。在实际运行中,不应该无终止条件的递归调用,避免成死循环。在递归程序中,递归的调用应该是有限次数或用条件语句来控制递归调用。

例 7.15　求数组 A 中 n 个整数的和,用递归方法进行描述的子函数。

(7_15.c)

```
int sum( int n )                      /* 求和子函数,A 数组为全局变量 */
{
    int result;
    if ( n == 1 )
        result = A[0];
    else
        result = A[n - 1] + sum(n - 1);
    return result;
}
```

例 7.16　用递归的方法计算斐波那契数列。

说明：斐波那契数列的函数 Fib(n) 的定义如下：

$$Fib(n) = \begin{cases} n & n = 0, 1 \\ Fib(n-1) + Fib(n-2) & n > 1 \end{cases}$$

(7_16.c)

```
#include <stdio.h>
void main()
{
    long int Fib ( int n );           /* 函数声明 */
    long int s;
    int i ;
        scanf("%d",&i);
        s = Fib(i);                   /* 函数调用 */
    printf("Fib(%d) = %ld\n",i,s );
}
long Fib ( int n )                    /* 函数定义 */
{
    if ( n <= 1 )
        return n;
else
        return Fib (n - 1) + Fib (n - 2);
}
```

程序运行结果：

输入：6
输出结果：Fib(6) = 8
输入：4
输出结果：Fib(4) = 3

程序分析：

main 函数调用了一次 Fib 函数，然后 Fib(4) 的运行将调用到 Fib(3) 和 Fib(2)，Fib(3) 的运行将调用到 Fib(2) 和 Fib(1)，Fib(2) 的运行将调用到 Fib(1) 和 Fib(0)。在到了 Fib(1) 和 Fib(0) 后，递归循环调用结束，就有了确定的值，通过反向递推出 Fib(2) 和 Fib(3)，Fib(4) 的值，最后由 main 函数输出结果。

递归程序的应用在一个古典的数学问题——汉诺塔（Tower of Hanoi）问题上得到使用，这是一个典型的只能用递归方法求解的问题。汉诺塔问题：在古代有一个梵塔，塔内有 3 个座 A、B、C，开始时 A 座上有 64 个盘子，大小不等，大的在下，小的在上，现在需把 A 座上的盘子移到 C 座上，条件是一次只能移动一个盘子，而且不允许大盘子放在小盘子上面，在移动的过程中，可以借助 B 座进行辅助移动。其移动过程如图 7.6 所示。

在这里，如果盘子较少，可用有限的时间进行移动，如果盘子较多，移动的时间就较长。64 个盘子如果一个人一生每天都进行移动，也无法完成该项工作。

汉诺塔问题通过计算机用递归编程方法，可以很容易地实现，在这里程序省略。

虽然 C 语言编译程序对函数的递归调用的次数并不限制。但操作系统会对它作出限制，由

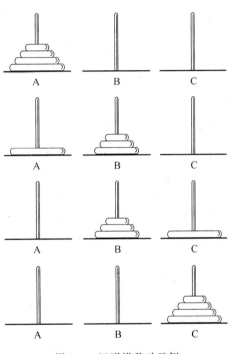

图 7.6　汉诺塔移动示例

于每次递归调用都需要额外的堆栈空间，所以过多的调用会引起堆栈溢出。此外，虽然递归程序易于理解和编写，但会影响到程序执行的效率，所以实际编程中不要过多地使用递归进行编程。

7.6　主函数 main 带参数

在 C 语言中，main 函数为主函数，程序执行时，都是从该主函数开始执行，一般情况下，该函数不带参数，但实际上，main 函数可以带参数。

main 函数的参数不像一般的函数那样被用来完成函数间的通信，它的参数是由程序设计人员在执行该程序的命令行时输入，并由操作系统传递给 main 函数，所以，main 函数的参数被称为"命令行参数"。main 函数的参数形式，即个数和类型都是固定的。

7.6.1 main 函数的带参数格式定义

main 函数的参数形式如下：

main(int argc, char ∗ argv[ ])

其中：

（1）第 1 个形参 argc 是整型变量，它存储用户从键盘输入的字符串的数目（包括可执行文件名），表示命令行中参数的个数，由于系统至少要传递给 main 函数一个运行文件名，所以 argc 的最小值是 1。

（2）第 2 个参数 ∗ argv[ ]是字符指针数组（参考第 8 章），数组中元素顺序存储用户从键盘输入的具体字符串的首地址。这些字符串的首地址构成一个字符指针数组。

7.6.2 main 函数的调用

带参数的 main 函数调用，是在执行该程序的时候进行的，它需要带哪些参数，由命令行来确定。

命令行定义形式如下：

命令名　参数 1　参数 2　…　参数 n

其中：

（1）命令名为该程序文件名。

（2）参数 1、参数 2、…、参数 n 的地址传递到 argv[ ]字符指针数组中，argv[1]存放的是参数 1 的地址、argv[2]存放的是参数 2 的地址，以此类推。argv[0]存放的是该程序文件的文件名。

例 7.17　带参数的 main 函数和命令行参数的应用。

（1）输入源程序代码，对该程序存盘，并进行程序编译，生成可执行程序文件（假如文件名为：mainexe. exe）。

```
/ ∗ 源程序代码,mainexe .c ∗ /
# include < stdio. h >
void main (int argc,char ∗ argv[])
{
  int i = 1;
  printf(" % d\n",argc);
  while( -- argc > 0)
    printf(" % s\n",argv[ i ++ ]);
}
```

（2）带命令行参数运行该程序（必须在 DOS 环境下运行）。

C:\> mainexe abc bb dddd

程序运行结果：

```
4
a  b  c
b  b
d  d  d  d
```

程序分析：

（1）C:\>为 C 盘的根目录，在该盘符下，输入：mainexe abc bb dddd

（2）输出结果的含义是：4 是 argc 输出的，表示带命令行参数有 4 个；后面的三个结果，表示三个字符串 abc、bb、dddd。

（3）如果输入：C:\> mainexe 123 23 dd 6788

其结果为多少？大家可上机验证，从而掌握带参数的 main 函数和命令行参数的应用。

7.7 函数的作用域

在程序设计中，每一个变量在使用中都有一定的作用域，即指变量的可见范围或可使用的有效范围。C 语言中所有的函数都处于同一作用域级别上。变量的作用域可以是在一个函数范围内，也可以是整个程序范围内。变量说明的方式不同，其作用域也不同。C 语言中的变量，按作用域范围可分为两种：局部变量和全局变量。

7.7.1 局部变量

在一个函数内部定义的变量称为局部变量，又称为内部变量。局部变量是在函数内或复合语句中作定义说明，其作用域仅限于定义它的函数或复合语句内部，在此函数以外或此复合语句以外是不能使用这些变量的。在函数定义时，函数的形参也是一种局部变量。各局部变量的作用域分布情况举例如下：

```
float f1( int a)                    /* 函数 f1 */
{ int b,c;
  ⋮                                 a、b、c 在 f1 中有效
}
float f2( int x, int y)             /* 函数 f2 */
{ int z,s[4];
  ⋮                                 x、y、z、s 在 f2 中有效
}

void main()                         /* 主函数 */
{ int m
char c[5];
  ⋮
{ int b;                            m、c 在此范围内有效
b = m + c[1];    /* 复合语句 */
  ⋮             b 在此范围内有效
      }
}
```

说明：

（1）各函数中定义的变量，仅在各函数内部有效。在主函数 main 中定义的变量 m、c 及 b，不因为在主函数中定义而在整个文件或程序中有效，主函数也不能使用其他函数中定义

的变量。

（2）不同函数中可以使用相同名字的变量，它们代表不同的对象，互不干扰。例如 f1 函数中定义的变量 b，与主函数 main 中复合语句定义的变量 b，它们在内存中占不同的单元，互不混淆。

例 7.18 局部变量的作用域实例。

（7_18.c）

```
#include<stdio.h>
f1()                              /*子函数 f1*/
{
    int a,b,c;
    a=10;
    b=20;
    c=30;
    printf("f1--- a=%d,b=%d,c=%d",a,b,c);
}
f2(int a,int b)                   /*子函数 f2*/
{
    int c;
    a=a+2;
    c=a+b;
    printf("f2--- a=%d,b=%d,c=%d",a,b,c);
}
void main()                       /*主函数*/
{
    int a,b,c;
    a=1;
    b=2;
    c=3;
    printf("main1--- a=%d,b=%d,c=%d",a,b,c);
    f1();
    printf("main2--- a=%d,b=%d,c=%d",a,b,c);
    f2(a,b);
    printf("main3--- a=%d,b=%d,c=%d",a,b,c);
}
```

程序运行结果：

```
main1--- a=1,b=2,c=3
f1--- a=10,b=20,c=30
main2--- a=1,b=2,c=3
f2--- a=3,b=2,c=5
main3--- a=1,b=2,c=3
```

说明：对于上面的程序，函数 f1、f2 和 main 中都定义了变量 a、b、c，它们都是局部变量，彼此之间相互独立，互不影响。

例 7.19 复合语句中的局部变量实例。

（7_19.c）

```
# include < stdio. h>
void main()
{
 int a = 1,b = 2,c = 3;
 printf("1 --- a = % d,b = % d,c = % d",a,b,c);
 {
    int a,b,c;                              /* 复合语句中的局部变量 */
    a = 10,b = 20,c = 30;
    printf("2 --- a = % d,b = % d,c = % d",a,b,c);
 }
 printf("3 --- a = % d,b = % d,c = % d",a,b,c);   /* main 中的 a、b、c */
}
```

程序运行结果：

```
1 --- a = 1,b = 2,c = 3
2 --- a = 10,b = 20,c = 30
3 --- a = 1,b = 2,c = 3
```

7.7.2 全局变量

在一个程序中,可能包含一个或若干个子函数。在函数中定义的变量是局部变量,而在函数之外定义的变量称为外部变量或全局变量。与局部变量不同,全局变量贯穿整个程序,并且可被任何一个函数使用。它们在整个程序执行期间保持有效。它的有效范围从定义变量的位置开始到源文件结束。全局变量的作用域分布情况举例如下：

```
int x = 1, y = 5;          /* 全局变量 */
float f1( int a )          /* 函数 f1 */
{ int b,c;                 a,b,c 在 f1 中有效
   ⋮
}
char c1,c2; /* 外部变量 */
float f2(int a, int b) /* 函数 f2 */
{ int z;
   ⋮                       a、b、z 在 f2 中有效
}
void main()
{ int m,n;                 m、n 的作用范围
   ⋮
}
```

全局变量 x、y 的作用范围

全局变量 c1、c2 的作用范围

x、y、c1、c2 都是全局变量,但它们的作用范围不同,在 main 函数和 f2 函数中可以使用全局变量 x、y、c1、c2,在函数 f1 中只能使用全局变量 x、y,而不能使用 c1、c2。

说明：

(1) 在一个函数中既可以使用本函数中的局部变量,又可以使用有效的全局变量。

(2) 全局变量的作用可增加各函数间数据联系的渠道。如果在一个函数中对全局变量改变其值,将影响到其他函数,相当于各个函数间有直接的传递通道。利用全局变量的特点,可在函数的返回值中,得到一个以上的返回值。

例 7.20 在一个数组中存放 n 个学生的成绩,用子函数求学生的总成绩、平均成绩、最高分、最低分。注意在子函数里是如何使用全局变量的,子函数是如何返回多个值的。

(7_20.c)

```c
#include<stdio.h>
float Max = 0, Min = 0;                      /* 全局变量 */
void main()
{
  float student(float array[], int n);      /* 函数声明 */
  float sum, ave, score[100];               /* 学生人数不能超过 100 */
  int i, x;
  scanf("%d", &x);                          /* 输入学生人数 */
  for(i = 0; i < x; i++)                     /* 输入学生成绩 */
    scanf("%f", &score[i]);
  sum = student(score, x);                  /* 函数调用 */
  ave = sum/x;
  printf("sum = %6.2f\n, ave = %6.2f\n, max = %6.2f\n, min = %6.2f\n", sum, ave, Max, Min);
}
float student(float array[], int n)         /* 函数定义 */
{
  int i;
  float s = array[0];
  Max = Min = array[0];
  for(i = 1; i < n; i++)
   { if(array[i] > Max) Max = array[i];
     else if(array[i] < Min) Min = array[i];
         s = s + array[i];                   /* 总成绩 */
   }
  return s;
}
```

程序运行结果:

```
5
78,67,89,92,60
sum = 386.00
ave = 77.20
max = 92.00
min = 60.00
```

说明: 程序在对学生成绩计算时,子函数 student 只能返回一个总成绩值,而学生成绩的最大值、最小值是通过程序的全局变量 Max、Min 来实现的。在子函数 student 中对 Max、Min 变量值的改变,在主函数中仍可使用这个已改变的值。从而可实现一个函数多个值的返回。

实践表明,定义全局变量的最佳位置是在程序的顶部。虽然全局变量增加了函数间数据联系的渠道,但是在使用中还是要注意以下问题:

(1) 全局变量不论是否需要,它们在整个程序执行期间均占有存储空间。

(2) 全局变量使函数的通用性降低了,因为函数在执行时还要依赖外部变量。如果将一个函数转移到另外一个文件中的话,就必须将函数用到的全局变量及其值都一起转移过去,而且当这些全局变量与别的文件中的变量同名时,就会出现问题,降低了程序的可靠性和通用性。结构化程序设计的原则之一是代码和数据的分离。C语言是通过局部变量和函数的使用来实现这一分离的。

（3）大量使用全局变量时，不可知的和不需要的副作用将可能导致程序错误。

C语言中允许全局变量和局部变量同名。发生这种情况时，在局部变量的作用域内，全局变量被屏蔽，全局变量不可使用；在局部变量的作用域外，局部变量不可使用，全局变量可以使用。

例7.21 全局变量与局部变量同名的实例。

（7_21.c）

```
# include < stdio. h>
int a = 1;                              /* 全局变量 */
fun1()
{
    int a = 3,b = 7;                    /* a,b 为 f1 的局部变量,其中 a 与全局变量同名 */
    printf("fun1 --- a = % d,b = % df\n",a,b);
}
fun2()
{
    int b;
    a = 20,b = 10;                      /* 对全局变量 a 赋值 */
    printf("fun2 --- a = % d,b = % df\n",a,b);
}
void main()
{
    int b;
    a = 15,b = 25;                      /* 对全局变量 a 赋值 */
    printf("main1 --- a = % d,b = % df\n",a,b);
    fun1();
    printf("main2 --- a = % d,b = % df\n",a,b);
    fun2();
    printf("main3 --- a = % d,b = % df\n",a,b);
}
```

程序运行结果：

```
main1 --- a = 15,b = 25
fun1 --- a = 3,b = 7
main2 --- a = 15,b = 25
fun2 --- a = 20,b = 10
main3 --- a = 20,b = 25
```

7.8 变量的存储类别

C语言中每个变量或函数都具有两个属性：数据类型和存储类别。数据类型规定了数据的取值范围和可参与的运算，存储类别确定了变量的生命期和作用域。

存储类别是指数据在内存中存储的方式，可以分为两大类：静态存储方式和动态存储方式。

(1) 静态存储方式,即在程序运行期间分配固定的存储单元的方式。

(2) 动态存储方式,即在程序运行期间根据需要进行动态地分配存储单元的方式。

C 语言包含 4 种存储类别：auto(自动)、extern(外部)、static(静态)、register(寄存器)。

7.8.1 自动变量

自动变量的定义形式是在变量定义的前面加上关键字 auto 或省略存储类型,如：

显式定义		隐含定义
auto int x,y;	←———等价———→	int x,y;

在 C 语言中,自动变量在分配存储单元时,按动态形式进行,对它们分配和释放存储单元的工作是由编译系统自动处理的。在调用函数或在函数定义变量时,系统会给它们分配存储空间,在函数调用结束(包括主函数)时系统就自动释放这些存储空间。

7.8.2 静态变量

静态变量的定义形式是在变量定义的前面加上关键字 static,如：

static int x,y;

静态变量是函数或文件中的永久变量,而自动变量在函数执行完毕后自动被释放,不能保留。有时,希望函数中的局部变量的值予以保留,以便下一次调用该函数时可以使用上一次调用的最后结果。这时就应该指定该局部变量为"静态局部变量"。

例 7.22 使用自动变量和静态变量的实例。

```
(7_22.c)
# include< stdio.h>
func(int i)                        /* 函数定义 */
{
 auto int a = 3;                   /* 自动变量 a */
 static int b = 3;                 /* 静态变量 b */
 a++;
 b++;
 printf("%d---a=%d",i,a);
 printf("%d---b=%d\n",i,b);
}
void main()
{
 int i;
 for(i=0;i<3;i++)
   func(i);                        /* 函数调用 */
}
```

程序运行结果：

```
0---a=4  0---b=4
1---a=4  1---b=5
2---a=4  2---b=6
```

程序分析：

(1) main 函数共调用了 3 次 func 函数,每次调用其变量 a 都输出为 4,这是因为 a 是自动变量,每次调用时系统都给 a 分配存储单元并赋初值 3,通过语句 a++,其值为 4,但每次 func 函数运行结束之后,a 的存储空间就被释放,下次调用的时候就又重新开始重复上述过程。

(2) 变量 b 只是在第一次调用函数 func 时被分配存储空间并赋初值 3,通过语句 b++,其值为 4,但每次 func 函数运行结束之后,b 的存储空间被保留,即变量 b 的值被保存,当再次调用 func 函数时,系统不再对 b 变量分配存储空间,使用上次保留的值。所以每调用一次 func 函数,其变量 b 的值就加 1。

例 7.23 用静态变量对从键盘中输入的数值进行计数。

(7_23.c)

```
# include < stdio. h>
void main()
{
 char c;
 void count();                          /* 函数声明 */
 while((c = getchar())!= ' # ')         /* 当从键盘上输入" ' # '"时循环结束 */
  if('0'< = c&&c < = '9')
    count();                            /* 判断是否是数值 */
}
void count()                            /* 函数定义 */
{
 static int n = 0;                      /* 静态变量 */
 n++;
 printf("Times is: % d\n",n);
}
```

说明：该程序使用 count 函数对从键盘中输入的数值进行计数,getchar() 读取从键盘中输入的字符,若输入的字符是数值,则调用 count() 函数,由该函数中的静态变量 n 进行计数。

7.8.3 寄存器变量

对于动态变量、静态变量,其值都是存放在内存单元中的。当在程序需要用到某一个变量时,由 CPU 中的控制器发出指令将内存中该变量的值送到运算器中进行处理,经处理后,若需要保存该运算结果,则又需从运算器将数据送到内存中去。

如果在一个程序中,频繁地使用变量,对其变量的存取需花费一定的时间,虽然目前计算机的运算速度较快,但变量的频繁使用,也将影响程序的执行效率。为了改变这种状况,C 语言允许将局部变量的值放在 CPU 中的寄存器中,需要使用时可直接从寄存器中取出参加运算,从而节约存储数据的时间。C 语言中把这种存放在寄存器中的变量称为"寄存器变量",用关键字 register 说明。如：

```
register int x;
register char c;
```

传统上,register 只使用于 int 和 char 型变量。

例 7.24 使用寄存器变量的实例。

(7_24.c)

```
# include< stdio. h>
void main()
{
  void count1();                           /* 函数声明 */
  void count2();
  count1();                                /* 调用 count1 函数 */
  count2();                                /* 调用 count2 函数 */
}
void count1()                              /* 定义函数 count1 */
{
  register int n1 = 0;                     /* 寄存器变量 */
  register int index = 1;
  while( index ++ < = 60000u)
    {
      n1 ++ ;
      printf("n1 = : % d\n",n1);
    }
}
void count2()
{
  int n2 = 0;                              /* 自动变量 */
  int index = 1;
  while( index ++ < = 60000u)
  {
    n2 ++ ;
    printf("n2 = : % d\n",n2);
  }
}
```

程序分析:

在上述程序中 count1()和 count2()完成同一功能,但是 count1()使用了寄存器变量,其运算效率要高于 count2(),因为寄存器变量的访问速度快于自动变量。

说明:

(1) 只有局部自动变量和形式参数可以作为寄存器变量,全局寄存器变量是非法的。

(2) 一个计算机系统中的寄存器数目是有限的,不能定义任意多个寄存器变量。

(3) 局部静态变量不能定义为寄存器变量,即定义"register static int x;"是非法的。

7.8.4 外部变量

静态变量的最大作用域是一个 C 语言源程序文件。如果要在 n 个文件之间互访一批变量时,就要使用外部变量。

自动变量是定义在函数之内的变量,而外部变量是在函数的外部定义的全局变量,它的作用域是从变量的定义处开始,到本程序文件的末尾。在此作用域内,全局变量可以为程序中各个函数所引用。编译时将外部变量分配在静态存储区。

有时需要用 extern 来声明外部变量,以扩展外部变量的作用域。

例 7.25 用 extern 声明外部变量,扩展它在程序文件中的作用域。

(7_25.c)

```
# include < stdio. h>
void main()
{
  void max(int x,int y);
  extern int A,B;                           /* 外部变量声明 */
  printf("% d\n", max(A,B));
 }
int A = 13,B = - 8;                          /* 定义外部变量 */
void max(int x, int y)                       /* 定义 max 函数 */
{
  int z;
  z = x > y?x:y;
  return z;
}
```

7.9 文 件 程 序

在前面所描述的 C 程序中,一个程序就是一个文件。但在实际软件编程中,一个较大的应用程序,可由多个 C 程序文件组成,每个程序文件完成一定的功能,利于多人分工合作。所以,在大型软件的设计中,需要使用内部函数和外部函数的概念。

从本质上说,函数是全局的,因为该函数要被另外的函数所调用。但根据函数能否被其他源文件中的函数调用,可以将函数分为内部函数和外部函数。内部函数表示是可以被本文件中的其他函数调用的函数;外部函数表示除了可以被本文件中的其他函数调用外,还可以被其他文件中的函数调用的函数。

7.9.1 内部函数

根据内部函数的特点,在定义内部函数时,只需在函数名和函数类型的前面加 static。即:

static 类型标识符 函数名(形参列表)

例如:

```
static int max(int a, int b)
static float func(int s[3],int n)
```

内部函数也是静态函数。当一个函数被定义为内部函数时,这个函数就被局限在本源文件中了,其他文件中的函数不能调用该文件。由于其他文件不能调用该文件,所以,在其他文件中可以使用相同的函数名,使两个同名的函数间互不干扰。这在大型软件的编写中,不同的编程人员可以分别编写不同的函数,而不必担心所用函数是否与别的文件同名。

例如：

```
/* file1.c */
# include < stdio.h >
static void func(void);              /* 内部函数的声明 */
void main()
{
  …
}
static void func(void)               /* 内部函数的定义 */
{
  …
}


/* file2.c */
# include < stdio.h >
void func(void);                     /* 函数的声明 */
void main()
{
  …
}
static void func(void)               /* 函数的定义 */
{
  …
}
```

在上面的例子中，file1.c 中定义了一个内部函数 func，在 file2.c 中也定义了一个函数 func，虽然两个函数名相同，但两者互不相关。

7.9.2 外部函数

如果在定义函数时使用 extern 关键字，则表示该函数为外部函数，定义的一般形式如下：

extern 类型标识符 函数名(形参列表)

例如：

extern int max(int a, int b)
extern float func(int s[3], int n)

在 C 语言编译系统中，一般都可以省略关键字 extern。也就是说，只有在进行函数定义时，没要使用关键字 static 将所定义的函数指明为内部函数，那么，C 语言编译系统就把它视为外部函数。

外部函数的特征是可以被其他源程序文件中的其他函数调用。一般当函数调用语句与被调函数不在同一个源文件，且函数的返回值为非整型时，应该在调用语句所在函数的说明部分用 extern 对所调用的函数进行函数说明。

例 7.26 把一串英文字符密码译成明文，即 A 译成 B、B 译成 C、…、Z 译成 A。使用外部变量的实现。

(7_26.c)

```
/* file1.c */
# include< stdio. h>
# include"file2.c"                        /* 把 file2 包含进程序 */
extern void mima(char str[]);             /* 外部函数的声明 */
void main()
{
 char c[81];
 gets(c);
 putchar('\n');
 mima(c);
}

/* file2.c */
# include< stdio. h>
# include< string. h>
void mima(char str[])                     /* 函数的声明 */
{
 char c;
 int i = 0;
 while(str[i])
  if(isalpha(str[i]))                     /* 调用函数判断 str[i]中是否是小写字母 */
   { c = tolower(str[i]);                 /* 调用函数判断把大写字母转换成小写字母 */
     c = (c - 'a' + 1) % 26 + 'a';
     putchar(c);
     i ++;
   }
}
```

7.10   常见编程错误和编译器错误

在使用本章介绍的内容时,应注意下列可能的编程错误和编译器错误。

7.10.1   编程错误

(1) 传递不正确的数据类型。当调用函数时,传递给它的值必须与这个函数声明的参数一致。

(2) 从函数返回的数据类型与函数首部行中指定的数据类型不符。

(3) 遗漏被调函数的原型。被调函数必须被告知要返回的数值的类型和所有参数的类型,这些信息由函数原型提供。

(4) 使用已经被用做全局变量的变量名称作为局部变量的名称。在一个函数内声明它,局部变量的使用只能影响局部变量的内容。因此,全局变量的数值从不会被这个函数改变。

7.10.2   编译器错误

与本章内容有关的编译器错误如表 7.1 所示。

表 7.1 第 7 章有关的编译器错误

序号	错误	编译器的错误消息
1	用一个分号终止函数首部行	error：missing function header
2	传递不正确的参数个数到函数	error c2660：function does not take…arguments
3	没有函数原型	error：identifier not found even with argument-dependent lookup error c2365：redefinition；previous definition was a 'forerly unknown identifier'
4	改变在函数原型和函数首部之间的参数数据类型	error：unresolved external symbol referenced in function fatal error：unresolved externals
5	使用一个是语法保留字的函数名	error：identifier not found，even with argument-dependent lookup

小　结

本章从函数的概念入手,介绍了函数的定义、函数的调用、函数的返回值,并逐步理解和掌握函数设计方法。在 C 语言程序设计中,通过函数的设计使程序的设计方法更加的丰富及复杂,本章主要包括以下内容:

(1) 函数定义方式。

(2) 函数参数传递。

(3) 函数返回值。

(4) 函数调用形式。

(5) 函数声明。

(6) 函数的嵌套调用与递归调用。

(7) 函数的作用域。

(8) 变量的存储类别。

习　题

7.1　选择题

7.1.1　在一个 C 语言程序中,较完整的描述是(　　)

A. 由主程序与子程序构成　　　　　　B. 由多个主函数与多个子函数构成

C. 由主函数与子函数构成　　　　　　D. 由一个主函数与多个子函数构成

7.1.2　C 语言在程序开始执行时,其正确的描述是(　　)

A. 由编写程序语句的顺序格式执行　　B. 在主函数 main()开始处执行

C. 在第一个子函数处执行　　　　　　D. 由人随机选择执行

7.1.3　下列有关函数错误的描述是(　　)

A. C 语言中允许函数嵌套定义

B. C 语言中允许函数递归调用

C. 调用函数时,实参与形参的个数、类型需完全一致

D. C 语言函数的默认数据类型是 int 类型

7.1.4　在 C 语言中,各个函数之间具有的关系是(　　　)

A. 不允许直接递归调用,也不允许间接递归调用

B. 允许直接递归调用,不允许间接递归调用

C. 不允许直接递归调用,允许间接递归调用

D. 允许直接递归调用,也允许间接递归调用

7.1.5　在 C 语言中,函数的返回值的类型是由(　　　)

A. C 语言的编译程序,在程序编译时决定

B. 由调用该函数的主调函数所决定

C. 由 return 语句的表达式的类型所决定

D. 由定义该函数时指定的函数类型所决定

7.1.6　当调用函数时,如果实参是一个数组名,则向函数传送的是(　　　)

A. 数组的首元素　　　　　　　　B. 数组的首地址

C. 数组每个元素的地址　　　　　D. 数组每个元素中的值

7.1.7　对于以下程序,不正确的叙述是(　　　)

```
# include < stdio. h>
void f( int n);                    /* 函数声明 */
void main( )
{   void f( int n);                /* 函数声明 */
f(5);                              /* 函数调用 */
}
void f( int n)
{   printf("% d\n",n); }
```

A. 若只在主函数中对函数 f 进行声明,则只能在主函数中正确调用函数 f

B. 要求函数 f 无返回值,所以可用 void 将其类型定义为无值型

C. 在主函数前对函数 f 进行声明,则在主函数和其后的其他函数中都可以正确调用函数 f

D. 对于上面程序的声明,编译时系统会提示出错信息: 提示对 f 函数重复声明

7.1.8　以下程序的输出结果是(　　　)。

```
long fun( int n)
{
long s;
if(n==1 || n==2) s=2;
else s=n-fun(n-1);
return s;}
void main( )
{ printf("% ld\n", fun(3)); }
```

A. 1　　　　　　　B. 2　　　　　　　C. 3　　　　　　　D. 4

7.1.9　以下程序执行后输出的结果是(　　　)。

```
int f1( int x,int y)
{        return x>y?x:y; }
```

```
int f2(int x,int y)
{       return x>y?y:x; }
main()
{ int a=4,b=3,c=5,d,e,f;
  d=f1(a,b); d=f1(d,c);
  e=f2(a,b); e=f2(e,c);
  f=a+b+c-d-e;
  printf("%d,%d,%d\n",d,f,e);
}
```

A. 3,4,5   B. 5,3,4   C. 5,4,3   D. 3,5,4

7.1.10　设有以下函数；

```
f(int a)
{   int b=0;
   static int c=3;
   b++;c++;
   return(a+b+c);
}
```

如果在下面的程序中调用该函数,则输出结果是( )。

```
void main()
{   int a=2, i;
   for(i=0;i<3;i++) printf("%d\n",f(a));
}
```

a)	b)	c)	d)
7	7	7	7
8	9	10	7
9	11	13	7

A. a)   B. b)   C. c)   D. d)

7.1.11　以下程序的输出结果是( )。

```
int x=3;
void main()
{ int i;
  for(i=1;i<x;i++) incre();
}
incre()
{ static int x=1;
  x*=x+1;
  printf("%d",x);
}
```

A. 3　3   B. 2　2   C. 2　6   D. 2　5

7.1.12　以下程序中的函数 reverse 的功能是将 a 所指数组中的内容进行逆置。程序运行后的输出结果是( )。

```
void reverse(int a[],int n)
```

```
{ int i,t;
  for(i = 0;i < n/2;i + + )
    {t = a[i];a[i] = a[n - 1 - i];a[n - 1 - i] = t;}
}
void main( )
{ int b[10] = {1,2,3,4,5,6,7,8,9,10}; int i,s = 0;
  reverse(b,8);
  for(i = 6;i < 10;i + + ) s + = b[i];
  printf(" % d\n",s);
}
```

A. 22   B. 10   C. 34   D. 30

7.1.13　以下程序运行后的输出结果是(　　)。

```
♯ include < string. h >
void f(char p[ ][10],int n)
{ char t[20]; int i,j;
  for(i = 0;i < n - 1;i + + )
    for (j = i + 1;j < n;j + + )
      if(strcmp(p[i],p[j])< 0)
        { strcpy(t,p[i]);strcpy(p[i],p[j]);strcpy(p[j],t);}
}
void main( )
{ char p[ ][10] = {"abc","aabdfg","abbd","dcdbe","cd"}; int i;
  f(p,5); printf(" % d\n",strlen(p[0]));
}
```

A. 6   B. 4   C. 5   D. 3

7.2　填空题

7.2.1　在 C 语言中,除主函数外,其子函数分为_____、_____两类。

7.2.2　变量在程序使用中,其作用域可分为_____变量和_____变量。

7.2.3　以下函数用以求 x 的 y 次方,请补充填空。

```
double fun ( double x , int y )
{ int i; double z;
for ( i = 1 ; i _____ ; i + + )
z = _____;
return z;
}
```

7.2.4　以下程序的功能是计算 $s = \sum\limits_{k=0}^{n} k!$,请补充填空。

```
long f( int n)
{ int i; long s;
  s = _____;
  for(i=1; i < = n; i + + )
    s = _____;
  return s;
main( )
{ long s; int k,n;
```

```
scanf(" % d",&n);
s = _____ ;
for(k = 0; k < = n; k + + )
   s = s + _____ ;
printf(" % d",s));
}
```

7.3 编程题

7.3.1 编写一个函数,其功能是判断一个数是否是素数,是返回1,不是返回0。

7.3.2 编写一个函数,其功能是计算二维数组每行之和以及每列之和。

7.3.3 编写一子函数,在100~999中打印出所有的"水仙花数"。所谓"水仙花数"指一个三位数,其各位数字立方和等于该数本身。例如:153是一"水仙花数",因为153 = $1^3 + 5^3 + 3^3$。

7.3.4 从键盘上输入多个单词,输入时各单词用空格隔开,用"♯"结束输入。现编写一个子函数,把每个单词的第一个字母转换为大写字母,其主函数实现单词的输入。

7.3.5 编写函数 fun(char str[20], int num[10]),它的功能是:分别找出字符串中每个数字字符(0,1,2,3,4,5,6,7,8,9)的个数,用 num[0]来统计字符0的个数,用 num[1]来统计字符1的个数,……,用 num[9]来统计字符9的个数。字符串由主函数从键盘读入。

第8章 指 针

C 语言的优点之一是它允许程序员访问程序使用的地址。程序利用这些地址可跟踪保存数据和指令的地方。到目前为止,大家已经在调用 scanf()函数和传递所引用的参数中使用了地址。地址在处理数组、字符串等数据类型时也是非常有用的。

指针是 C 语言的一个重要特色,指针的实质是把指针变量的值作为地址使用。指针可以用来有效地表示复杂的数据结构,能动态分配内存,方便地使用字符串,有效而方便地使用数组,在调用函数时能获得 1 个以上的结果,能直接处理内存单元地址等。但是,不恰当地使用指针也会使程序出现问题,导致一些难以理解的错误。

8.1 指针与指针变量的概念

8.1.1 指针的概念

在计算机中,所有的数据都是存放在存储器中的。不同的数据类型所占用的内存单元数不等。为了正确地访问这些内存单元,必须为每个内存单元编号(即地址)。根据一个内存单元的地址即可准确地找到内存单元,通常把内存单元的地址称为指针。

内存单元的指针和内存单元的内容是两个不同的概念。可以用一个通俗的例子来说明它们之间的关系。如果到银行去存取款时,银行工作人员将根据存款人的账号去找他们的存款单,找到之后在存款单上写入存款、取款的金额。在这里,账号就是存款单的指针,存款数是存款单的内容。对于一个内存单元来说,单元的地址即为指针,其中存放的数据才是该单元的内容。

8.1.2 指针变量的概念

1. 指针变量

指针描述的是存储器中存储单元的地址,它是一个整数数值。在 C 语言中,允许用一个变量来存放该地址值,即存放指针,这种变量就称为指针变量。因此,一个指针变量的值就是某个存储单元的地址或称为某存储单元的指针。指针变量与前面所描述的整型变量、字符变量、实型变量等有所不同,不能用来存放一般普通的数据,只能存放存储单元的地址,如图 8.1 所示指针变量 p,其存储的内容就是变量 i 的地址值 2000。由于指针变量与普通变量有一定的关系,要正确地使用指针变量,就必须理解普通变量在存

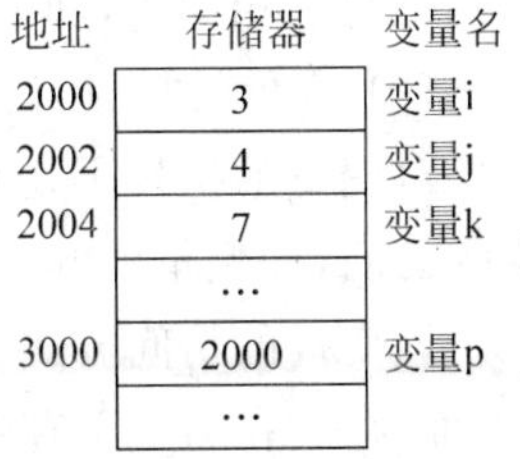

图 8.1 变量在内存的分布情况

储器中的储存空间分配及访问方法,基本数据类型所占存储空间的字节数详见表 2.2。例如:

```
int i,j,k;
int * p;                /* 指针变量定义 */
i = 3;
j = 4;
k = i + j;
p = &i;                 /* 指针变量赋值 */
```

假设变量 i 的存储器编号地址为 2000,变量 i、j、k 为整型变量,占两个字节,各变量存储器地址如图 8.1 所示。其中 p 为指针变量,在存储器中仍然给它分配存储空间,该存储单元的值为变量 i 的地址。

2. 变量的操作方式

在 C 语言中,只要定义变量,计算机就在存储器中分配存储空间,就可以对该变量进行操作,其操作的方式主要有两种。

(1) 变量的"直接访问"方式

在前面章节中,所有对变量的操作是直接通过变量名进行的,即"直接访问"方式。

"直接访问"方式的操作原理为:

在存储器中,定义的每一个变量在存储器中都有一个对应的地址,对变量值的存取是通过存储器编号(地址)进行的。在这里已没有 i、j、k 变量名,其变量名只是一种对应的地址关系。在实际程序操作中,对变量的"直接访问"方式,只须给出变量名,计算机就可找到所需变量名的地址,不需要人工来考虑变量在存储器中的位置。例如:

```
printf(" % d", i);
```

的执行过程为:根据变量名与地址的对应关系,计算机自动找到变量 i 的存储器单元编号(地址)为 2000,然后从由 2000 开始的两个存储器单元中取出数据,把它输出(值为 3)

```
scanf(" % d",&i);
```

的执行过程为:根据键盘输入的值,计算机自动找到变量 i 的存储器单元编号(地址)2000,其值送到由 2000 开始的两个字节的存储单元中。

```
k = i + j;
```

的执行过程为:根据变量名与地址的对应关系先找到变量 i 的地址 2000 和变量 j 的地址 2002,然后从由 2000 开始的地址中取出数据值(3),从由 2002 开始的地址中取出数据值(4),把它们相加后,和值(值为 7)送到变量 k 的地址 2004 存储单元中。

(2) 变量的"间接访问"方式

对变量的操作不是直接通过变量名进行,而是通过其他变量间接的操作来实现对该变量的访问,即变量的"间接访问"方式。

该变量的访问方式与变量的"直接访问"方式的最大区别是将变量 i 的存储单元编号(地址)存放在另一个存储单元中。由该存储单元的值作为访问变量 i 的地址,然后由该地址来实现变量 i 的操作。"间接访问"方式的操作原理为:

- 先定义一个存放 i 地址单元的变量 p（该变量的存储单元编号设为 3000），然后把 i 变量的地址值 2000，存放在 3000 单元中，见图 8.1 中 p 变量。
- 从 3000 存储单元编号中取出其值 2000，该值就是变量 i 的存储单元编号（地址），然后通过该存储单元编号地址（2000），找到变量 i，就可用来存取变量 i 的值。因为变量 i 的存储单元地址就是 2000。

3. 指针变量的引入

在 C 语言中，为了实现这种"间接访问"方式，专门定义了一种指针变量来存储这种地址，用于实现变量的"间接访问"。用来存放其他所需要操作变量（如整型、实型、字符型等）的地址，用该变量来"间接访问"其他变量的值，这种变量就称为"指针变量"，指针变量所指向的那个需要操作的变量有时被称为"指针的对象"，有时简称"对象"。其中图 8.1 的 p 变量，就是一个整型指针变量。因此，一个指针变量的值就是某个存储单元的地址，即某存储单元的指针。指针与指针变量的区别如下：

- 一个指针是一个地址，是一个常量，一个固定的值。
- 而一个指针变量，跟普通变量一样，需要定义，可以赋予不同的指针值，同时还可以进行相应运算操作，但它的作用只能为其他变量作"间接访问"操作。

4. 指针变量的操作描述

如果 p 为一个指针变量，可以把变量 i 的地址 2000 放在指针变量 p 中，这样指针变量 p 就与变量 i 建立了联系，通过操作指针变量 p，就可以达到对变量 i 的"间接访问"。变量 i 也称为指针的对象。它们之间的关系如图 8.2 所示。

图 8.2　指针变量与普通变量的关系

说明：指针变量的值是一个地址，即该值是其他变量的地址值（只能是一个整数），这个描述的地址不仅可以是变量的地址，也可以是数组或其他数据结构的地址。数组在内存中是连续存放的，只要指针与数组建立了联系，通过访问指针变量就可取得数组的地址，也就可以操作该数组，这样，凡是在需要操作数组的地方都可以用一个指针变量来表示，只要为指针变量赋予数组的首地址即可。所以，指针变量可以对变量、数组、结构体等数据类型进行操作。

8.2　指针变量的定义和引用

8.2.1　指针变量的定义

要使用指针变量，跟普通变量一样，必须先进行定义，然后才可以使用。

1. 指针变量的定义

指针变量的一般定义形式为：

类型标识符　＊指针变量名；

- "类型标识符"跟前面普通变量类型标识符所用的符号一样，但它表示定义该指针变量所指向变量(即指针对象)的类型。如果要对整型变量进行操作,即指针对象为整型,则定义该指针变量时的类型标识符就为 int。

- "∗"为定义指针变量的专用符号,表示该变量名为指针变量。
- "指针变量名"为用户所取的变量名。

例如:下面定义了三种类型的指针变量:

```
int    * pi;
char   * pc;
float  * pf;
```

pi 为整型指针变量,pc 为字符型指针变量,pf 为浮点型指针变量,它们分别为整型变量、字符型变量、浮点型变量进行操作服务,实现对该变量的"间接访问"。

2. 指针变量对普通变量的间接访问

指针变量对普通变量的"间接访问"具体操作步骤实例如下:

(1) 定义变量

```
int i;
char c;
float f;
```

(2) 定义指针变量

```
int    * px, * py;
char   * pc;
float  * pf;
```

(3) 指针变量与普通变量建立联系,实现变量的"间接访问"

```
px = &i;              /* px 已指向了变量 i */
pc = &c;              /* pc 已指向了变量 c */
pf = &f;              /* pf 已指向了变量 f */
```

这样,指针变量 px、pc、pf 就分别跟变量 i、c、f 建立了联系,指针变量中的内容即为 i、c、f 变量的地址。通过对这些指针变量的操作,就可以对 i、c、f 变量进行"间接访问"操作了。

8.2.2 指针变量的引用

定义好指针变量后,如果需要使用指针变量,就必须对指针变量进行引用,其"引用"的实质,就是通过指针变量获取其他变量、数组的地址,从而实现对变量、数组的操作。为了对指针变量进行引用,在 C 语言中,需要使用与指针有关的两个运算符 "&"、"∗"来进行操作。

1. 指针运算符"&"、"∗"的含义

(1) & ——取地址运算符,其功能是取得变量的存储地址。它的用法是放在要取地址的变量的前面。如:&i 的意义是取变量 i 的存储地址,对指针变量赋地址值可使用该方法,这样指针变量就与其他变量建立了联系。例如:

```
int * p;              /* 定义整型指针变量 p */
int i;
p = &i;               /* 对指针变量 p 赋地址值,使 p 指向变量 i */
```

(2) * ——间接引用运算符,返回指针变量所指向变量中的值。它的用法是放在指针变量的前面,用该运算符可实现指针变量对其他变量的间接访问。例如:

```
int * p;              /* 定义整型指针变量 p */
int i;
p = &i;               /* 指针变量 p 赋地址值 */
* p = 3;              /* 对指针内容赋值,相当于对变量 i 的操作,i 赋值为 3 */
```

说明:

① "int * p;"中" * "为定义指针变量 p," * p = 3;"中" * "为间接引用运算符,相当于用指针变量 p 实现对变量 i 的赋值。

② 指针变量中存放的是其他变量的地址,该地址值不能通过简单的赋值方式来进行,即指针变量的赋值不能将一个整型量直接赋给指针变量。如"p = 2000;"就是错误的描述方式,但有一个例外:

```
p = NULL;
```

其中,NULL 为空地址,值为 0。下面是一些正确的语句描述:

```
int i, * px, * py;
char c, * pc;
float f, * pf;;
px = &i;
py = px;                          /* 把指针变量 px 的地址值直接赋值给指针变量 py */
* px = 20;    * pc = 's';    * pf = 12.3; /* 相当于对变量 i、c、f 进行赋值 */
```

2. " * "运算符与"&"运算符的特点

(1) 优先级别相同,并且都具有"右结合性"。" * "和"&"是两个互逆的操作,当这两个操作符碰在一起时,其作用相互抵消。例如" * &i = 3"与"i = 3"效果完全相同,其操作方式如下:

• 由于是"右结合"方式,先执行 &i,它表示 i 的地址。
• 然后执行 *(i 地址),它表示变量 i 的内容。

(2) " * "与"&"的组合使用,例如:

```
int  a, * p;
p = &a;
```

其组合操作方式有两种:

① & * p 操作——因 p 指向 a 变量, * p 表示 a 变量的内容,所以 * p 为 a 变量,那么,& * p 与 &a 相同,都表示 a 变量的地址。

② * &a——因 &a 为 a 的地址,其中 p 也指向 a 变量,表示 a 的地址,那么, * &a 与 * p 相同都表示 a 变量的内容。

例 8.1 用变量及指针变量分别进行数据的输入及输出。
(8_1.c)

```
#include<stdio.h>
void main()
```

```
{
    int   a,b,c;
    int  * p1, * p2, * p3 = &c;            /* 指针变量的定义 */
    a = 5 ; b = 20 ;
    scanf(" % d",p3);                      /* 用指针变量实现对 c 变量的数据输入 */
    p1 = &a ;    p2 = &b ;
    printf( "(1) -- % d, % d, % d\n",a,b,c);
    printf( "(2) -- % d, % d, % d\n", * p1, * p2, * p3);
    p1 = p2;                               /* 指针与指针之间赋值 */
    printf( "(3) -- % d, % d\n", * p1, * p2);
    * p1 = 2;
    printf( "(4) -- % d, % d\n",a,b);
}
```

程序运行结果：

```
输入：   10
输出：   (1) -- 5,20,10
        (2) -- 5,20,10
        (3) -- 20,20
        (4) -- 5,2
```

程序分析：

(1)、(2)结果是一样，一个是用变量输出，另一个是用指针变量的间接方式输出；(3)的结果是两个指针变量指向同一个变量 b，其结果一样；(4)的结果是变量 b 的值已变为 2，因为先执行了"* p1 = 2;"语句。

8.3 指 针 运 算

指针的本质是一个地址，指针变量存放的是地址，其运算具有一些特殊的性质，不能用普通变量的运算规则来处理指针变量的运算。初学人员要特别注意此点，因为对指针变量运算后，它有可能指向不同的变量。在存储器中，就有可能访问到其他存储单元，得出不同的结果或严重时造成死机。在对指针变量的运算操作中，要特别注意指针变量在存储器中移动的字节数。

8.3.1 单个指针变量的运算

单个指针变量主要进行加、减算术操作，包括 + 、− 、++ 、−− 运算符。每加(减)一，就指向基本数据类型(整型、实型、字符型等)的下一个(上一个)元素的位置。例如：

```
int a,b,c,d, * p;             /* 定义了 3 个整型变量,一个指针变量 */
p = &b;                       /* 指针变量 p 指向 b */
p++; (或 p = p + 1; )          /* 通过运算,指针变量指向下一个变量 c */
```

即，p 指向 c 变量，相当于把 c 变量的地址赋值给指针变量 p，即执行了"p = &c;"。如果"p++"改为"p−−"，则相当于执行了"p = &a;"，p 指向 a 变量。例如：

```
int   a,b,c,d, * p;
```

```
p = &a;
p = p + 2;
```

使 p 指向 c 变量,即"p = &c;",又如:

```
float  x,y,z, * p2;
p2 = &x;
p2 = p2 + 2;
```

使 p2 指向 z 变量,即"p2 = &z;"。

8.3.2 两个指针变量之间的运算

1. 两个指针变量之间的算术运算

两个指针变量之间的算术运算只能在同一种指针类型中进行。主要包括" + "、" - "运算符,但两个指针变量之间的运算,通常只有减法运算,所得之差是两个指针变量之间相差的元素个数。例如:

```
float x,y, * f1, * f2, * f3;
int a[20], * p1, * p2,n;
f1 = &x;    f2 = &y;              /* f1 和 f2 指向两个不同的变量 x、y */
p1 = &a[1]; p2 = &a[15];          /* p1 和 p2 指向同一个数组的不同的数组元素 */
f3 = f1 + f2;                     /* 无意义 */
f3 = p1;                          /* 错误,指针类型不同 */
n = p2 - p1;                      /* 相差的个数,其值为 14 */
```

说明:对于两个指针变量之间的加法运算,是无意义的,上面指针变量 f3 就无法表示指向哪一个变量。而两个指针变量之间的减法运算是可行的,表示两个指针变量之间相差的距离,即相差元素的个数,其中 n 表示的就是 a[1] 与 a[15] 元素之间相差的个数。

2. 两个指针变量之间的逻辑运算

(1) 两个指针变量之间的关系运算

主要包括">"、">= "、"<"、"<= "、" == "、"! = "运算符,可表示两个地址之间的前后关系,以及两个地址之间是否相同,即表示是否为同一个地址。例如,设 p1 和 p2 是指向同一整型数组的两个指针变量,其定义表示为:

```
int a[20], * p1, * p2;
p1 = &a[1];   p2 = &a[15];
```

则两个指针变量可进行如下的操作:

```
p1 == p2;    表示 p1、p2 是否指向同一数组元素地址
p1 > p2;     表示 p1 比 p2 的地址值大,处于高地址位置
p1 < p2;     表示 p1 比 p2 的地址值小,处于低地址位置
p2 - p1;     表示 p1 与 p2 之间数组元素的差值
```

(2) 两个指针变量之间的逻辑运算

主要包括"&&"运算符和"||"运算符,但对两个地址之间的操作无意义。

8.3.3 空指针的操作

定义一个指针变量后,没有使其指向一个确定的地址,这个指针变量称为空指针。在实

际操作中,当使用空指针时,其结果是不可预料的,是危险的。

在程序中,判断空指针变量可以与"0"比较。设 p 为指针变量,如有 p==0 成立,表明 p 是空指针,它不指向任何变量;如有 p!=0 成立,表明 p 不是空指针。

空指针可由对指针变量赋予 0 值而得到。即:

```
#define  NULL  0
int * p = NULL;                              /*表明 p 是空指针*/
```

8.4 指针与数组

8.4.1 指针变量与数组的关系

指针变量和数组有着密切的关系,任何能由数组下标完成的操作都可用指针变量来实现,所以指针变量在数组中的应用是 C 语言程序设计中指针的主要用途之一,可使程序代码更紧凑、更灵活。

数组是同一类型变量组成的有序集合,而指针变量专门用来存放其他变量的地址,一个变量有一个地址,一个数组包含若干个元素,每个数组元素都在内存中占用存储单元,都有一个地址。指针变量可以指向变量,它同时可以指向数组或数组元素。当一个指针变量指向某一数组时,在对该数组元素的存取方式上,通过数组的下标与通过数组指针的运算访问数组元素是十分相似的。

实际上,定义一个数组,数组名就是一个指针,是一个地址,表示数组的首地址,如图 8.3 中的 a,但它是一个固定值,一个常量,不能进行运算,它永远指向数组的首地址。如果用指针变量,即通过指针变量指向数组,其指针变量值可以运算,改变它的值可指向不同的数组元素,如图 8.3 中的 p。数组名永远只能指向数组首地址,而指针变量可以运算、移动地址。

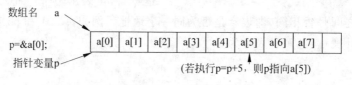

图 8.3 数组名、指针变量与数组元素的关系

在图 8.3 中,当 p 初始指向 a[0]元素时,如果执行"p=p+5;",则 p 的地址指向 a[5]元素,如果执行"*p=6;",就是对 a[5]赋值为 6,即"a[5]=6;"。所以,用指针变量可以对数组进行操作。

8.4.2 数组中的指针操作

对数组元素的访问,可用第 6 章介绍的下标法。由于通过指针变量可以对变量进行操作,所以,通过指针变量也可以对数组元素进行操作。在对数组的操作中,有下标法及指针法两种方法。

1. 下标法

在数组操作中,对数组元素的访问直接使用数组的下标方式进行,例如:

```
int  a[10];
a[3] = 4;
```

数组的下标法使用方式,是通过对数组定义后,一般运用一个整型变量来描述和操作数组的下标,实现对数组元素的操作,此方法简单、直观。

2. 指针法

指针法就是应用指针的概念或定义一个指针变量来操作数组元素。在程序设计中,指针变量与数组就必须建立联系,具体操作方式如下。

(1) 数组及指针变量的定义

```
int  a[5];                    /*定义5个数组元素*/
int  *p;                      /*定义一个整型的指针变量*/
```

(2) 指针变量赋值,建立指针变量与数组的联系

```
 p = &a[0];                   /*p指向数组a的首地址*/
```

或 p = a;   /*仍指向数组的首地址*/

其中,数组名a代表该数组的首地址。

(3) 使用指针变量对数组进行操作

```
 *p = 2;                      /*表示对a[0]赋值为2,即a[0] = 2;*/
p = p + 2;  *p = 3;           /*表示对a[2]赋值为3,即a[2] = 3;*/
```

以上代码中,指针与数组元素的关系如图 8.4 所示,通过对指针变量 p 的使用,可以实现对数组 a 的操作。在实际操作中,指针变量的运算与操作,对数组的操作有较大的影响,主要是指针变量通过运算后,可以指向不同的数组元素,所以在用指针变量对数组的操作中,必须弄清楚指针变量到底是指向哪一个数组元素。

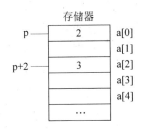

图 8.4　指针与数组元素的关系

另外,在用指针法对数组的操作中,需清楚两个概念:

- 数组的指针:是指数组的起始地址(指的是第一个元素的地址,即 a[0] 的地址)。
- 数组元素的指针:是指某个数组元素的地址。

8.4.3　指针变量对一维数组的操作方式

1. 指针变量在数组操作中的运算方式

由于指针变量可以实现对数组的操作,只要建立好指针变量对数组的操作关系,就可以实现操作数组。但在实际操作中要注意,在用指针变量对一维数组进行操作时,还需要使用和掌握指针在数组中的几种运算方式。指针变量在对数组操作中的运算方式主要包括如下几种。

(1) 如果 p 的初值为 p = &a[0],则进行如下操作:

- p + i 和 a + i 就是表示 a[i] 的地址。

- ＊（p＋i）或＊（a＋i）就是对 a[i]元素的操作。

（2）指向数组的指针变量也可以自己带下标，它们的等价关系如下。

＊（a＋i）表示对 a[i]元素的操作，有＊（a＋i）与 a[i]等价；相似原理＊（p＋i）与 p[i]等价，由于＊（p＋i）能对 a[i]元素进行操作，故，p[i]的操作与 a[i]的操作等价。所以，在数组操作中，引用一个数组元素，可用下标法，即 a[i]的形式；也可以用指针法，即＊（a＋i）、＊（p＋i），以及 p[i]。

（3）如果 p 的初值为 p＝&a[0]，则，

如果 p 指向一维数组 a，即"int a[10]；＊p＝a；"，则其指针变量运算结果如下：

```
p++;或 p+=1;      /* p 指向下一数组元素,即 a[1] */
* p++;            /* 先得到指针变量 p 所指向的变量的值(即 * p),然后再使 p+1→p * /
* (p++);          /* 先取 * p 值,然后使 p 加 1 * /
* (++p);          /* 先使 p 加 1,再取 * p 值 * /
p = &a[0];
* (p++);          /* 值为 a[0]的值,p 要加 1,指向 a[1] * /
* (++p);          /* 先使 p+1,值为 a[1]的值,p 指向 a[1] * /
( * p)++;         /* 其结果为: 先取出 p 值,然后该值加 1,即 p 所指向的元素值加 1; 实现 a[0]元
素值加 1.注意 p 仍然指向 a[0],指针变量 p 地址没有发生变化 * /
```

如果 a＋i 是数组元素 a[i]的地址，即&a[i]，那么，p＋i 和 a＋i 都可表示 a[i]的地址，指向数组的第 i 号元素。其中，＊（p＋i）和＊（a＋i）可表示 a＋i 所指对象的内容，即数组元素的值；描述某个数组元素的值时，＊（p＋i）、＊（a＋i）、a[i]、p[i]是等价的。

2. 一维数组中的几种操作方式

（1）数组元素的几种表示方法

假设有

```
int a[10], * p = a;
```

对数组元素的几种表示方式，如图 8.5 所示。

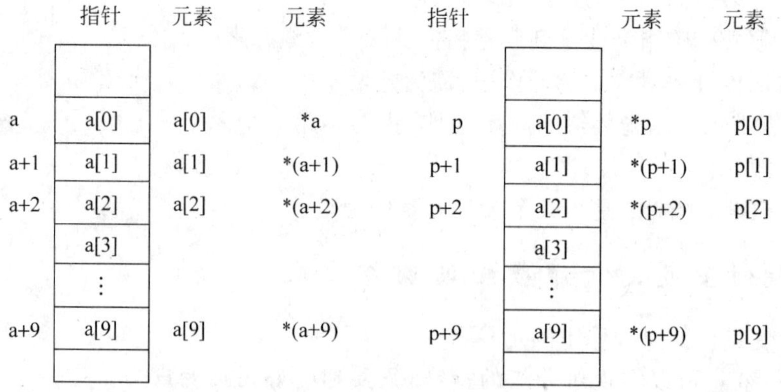

图 8.5　数组元素的几种表示方式

根据上图对数组元素的几种表示方式，可以得出一维数组元素的等价表示关系如下，

a[i]⟺p[i]⟺＊（p＋i）⟺＊（a＋i）

（2）在程序设计中数组元素的几种操作方法

在对一维数组元素的操作中，可以通过数组的下标，也可以通过指针变量的运算操作实现对数组元素的访问。

数组操作的几种方式如下所示（注意比较它们的特点）。

① 下标法

```
int   a[10];
int   i;
for(i = 0;i < 10;i++)
    scanf(" % d",&a[i]);
for(i = 0;i < 10;i++)
    printf(" % d",a[i]);
```

② 通过数组名计算数组元素地址

```
int   a[10];
int   i;
for(i = 0;i < 10;i++)
    scanf(" % d",&a[i]);
for(i = 0;i < 10;i++)
    printf(" % d", * (a + i));
```

③ 用指针变量操作数组元素

```
int   a[10];
int   * p,i;
for(i = 0;i < 10;i++)
    scanf(" % d",&a[i]);
for(p = a;p <(a + 10);p++)
    printf(" % d", * p);
```

④ 用指针变量带下标操作数组元素

```
int   a[10];
int   i, * p = a;
for(i = 0;i < 10;i++)
    scanf(" % d",&p[i]);
for(i = 0;i < 10;i++)
    printf(" % d",p[i]);
```

注意：在用地址方式的表述中，不能用下列语句对数组元素进行操作：

```
for(p = a;p <(a + 10);a++)        / * a 表示数组首地址,是常量值,a++不能进行运算 * /
printf(" % d", * a );
```

说明：上面几种对数组元素的操作方式，各有其特点，一般在不使用指针的概念上，使用数组下标方式较为方便、实用。但使用指针的方式可运用指针变量的变化实现对一批数据的操作，使在较复杂的数据结构中，具有操作的方便性及灵活性，特别在数据结构中的链表操作中，更能体现指针的重要性。

3. 一维数组操作程序例题

例 8.2　使用指针来操作数组元素的输入与输出。

(8_2.c)

```
# include < stdio. h>
void main( )
{ int array[10], * pointer = array,i;
          / * 定义并初始化指向数组 array 的指针变量 pointer * /
  printf("Input 10 numbers: ");
  for(i = 0;i < 10;i++)
     scanf(" % d",pointer + i);      / * 使用指向数组的指针变量来输入数组各元素的值 * /
  printf("array[10]: ");
  for(i = 0;i < 10;i++)
   printf(" % d  ", * (pointer + i));
        / * 使用指向数组的指针变量来输出数组各元素的值 * /
  printf("\n");
}
```

说明：对数组 array 的操作，是直接把数组的首地址赋值给指针变量 pointer，然后，通过指针变量 pointer，实现对数组元素的输入及输出。

例 8.3 输入 10 个整数到一个数组中，调整这 10 个整数在数组中的排列位置，使得其中最小的一个数成为数组的首元素，用指针的方式进行操作。

分析：

"首元素"就是 0 号元素（下标为 0 的元素）。首先把 1 号元素、2 号元素、3 号元素……依次与 0 号元素进行比较，发现比 0 号元素小就记它的位置（下标），继续比较时就与该位置处的元素进行比较，在发现更小的元素时，就记住这个新的位置，直到最后一个元素比较完毕。

(8_3.c)

```
#include<stdio.h>
#define N 10
void main()
{ int i,k,t,a[N],*p;
  printf("input 10 numbers:\n");
  for(p=a;p<a+10;p++)          /*a表示数组的初始地址,a+10表示数组末的后一个地址*/
      scanf("%d",p);            /*注意指针变量p的使用方式,p的前面不需要"&"*/
  k=0;                          /* 用k记住最小元素位置,先假设a[0]为最小元素*/
  p=a;                          /*指针变量复位*/
  for(i=1;i<10;i++)
      if(p[i]<p[k])  k=i;       /*用k记住新的最小元素位置 */
  if(k>0)
   { t=a[0];  a[0]=a[k];  a[k]=t; }  /* 交换 */
  for(p=a;p<a+10; )
 printf("%d,",*p++);           /*注意指针变量的使用方式*/
}
```

说明：对数组中的元素通过指针进行移动操作，同时使用了指针带下标的操作方式。

例 8.4 输入某班级 30 名学生数学考试的个人成绩，用指针的方式计算他们的平均成绩及最高分、最低分。

分析： 学生数学成绩可用一个一维数组来存储，把学生的成绩可保存下来后，用指针变量指向该数组，通过对指针变量的操作实现成绩的处理。

(8_4.c)

```
#include<stdio.h>
#define SIZE 30                 /*定义学生人数为30*/
void main()
{ int i;
  float a[SIZE],max,min,p,s=0,*pf;
  for(i=0,pf=a;pf<a+SIZE;pf++,i++)
  { printf("请输入第%d名学生的数学成绩:",i+1);
    scanf("%f",pf);
    s+= *pf;                     /*S变量累计成绩*/
  }
  max=a[0];  min=a[0];  pf=a;
  while(pf<a+SIZE)
    {    if( *pf>max)  max= *pf;
         else if( *pf<min)  min= *pf;
         pf++;
```

```
    }
    printf("%d名学生数学平均成绩是：%.2f分",i,s/i);
    printf("数学成绩最高分%.2f,最低分%.2f",max,min);
}
```

说明：对数组中的元素进行操作，直接使用指针变量 pf 进行操作。要特别注意，循环语句中用指针变量来作为循环控制变量，即"for(i=0,pf=a;pf<a+SIZE;pf++,i++)"中的条件判断表达式 pf<a+SIZE，表示数组元素初始地址与数组元素最后一个元素地址的比较，在地址比较完后，其地址需要进行改变，即 pf++。

8.4.4 指针变量在多维数组中的应用

1. 二维数组元素的地址描述

一维数组与指针关系的结论可以推广到二维数组、三维数组等多维数组中。对于多维数组，主要以二维数组为讨论重点，其使用原理及方法可以推广到多维数组中。

要用指针变量对二维数组进行操作，首先要清楚二维数组中各个元素的地址及每一行、每一列数组的首地址的描述方法。

假如一个二维数组定义为

```
int a[4][3];
```

这个二维数组 a 有 4 行 3 列，其存储方式是先存储行，后存储列，如图 8.6 所示。

图 8.6　数组元素存储示意图

如果要用指针的方法对二维数组进行操作，就必须要了解和掌握二维数组的各种地址描述方式。

由于二维数组是由行和列组成的，可以把一行算一个单元，这样，就可以把二维数组看成是个一维数组，它的每个单元本身又是一个一维数组（行）。a 可以看成是具有 4 个单元的一维数组，其中每个单元本身又是由 3 个 int 型元素（列）组成的一维数组（行）。

因此，对于一个二维数组 a，可把它写成 a[0]、a[1]、a[2]、a[3]，表示是 4 个顺序存储且类型相同的一维数组。其中 a[0]、a[1]、a[2]、a[3] 在二维数组 a 的操作中，已不能作为普通数组元素进行操作了，在这里它表示的是二维数组 a 中的每一行的首地址，如图 8.7 所示。

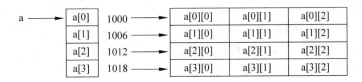

图 8.7　二维数组的描述

根据上述描述方式，可以得出二维数组地址的描述结论：

（1）对于图 8.7，如果将数组名当成一个地址来看，则 a 代表二维数组的首地址，也可看成是二维数组第0行的首地址。假设数组的首地址为：1000，那么，a 的地址应为1000。

（2）描述二维数组的地址时，a 表示第0行首地址，a+1 表示第1行首地址，a+2 表示第2行首地址，a+3 表示第3行首地址，即它们的值分别为：1000、1006、1012、1018。由于每一行由3个整型数组元素组成，所以地址值相差为6。由此可见，a+i 表示 a 的第 i 行首地址，该地址（指针）的对象为3个整数组成的一维数组（行），a+i 指针对象为行。

（3）既然把 a[0]、a[1]、a[2]、a[3] 看成是4个一维数组名，那么可以认为它们分别代表其所对应的首地址，也就说 a[0]、a[1]、a[2]、a[3] 可表示二维数组的第0行、第1行、第2行、第3行第0列的地址。

（4）根据上述的关系及指针的描述方式，可推异出如下结论：a[0] 表示0行首地址，也即0行0列的地址，相当于 &a[0][0]；那么有，a[0]+1 表示0行1列的地址；a[1]+2 表示1行2列的地址。一般而言，a[i]+j 表示 i 行 j 列的地址，即 &a[i][j] 地址，即数组元素地址。

（5）如用指针的形式来表示各元素的地址，可有如下的等价关系：a[i] 与 *(a+i) 等价，可表示二维数组的第 i 行第0列的地址，即 *(a+i) 仍为地址，对象为数组元素（列）。那么可推异出：a[i]+j 与 *(a+i)+j 等价，表示二维数组的 i 行 j 列的地址。

对于"int a[4][3];"，其二维数组地址的表示如表8.1所示。

表 8.1　二维数组地址的表示

表 示 形 式	含　　义	地　　址
a	二维数组名，数组首地址	1000
a[0]，*(a+0)，*a	第0行第0列元素地址	1000
a+1	第1行首地址	1006
a[1]，*(a+1)	第1行第0列元素地址	1006
a[1]+2，*(a+1)+2，&a[1][2]	第1行第2列元素地址	1010
(a[1]+2)，(*(a+1)+2)，a[1][2]	第1行第2列元素值	

2. 二维数组的行地址和列地址

在实际程序设计中，如果要用指针的方式来进行对二维数组的操作，就必须要分清二维数组的行地址和列地址以及它们的操作方式，从上面描述来看，二维数组的地址描述是多样的。对于行地址及列地址的表示方式，如图8.8所示。

假如数组定义为：int a[3][4];

如图8.8所示，a+1 与 *(a+1) 值虽然相等，但按照指针的概念，其含义不同。因为前面是指变量的地址，后面指的是变量地址中所存储的值。具体到二维数组 a 而言，a+1 与 *(a+1) 这两个值虽然相等，都是地址（指针），但指针对象不同，a+1 是指向一维数组（行），*(a+1) 是指向数组元素（列）。

3. 指针变量对二维数组元素的操作

对于二维数组元素的操作，可像一维数组用指针变量对它的操作一样。但在操作中要注意数组元素的行和列的问题。二维数组元素在存储中，规定是按行存储的，如果一个指针变量指向某个存储单元，指针的移动，也是顺序地指向相应存储单元。例如：

```
int a[2][3], * p;
p = a;
p = p + 4;
```

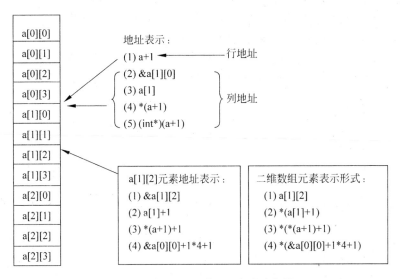

图 8.8   行地址及列地址表示示意图

指针移动所指向的数组元素,如图 8.9 所示

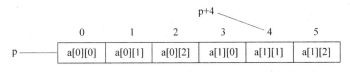

图 8.9   指针变量对二维数组元素的关系

从上面指针变量对二维数组元素的操作,其指针的移动是按存储单元存储的顺序进行的,不是按数组的行、列关系进行的。在程序设计中,要注意此指针 p 的移动方式的应用。

在下面的程序中,使用了二维数组的地址概念,注意二维数组元素的地址和指针变量的使用。

例 8.5   使用指针来操作二维数组元素的输入与输出。

(8_5.c)

```
# include < stdio. h >
# define NL printf("\n");                              /* 宏定义 */
void main()
{ int i, j, * p, a[4][3] = {{1,2,3},{4,5,6},{7,8,9},{10,11,12}};
  printf("\n%d\t%d\t%d\t%d\n",a[0],a[1],a[2],a[3]);
       /* 输出的是每一行地址 */
  for(p = a[0] + 2, i = 0; i < 10; i++)                /* 注意: p 指向 a[2] 地址 */
      printf(" %5d", * p++);
  NL;
  for(i = 0; i < 4; i++)
    { printf(" %d", * (a + i));                        /* 输出每一行地址 */
```

```
        for(j = 0,p = * (a + i) + j;j < 3;j++)
         printf(" % 5d", * p++);                    / * 输出数组元素值 * /
        NL;                                          / * 宏调用,表示 printf("\n");换行 * /
     }
}
```

程序运行结果：

```
1000   1006   1012    1018      （二维数组每行的首地址）
3 4  5  6  7  8  9  10  11  12  （第 3 个数组元素以后的数据）
1000    1   2    3
1006    4   5    6
1012    7   8    9
1018   10  11   12
```

程序分析：

a[0],a[1],a[2],a[3]是二维数组中每行的首地址(在实际程序的输出中,地址值可能与上面的输出结果不同,即不一定是 1000、1006、1012、1018,但每行的首地址之差应是 6 个存储单元)。 * p++ 是按二维数组行的顺序方式输出的,在输出中,两个 p 指针起始地址不同,其输出的值也不同。

8.4.5　指向由 m 个元素构成的一维数组的指针变量

在数组操作中,对二维数组可用一维数组的方式进行处理,在 C 语言程序设计中,提供了一种新的指针方法来处理二维数组,其定义方式为:

类型标识符　(* 指针变量名)[长度];

例如：int (* p)[3];

p 称为"指向由 m 个元素构成的一维数组的指针变量",是为操作数组而定义的一种指针类型。如对上述指针变量 p = p + 1 的操作,其指针 p 应移动 3 个整型存储单元,即指向二维数组的下一行。注意,m 的取值跟二维数组列的个数要相同,同时注意与指向二维数组元素的指针变量的区别。

例如：

```
int x,a[4][3],b[5], * p;
p = a;   或 p = &a[0][0];
```

其指针的移动 p + 1 指向的元素是 p 所指向的元素的下一元素,即 a[0][1]。如果用 p + 1 希望它移动多个元素,这就涉及到指向由 m 个元素构成的一维数组的指针变量问题。

例如：

```
int a[4][3];
int ( * p)[3];
```

表示 p 是一个指向由 3 个元素构成的一维数组的指针变量。

如果进行：

```
p = &a[0][0];
```

则 p+1 不是指向 a[0][1]（数组元素的下一个元素），而是指向 a[1]（二维数组的下一行），p 的增值以 3 个数组元素的长度进行，因为 int（*p）[3] 定义时为 3，而二维数组定义的列数也为 3，所以指针 p+1 即为二维数组的下一行的首地址。

例 8.6 由 m 个元素构成的一维数组的指针变量实现对二维数组的操作。

（8_6.c）

```
# include < stdio.h>
# define NL printf("\n");
void main()
{ int i,j,a[4][3] = {{1,2,3},{4,5,6},{7,8,9},{10,11,12}};
  int (*p1)[3],(*p2)[4];                    /*注意 p1 与 p2 定义上的区别*/
  p1 = a;   p2 = a;
  NL;
  printf("1: %d, %d", *(*(p1+0)), *(*(p2+0)));
  NL;
  p1++;   p2++;                             /*注意 p1 与 p2 移动时,数组元素的个数*/
  printf("2: %d, %d", *p1[0], *p2[0]);
  NL;
  printf("3: %d, %d", *(*(p1+1)+2), *(*(p2+1)+2));
}
```

程序输出结果：

```
1:    1, 1
2:    4  5
3:    9  11
```

程序分析：

（1）第 1 个的输出结果，两个指针 p1、p2 都指向的是该二维数组的首行地址，其 *(p1+0))，*(p2+0)) 表示是二维数组中第 0 行的首地址的值。

（2）第 2 个的输出结果，在两个指针进行 p1+1、p2+1 后，它们都进行了移动，但它们移动的数组元素单元个数却不同，p1 移动 3 个数组元素单元，p2 移动 4 个数组元素单元，所以它们的输出是 4 和 5。其 *p1[0]、*p2[0] 表示该行首地址的值。

（3）第 3 个的输出结果，两个指针 p1、p2 没有进行运算，但 *(p1+1) 已表示是下一行的首地址了，即 a 数组 2 行的首地址，*(p2+1) 表示是 4 个元素为一行的下一行的首地址，从而 *(p1+1)+2、*(p2+1)+2 分别表示该行第 2 列的地址，所以，*(*(p1+1)+2)、*(*(p2+1)+2) 分别表示上面描述的该行该列的数组元素值。

例 8.7 从键盘上输入一个 3 行 3 列矩阵的各个元素的值，然后输出主对角线元素之和。用指针的描述方式进行操作。

（8_7.c）

```
# include < stdio.h>
void main()
{   int a[3][3],sum, *p;
    int i,j;
    sum = 0;
    for (i = 0; i < 3; i++)
```

```
    { for (j = 0; j < 3; j++)
        scanf("%d",a[i] + j);              /*其中 a[i] + j 为 i 行 j 列的单元地址*/
    }
    for (i = 0; i < 3; i++)
        sum = sum + *(*(a + i) + i);       /*其中*(a + i) + i 为 i 行 j 列的单元地址*/
    printf("Sum = %d\n",sum);
}
```

例 8.8 编写程序，实现矩阵(3 行 3 列)的转置(即行列互换)，用指针的方式进行部分描述。

(8_8.c)

```
# include < stdio. h>
# include < conio. h>
void main()
{   int i,j,t,(*p)[3];
    int array[3][3] = {{100,200,300},{400,500,600},{700,800,900}};
    for (p = array; p < array + 3; p++)     /*p 加 1,指针移动到下一行首地址*/
        { for (j = 0; j < 3; j++)
            printf("%7d",*(*p + j));          /*其中(*p + j)为某行某列的单元地址*/
            printf("\n");
        }
    for(i = 0; i < 3; i++)
        for(j = 0; j < i; j++)
        { t = array[i][j];
            array[i][j] = array[j][i];
            array[j][i] = t;
        }
    printf("Converted array:\n");
    for (i = 0; i < 3; i++)
        { for (j = 0; j < 3; j++)
            printf("%7d",*(array[i] + j));
            /*其中 array[i] + j 为某行某列的单元地址*/
            printf("\n");
        }
}
```

例 8.9 用指针的方法实现重新安排数组 a 中的元素，把大于 0 的元素放在前面，小于 0 的元素放在后面。

(8_9.c)

```
# include < stdio. h>
void main()
{   int i,j,a[] = {4,3, - 8, - 5, - 7,9,1, - 7,7, - 6,10};
    int t,SIZE = sizeof(a)/sizeof(a[0]);     /*其中 sizeof(a)/sizeof(a[0])计算数组的长度*/
    int *p = a;
    i = - 1; j = SIZE;
    while(++i < -- j)
        {
```

```
    while(i<j&&p[i]>0)     i++;
    while(i<j&&p[j]<=0)    j--;
    if(i<j)
    { t=p[i];p[i]=p[j];   p[j]=t; }
  }
  for (i=0;i<SIZE;i++)
    printf("%5d",p[i]);
}
```

程序运行结果:

4 3 10 7 1 9   -7   -7   -5   -6   -8

程序分析:

在上面的程序中,对第 9 行、第 10 行语句进行如下相应的改动:

```
while(i<j&&p[i]%2==0)     i++;
while(i<j&&p[j]%2!=0)     j--;
```

其输出的结果是什么? 大家可自己去验证。

8.5 指针与字符串

8.5.1 字符串操作的特点及字符指针变量的引入

在 C 语言中,对字符串的操作可以通过字符数组来实现,字符数组以"\0"为字符串结束标志符。

一般数组元素的引用,只能逐个引用数组元素而不能一次引用整个数组,但是在字符串数组中却既可以逐个引用字符串中的单个字符,也可以一次引用整个字符串。如果将字符数组作为字符串来处理,只需使用数组名就可以一次引用整个字符串。C 语言有专用的字符处理函数,如 gets()、puts()、strlen()、strcpy()、strcmp()、strcat()等。

由于数组与指针的紧密联系,在 C 语言中,也可以用字符指针变量来对字符串进行操作,既可用指针变量来操作单个数组元素(单个字符),也可以用它来操作整个字符串。

8.5.2 指向字符串的指针变量

指针变量可以对变量、数组进行操作,使用一个指向字符的指针变量就可实现对字符数组的操作。

1. 字符指针变量的定义
字符指针变量的定义为:

char * 指针变量名;

例如:

char * pc;   /* 定义了一个字符指针变量 pc */

由于数组名就是指针,任何指向字符串数组首地址的指针都可以操作该字符串(注:字符串的数据是以"\0"为结束标志符,只要知道字符串的首地址,就可以操作字符串)。所以,只要赋经字符指针变量一个字符数组的首地址,就可以操作字符串。

2. 字符指针对字符串的操作

在 C 语言中,通过描述字符串的首地址,就可实现一个字符串的操作,所以,对字符串的操作有下面几种操作方式。

(1) 用字符数组进行操作

```
char  st[] = "ABCDE";                    /* 定义字符串数组 */
printf (" % s\n",st );                    /* 输出字符串 */
```

说明:st 是数组名,表示字符数组的首地址,通过数组名,可输出整个字符串的内容。对于数组元素,如果 st[3]表示数组中位序号为 3 的元素,其值为'D',如果用指针的方式进行字符元素操作,可描述为" * (st + 3)",而 st + 3 就是指向'D'元素的指针。

(2) 用字符指针进行操作

① 定义一个字符数组和一个字符指针

```
char  st[] = "ABCDE", * pc = st;         /* 定义字符串数组及字符指针 */
printf (" % s\n",pc );
```

输出的结果:ABCDE

说明:pc 是字符指针变量,其值为字符数组的首地址,通过 pc 字符指针变量,可输出整个字符串的内容。

② 可以不定义字符数组,而定义一个字符指针来操作字符串

```
char   * pc = "ABCDE";
printf(" % s\n",pc );
```

输出的结果:ABCDE

说明:虽然没有定义字符数组,C 语言对字符串常量是按字符数组处理的,它仍在存储器中开辟了一个空间来存放字符串常量;用 pc 指针指向该字符串的首地址,如图 8.10所示。

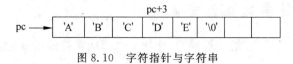

图 8.10　字符指针与字符串

注意:

(1) *在该字符串的存储中,系统会自动在字符串的末尾加上'*'0'*。*

(2) *如果执行 pc = pc + 3,其指针就指向'D'字符,如图 8.10所示,此时若执行"printf("%s\n",pc);",其输出结果为:DE。*

3. 字符数组的特性及其与字符指针的区别

（1）字符数组的特性

通过字符数组名或字符指针变量可以输出一个字符串；但对一个数值型数组，却不能用数组名输出它的全部元素。

（2）使用指针直接处理字符串和使用字符数组处理字符串的区别：

- 字符指针可以随时向一个已定义的字符指针赋一个字符串的值，而字符数组只有在初始化时才能这样做。
- 字符指针可以运算，可实现不同字符串的操作，而字符数组名是常量，只能对该存储空间的整个字符串进行操作。

例如：

```
char a[] = "abcde";                /* 初始化字符数组 */
char * pc = "abcde";               /* 用字符指针操作字符串 */
```

两种方法都可以实现对字符串的初始赋值，但在下面的处理方式中，对字符数组的赋值就是错误的：

```
char    * p ,s[6];
p = "ABCDE";                       /* 正确的赋值 */
s[] = "ABCDE";                     /* 非法赋值 */
```

对字符指针可以进行运算，如果执行：

```
p = p + 2;   printf(" % s\n",p );
```

输出的结果：CDE

4. 程序举例

例 8.10　从键盘上输入多个字符，判断其中是否有字符'm'，并统计它的个数，用字符数组和字符指针实现。

（8_10. c）

```
# include< stdio. h>
void main()
{ char * ps,s[25];
  int n = 0,i;
  printf("input a string:");
  ps = s;                            /* 字符指针变量赋值 */
  scanf(" % s",ps);
  for (i = 0;ps[i]!= '\0';i++);      /* 其中 ps[i]表示字符元素 */
    if(ps[i]== 'm')   n++;
  if(n > = 1)
    printf("\n there is 'm'in the string ,   n = % d",n );
  else
    printf("\n there is no'm'in the string " );
}
```

例 8.11　对字符数据进行排序。排序方式使用冒泡排序原理进行，用字符数组和字符指针实现。

(8_11. c)

```
#include<stdio.h>
#include<string.h>
void main()
{ register int i, j;                      /* 寄存器变量 */
  register char t;
  static char s[100];                     /* 静态变量 */
  char * item = s;                        /* 定义字符指针 */
  int count;
  printf("enter a string = ");
  gets(item);                             /* 字符信息的输入 */
  count = strlen(s);
  for(i = 1;i<count;i++)                   /* 字符排序 */
   for(j = count-1;j>=i;j--)
     { if(item[j-1]>item[j])
     { t = item[j-1];
       item[j-1] = item[j];
       item[j] = t;
       }
     }
item = s;                                 /* 指针复位 */
printf("\n the sorted string is = % s", item);
}
```

程序运行结果：

enter a string = Ianstudent
the sorted string is = Iadennsttu

8.6 指针数组与多级指针

8.6.1 指针数组的定义

1. 指针数组的引入

在实际操作中，如果希望使用多个指针变量，就必须进行多个指针变量的定义，其操作就比较繁琐。在这里，可以使用数组的特性来描述及定义指针变量，即把多个类型相同的指针集合在一起，形成一个数组，每一个数组元素就是一个指针，这就是 C 语言中的"指针数组"。

一个数组的元素值为指针时即构成指针数组，指针数组是一组有序的指针的集合。指针数组的所有元素都必须是具有相同存储类型和指向相同数据类型的指针变量。也就是说，前面所使用的指针变量是单个的，现在使用的是批量的指针变量。

2. 指针数组的定义

指针数组的定义格式为：

类型标识符　　* 数组名[常量表达式]

其中,类型标识符表示每个指针数组元素所指向的变量的类型。例如:

```
int * p[4];
```

定义了一个含 4 个元素的指针数组,数组中的每个元素都是一个指向整型数据的指针变量。

注意:指针数组与其他数组的特点是相似的。在这里,p 为该指针数组名,p 是常量,不能对它进行增量运算。p 为指针数组元素 p[0] 的地址,p+i 为 p[i] 的地址,那么,*p 就是 p[0],*(p+i) 就是 p[i]。

8.6.2 指针数组的使用

由于指针数组可以表示多个相同类型的指针变量,所以它可以像数组元素一样方便地操作。指针数组可以应用在各种需要指针变量操作的地方,也可以方便灵活地处理字符串。字符指针数组主要应用于处理长度不定的多个字符串。

例如:有 4 个字符串,各字符串的长度不一样,其中有"123"、"12"、"12345"、"1",现对它进行存储和处理,可采用下列两种方式进行。

1. 用一般的二维字符数组的字符串存储方式

数组定义:

```
char a[4][6] = {"123","12","12345","1"};
```

字符数组 a 定义后,存储空间是固定的,每个字符串的长度不超过 6 个字符(包括'\0'),不满 6 个字符,后面添为 '\0'。其存储方式如图 8.11 所示(存储器中每一个单元为一个字符,其中存储单元中的 1 表示字符'1',其他类似)。存储这 4 个字符串需要 4×6 = 24 个存储单元,但实际只用了 15 个存储单元。所以,用一般的二维字符数组存储多个字符串存在存储空间浪费的问题。

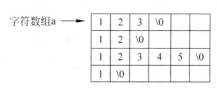

图 8.11 字符数组存储结构

2. 用字符指针数组的字符串存储方式

定义字符指针数组:

```
char  * p[4] = {"123","12","12345","1"};
```

其中,每个字符指针的数组元素分别表示各字符串的首地址,指向各字符串,其存储方式如图 8.12 所示。

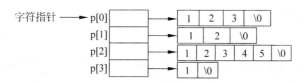

图 8.12 字符指针数组存储结构

从图 8.12 可以看出,4 个字符串,分别由 4 个字符数组元素指针 p[0]、p[1]、p[2]、p[3] 来进行字符串操作,存储上面 4 个字符串的存储空间(除字符指针变量外)需要 4+3+6+2 = 15 个存储单元。与前面相比,使用字符指针变量对字符数组(字符串)操作,可节约存储空间。

指针数组和一般数组一样,允许指针数组在定义时初始化,但由于指针数组的每个元素是指针变量,它只能存放地址,所以对指向字符串的指针数组在说明赋初值时,是把存放字符串的首地址赋给指针数组的对应的指针数组元素。即:p[0]指向第 1 个字符串,p[1]指向第 2 个字符串,p[2]指向第 3 个字符串,p[3]指向第 4 个字符串。执行:

```
printf("%s\n",p[1]);
```

输出第 2 个字符串的内容:12。

例 8.12　编制程序实现多个字符串的排序。

字符串的排序,实际上对每个字符串中的字符进行比较。在程序设计中,使用字符数组及字符指针进行描述。

(8_12.c)

```
#include <stdio.h>
#include <string.h>
void main()
{ char *s[]={"dos","windows","unix","linux","Visual basic"};
  int i,j,k,n=5;
  char *t;
  for(i=0;i<n-1;i++)
    { k=i;
      for(j=i+1;j<n;j++)
        if(strcmp(s[k],s[j])>0)  k=j;
      if(k!=i)
        { t=s[i]; s[i]=s[k];  s[k]=t; }
    }
  for(i=0;i<n;i++)
    printf("%s\n",s[i]);
}
```

程序运行结果:

```
Visual basic
dos
linux
unix
windows
```

8.6.3　多级指针

1. 多级指针的引入

指针变量定义后,跟普通变量一样,在计算机内存中仍然分配一个存储单元,用它来存储其他变量的地址。所以,指针变量也有相应的存储地址。

定义以下指针变量:

```
int *p;
float *f;
```

```
char * c;
```

指针变量定义后在内存中的存储情况,如图 8.13 所示。

对于指针变量存储地址,如何用其他变量来描述?

在 C 语言中,为了存储指针变量地址,引入了多级指针的概念。使指针变量的地址,用其他指针变量来进行操作。

图 8.13 指针变量存储结构

2. 多级指针的定义

如果一个指针变量存放的是另一个指针变量的地址,则称这个指针变量为指向指针的指针变量,称为多级指针。其定义形式如下:

类型标识符 ** 指针变量名

例如:

```
int ** pp;
```

其中,pp 是一个整型的多级指针变量,它指向及应用于另一个指针变量,"**"即定义 pp 为 2 级指针。

3. 多级指针与其他指针的对应关系

例如:int m = 3, n = 4;
       int * pm = &m, * pn, ** pp;   /* 各种指针的定义 */
       pn = &n;   pp = &pn;   /* 各种指针与其他变量建立联系 */

各级指针与变量的关系如图 8.14 所示。

图 8.14 各级指针与变量的关系

其中:pm、pn 为 1 级指针,pp 为 2 级指针,输出变量 m 和 n 的内容,可分别描述为

```
printf(" % d, % d", * pm, ** pp);
```

所以,通过指针访问变量称为间接访问,由于指针变量直接指向变量,称为单级间接访问。而如果通过指向指针的指针变量来访问变量,则构成了二级或多级间接访问。

在 C 语言程序设计中,对间接的级数并未作明确限制,可以定义多级指针,实现多级的间接访问,但是间接访问数太多时不容易理解,也容易出错,因此,一般很少超过二级间接访问。

例 8.13 用多级指针实现字符串的操作,输出多个字符串的内容。

(8_13.c)

```
# include < stdio. h>
void main()
{ static char * a[ ] = {"abcde", "abc", "abcd", "ab", "abcdef"};
  char ** p;                          /* 二级指针变量 */
  int i;
  for(i = 0;i < 5;i++)
    { p = a + i;
      printf("% s\n", * p);
    }
```

```
    p = a + 2;
    p++;
    printf(" ∗ ∗ p =  % s\n", ∗ p);
}
```

程序运行结果：

```
abcde

abc

abcd

ab

abcdef
```

∗∗p= ab   /∗指针运算 p=a+2; p++;后,输出结果

说明：其中,p 为二级指针,∗p 为指向字符串的地址,其 p 指针仍然可以进行运算。

8.7　指针变量与函数

8.7.1　函数的操作方式与指针变量

在 C 语言中,函数是程序的基本单位。一个函数用来实现一个功能。在函数的操作中,函数的定义、函数的调用、函数的参数传递、函数的返回值是在程序设计中必须考虑的问题。其指针与函数的关系主要包括以下 3 个方面：

（1）定义一个函数,其函数名是函数调用的主要标识。在 C 语言中,函数名与数组名具有相同的地址性质,它表示被定义函数的存储首地址,即函数调用后函数执行的入口地址。如前面所述,一个指针变量可以指向变量或数组,用它可以对变量或数组进行操作。由于函数名是函数的入口地址,而指针描述的是地址,因此,可以将一个函数名赋给一个指针变量,然后通过这个指针变量对其函数进行操作。一个函数在编译时,自动分配一个入口地址,这个入口地址称为函数的指针。

（2）在函数的参数传递和返回值中,C 语言的参数传递方式是按值传递,为了实现批量数据的返回,参数可定义为数组名或指针变量。

（3）在函数的返回值中,一般只能返回一个值,而这个值只能是一个数值或字符,如果希望返回一批数据,其操作方法是返回该批数据的地址指针,通过对该地址指针的操作来实现该批数据的操作。

所以,在函数的操作中,对函数的调用、参数的传递、函数的返回值,都可转变为对指针的操作。在 C 语言中,有函数指针量（简称函数指针）和指针型函数两种定义方式来实现上述的操作。

8.7.2　指针型函数的定义与使用

1. 指针型函数的引入

在函数的返回值中,一般情况下是一个具体的数值,如果希望返回的数据是某一个变量或数组的地址值,在函数的定义中可用指针型函数来实现该操作,这就是指针型函数的作用。

2. 指针型函数的定义及使用

指针型函数定义方式是在函数名前面加上"*"。定义的一般形式为：

类型说明符　*函数名(参数表);

例如：

int　*fun(x, y);

说明：

（1）*fun 为被调用的函数名,函数名前应有"*",表示能得到一个指向整型数据的指针。

（2）x,y 为函数 fun 的形参。

定义该指针型函数后,该函数的返回值就是一个地址值。下面通过一个实例来演示指针型函数的使用方法。

例 8.14　在多个学生成绩中,输入一个学生序号,在子函数中查找该学生序号,通过子函数查找结果,返回给主函数,在主函数中输出该学生的全部成绩。

注意：在程序执行中,要注意指针型函数在地址值返回中是如何实现多个值的输出。

（8_14.c）

```
# include < stdio. h >
void main( )
{ float score[ ][4] = {{60,70,80,90},{56,88,87,90},{38,90,78,47}};
  float * search(float ( * pointer)[4], int n);   /* 函数声明 */
  float * p;
  int i,m;
  printf("enter the number of student:");
  scanf(" % d",&m);                              /* 输入学生序号 */
  printf("The score of No. % d are:\n",m);
  p = search(score, m);                          /* 函数调用,并返回地址 */
  for(i = 0; i < 4; i++)                         /* 通过返回地址值,实现学生序号的查找 */
 printf(" % 5.2f\t", * (p + i));
}
float * search(flout( * point)[4], int n)        /* 指针型函数定义 */
{ float * pt;
    pt = * (pointer + n);                        /* 学生序号定位 */
  return pt;                                     /* 返回指针,即学生序号定位信息 */
}
```

程序运行结果：

```
enter the number of student: 2
The score of No. % d are:
38.00   90.00   78.00   47.00
```

说明：该函数定义了一个指针型函数 *search,函数类型为 float,表示函数返回的指针变量 pt 的对象类型为 float。其中,pt 表示二维数组 score 某一行的首地址,通过对该地址的操作就可获得所需的多个返回值。

8.7.3 函数指针的定义与使用

1. 函数指针的引入

函数名是函数调用的主要标识,在 C 语言程序设计中,需要调用一个函数时,只要给出函数名及相关函数参数,就可以调用该函数。

其使用的机制是:函数名表示被定义函数在存储器中分配的存储首地址,即函数调用后函数执行的入口地址,通过该地址进入所需要执行的函数程序。函数调用地址示意情况如图 8.15 所示。

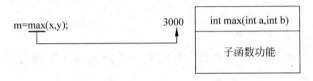

图 8.15 函数调用地址关系

其中:

(1)"int max(int a,int b)"中的 max 是函数名;在 C 语言中,只要函数定义,计算机就给它分配一定的存储空间来存储子函数程序,该存储空间的首地址,就由 max 来确定。所以,max 的地址就为 3000(由计算机分配的)。但要注意,函数的地址是 C 语言在编译时候分配的,一个函数在编译时,自动分配一个入口地址,这个入口地址称为函数指针。

(2)"m = max(x,y);"中的 max 是被调函数名;在这里它是一个指针,为了能找到函数,该指针的地址值为 3000,通过它就可以找到从 3000 地址单元开始的子函数。

从图 8.15 的函数调用关系来看,由于函数名是一个指针,按指针变量的用途来看,就可以用指针变量来描述它。一个指针变量可以指向变量或数组,用它可以对变量或数组进行操作。同样,也可以用指针变量指向函数名,用它来对函数进行操作。

函数名是函数的入口地址,是一个指针,而指针描述的是地址,因此,可以将一个函数名赋给一个指针变量,然后通过这个指针变量对其函数进行操作。这样就实现了函数指针对函数的调用操作。

2. 函数指针的定义

函数指针定义的一般形式为

类型标识符 (＊指针变量名)( );

例如:

int (＊p)( );

说明:

(1) 类型标识符 int,指函数返回值的类型,即返回值为整型。

(2) (＊p)( )表示定义了一个指向函数的指针变量 p,该变量专门用来存放函数的入口地址;对该变量进行操作,就可实现函数的调用操作。

(3) 函数指针与普通指针一样,可以对多个函数进行操作,即在一个应用程序中,一个函数指针变量可以先后指向不同的函数。但是,函数的类型应与函数指针的类型一样。

注意：该指针变量 p 只能用于指向函数的入口地址，不能指向一般变量或数组。函数指针在程序的使用中，把哪一个子函数的入口地址赋给它，它就指向哪一个函数，就可实现该子函数的调用。

3. 函数指针的使用

函数指针的使用，就是如何通过它来调用子函数。其使用的方法比较简单，只要把被调用的函数名赋值给函数指针变量，就实现了函数地址的赋值。函数指针的使用主要包括三个步骤。

（1）函数指针变量的定义

int (* p)( );

（2）函数指针变量的赋值

p = max;

其中：max 为已定义的函数名，p 为函数指针。由函数名进行直接赋值，但不能给出函数参数。

（3）用函数指针变量调用函数

c = (* p)(a,b);

如果函数有参数，在用函数指针调用函数时，必须给出参数；如果函数没有参数，在调用函数时，不须给出参数。

下面通过一个例子，演示普通函数的调用方式与函数指针调用方式的区别。

例 8.15　用函数指针的方法求 a 和 b 中的最大者。

（8_15.c）

```
# include < stdio.h >                    /* 为 printf()函数提供的头文件 */
void main ()
{ int max();                             /* 函数声明 */
  int ( * p)();                          /* 函数指针变量的定义 */
  int a,b,c;
  scarf(" % d, % d",&a,&b);
  c = max(a,b);                          /* 普通函数的调用 */
  printf("a = % d, b = % d,max = % % d",a,b,c);
  p = max;                               /* 函数指针的赋值 */
  c = ( * p)(a,b);                        /* 函数指针的调用 */
  printf ("a = % d, b = % d, max = % % d", a, b, c);
}
int max(int x, int y)                    /* 函数的定义 */
{ int z;
  if (x > y)   z = x;
  else  z = y;
  return  z;
}
```

函数指针主要用于对函数的调用，与该指针变量来说，其指针变量的运算，如 p + n、

p++、p-- 等都是无意义,这是与普通指针变量的主要区别。

8.7.4　与指针有关的函数参数传递方式

在实际的使用中,函数参数的传递方式是操作函数的一个关键技术,下面分成几步来阐述函数参数的传递方法及技术。

1. 数组元素作函数参数

在实际的使用中,数组元素相当于一个普通变量,所以它作为函数实参使用与普通变量是完全相同的,它是一种数值传递方式,示例程序如下:

```
void main()
{ int a[30],i;
    …
  func(a[i]);                          /* 函数的调用 */
    …
}
func( int x )                          /* 函数的定义 */
{
    …
  }
```

在数组元素作函数参数时,二维数组元素的传值调用与一维数组相似,其使用方法相同,示例代码如下:

```
void  main()
{ int a[3][5];
    …
  mul( a[1][2],a[0][4] );              /* 调用函数 */
    …
}
int mul(int x,int y)                   /* 函数的定义 */
{ int s;
    …
  }
```

2. 数组名及指针变量作函数参数

在函数参数传递中,如果要传递一个地址,主要有数组名和指针变量两种形式。不管是数组名还是指针变量作为参数,都可归纳为用指针作函数参数,数组名及指针变量作函数参数的传递方式有如下几种:

实参	形参
(1) 数组名	数组
(2) 指针变量	数组
(3) 数组名	指针变量
(4) 指针变量	指针变量

注意:

(1) 指针变量作函数参数时,要求实参与形参必须匹配。从上面的组合方式来看,数组名也是一个地址,但它是一个常量,只能是数组的首地址。

（2）指针变量是一个变量，可以描述不同的地址，并可进行运算，其灵活性较强。

大家可通过下面一些程序例子来掌握与理解函数参数的传递方法。

（1）数组名与数组名进行参数传递的实例

例 8.16 在主函数中存放 n 个数据。设计一个子函数，对该数据按由小到大进行排序。其算法用选择法实现。

（8_16.c）

```
# include < stdio. h >
viod main()
{ void sort( int array[ ], int n );          /* 函数声明 */
int a[100],i,n;
 printf("排序数据的个数 = ");
 scanf("% d",&n);
 printf("\n 排序的数据 = ");
for(i = 0;i < n;i++)
    scanf("% d",&a[i]);                       /* n 个数据的输入 */
    sort( a, n );                             /* 调用排序函数 */
    printf("\n");
    for(i = 0;i < n;i++)
        printf("排序的结果: % d",a[i]);        /* 输出排序结果 */
}
void sort( int array[ ], int n )
{ int i,j,k,t;
  for(i = 0;i < n - 1;i++)
    { k = i;                                  /* 把 k 作为最小数据的数组下标值 */
    for(j = i + 1;j < n;j++)
        if(ayyay[k] > array[j])
            k = j;                            /* 把 j 的下标值保存在 k 中 */
    t = array[k];                             /* 最小值和首元素进行交换 */
    array[k] = array[i];
    array[i] = t;
    }
}
```

（2）数组名与指针变量进行参数传递的实例

例 8.17 编写一个子函数，统计字符串的长度，通过主函数的调用实现地址的传递。

（8_17.c）

```
# include < stdio. h >
viod main()
{ int strlen(char * s);
  char * p,s[ ] = "45678";
  p = "abcde";
  p++;
  printf("% d\t",strlen(p + 1));             /* 函数调用 */
  printf("% d\t",strlen(s));                 /* 函数调用 */
```

```
}
int strlen(char * s)
{ int n;
  for (n = 0; * s++;n++);
  return n;
}
```

程序运行结果：

3   5

程序分析：

实参是指针变量和数组名，形参是指针变量，由于指针 p 进行了移动，当指针变量 p+1 的值传递到指针变量 s 时，它已指到字符串中的字符'c'，所以，它的长度计算为 3；而数组名 s 表示该字符串的首地址，其计算长度为 5。如果把 strlen(s)写为 strlen(s+2)是否能行？ 其结果是多少？ 如果把"int strlen(char * s)"中的形参改为数组形式"int strlen(char s[])"，要完成该功能，其函数如何改写？ 大家可考虑。

注意：* s++ 是当它取出'\0'时，表示其值为 0，即逻辑值为假，结束循环。也可把它写为：* s++!= '\0'。

（3）二维数组在函数参数传递中的应用实例

例 8.18 编写一个子函数，实现矩阵对角元素的求和，用数组名作实参进行参数传递。

分析：

二维数组元素相当于一个变量，可以像变量一样作实参，与用一维数组元素作函数参数相类似。但二维数组名作实参和形参时，其使用的方式有一定的区别。在被调函数中对形参数组定义可以指定每一维的大小，也可以省略第一维（行）的大小说明，但列的长度必须给出。

（8_18.c）

```
# include < stdio. h>
void main()
{ int a[ ][3] = {0,2,4,6,8,10,12,14,16}, sum;
  sum = func(a);
  printf("\n sum = % d\n", sum);
}
func(int a[ ][3])                           /* 注意函数形参的定义 */
{ int i, j, sum = 0;
  for(i = 0;i < 3;i++)
    for(j = 0;j < 3;j++)
      if(i == j)   sum + = a[i][j];
  return sum;
}
```

另外，由于二维数组在描述数组元素地址、行地址时有多种表示方法，所以，它在作函数参数时，要特别注意它们的使用方式。下面通过程序例子来理解它们的传递地址的应用。

例 8.19 编写一个子函数，实现二维数组元素的输出，用不同的地址参数进行传递。

（8_19.c）

```
# include < stdio. h >
void main( )
{ int tran(int n,int x[ ]);
int total,a[4][4] = {{3,8,9,10},{2,5, - 3,5},{7,0, - 1,4},{2,4,6,0}};
  tran(2,a);                               /* 数组首地址 */
  tran(2,a[0]);                            /* 数组行地址 */
  tran(2,&a[0]);                           /* 数组行地址 */
  tran(0,a[2]);                            /* 数组行地址 */
  tran(0,&a[2][0]);                        /* 数组某行某列地址 */
}
tran(int n,int arr[ ])
{ int i;
  for (i = 0;i < 4;i++)
     printf(" % d,",arr[n * 4 + i]);
  printf("\n");
}
```

程序运行结果：

```
7,0, - 1,4,
7,0, - 1,4,
7,0, - 1,4,
7,0, - 1,4,
7,0, - 1,4,
```

程序分析：

输出的结果都是一样的。这是因为二维数组的存储方式是按行存储的,在实际存储中是一个一维的连续存储方式,所以,在函数定义时,把函数的形参定义成了一个一维数组。而 tran(2,a);、tran(2,a[0]);、tran(2,&a[0]);和 tran(0,a[2]);、tran(0,&a[2][0]);调用语句中,它们所表示的地址是不一样的,描述了二维数组的不同地址,其中有指向二维数组的首地址,有指向二维数组的行地址的。通过地址的传递,在函数中,通过 arr[n * 4 + i]计算一维数组下标来反映二维数组的存储情况,把二维数组 a 中的值输出出来。

(4) 函数指针变量作函数参数的传递实例

例 8.20 输入 a 和 b 两个数,用子函数实现求最大者、最小者、两数之和的操作。

分析：

函数指针变量作函数参数,实际上是函数的一种灵活的使用方式,它可实现函数地址的传递,即将函数名传给形参。下面程序中,实现过程是用一个指针变量指向函数,通过该指针变量调用此函数。

(8_20. c)

```
# include < stdio. h >
void main( )
{ int max(),min(),add();                   /* 函数声明 */
  int a,b;
  scarf(" % d, % d",&a,&b);
  printf("max = ");
  process(a, b, max);                       /* 求最大值 */
```

```
        printf("min = ");
        process(a, b, min);                    /* 求最小值 */
        printf("sum = ");
        process(a, b, add);                    /* 求两数之和 */
    }
    /* 函数子程序 */
    process(int x, int( * fun)())
    { int s;
      s = ( * fun)( x, y );                     /* 函数指针的调用 */
      printf(" % d\n", s);
    }
    /* 求最大值 */
    max( int x, int y)
    { int   z;
        if (x > y)    z = x;
        else    z = y;
        return   z;
    }
    /* 求最小值 */
     min( int x, int y)
     { int   z;
         if (x < y)   z = x;
         else    z = y;
         return   z;
     }
    /* 求和 */
      add( int x, int y)
      { int   z;
          z = x + y;
          return   z;
      }
```

8.8　指针与动态内存分配

8.8.1　动态存储的概念

在 C 语言程序设计中,变量使用前必须进行一定的存储安排,例如放在哪里、占据多少存储单元等,这个工作被称作存储分配。动态内存分配是指在程序运行时为程序分配内存的一种方法。从变量的存储类别看,C 程序里的变量分为自动变量、静态变量、外部变量和寄存器变量。外部变量、局部静态变量的存储问题在编译时确定,其存储空间的实际分配是在程序开始执行前完成。

在实际应用中,有时在程序运行过程中可能临时需要可变的内存空间。但下面代码段是无法实现此功能的:

```
    int n;
```

```
scanf("% d", &n);
int a[n];
```

C语言不允许这种写法,因为上面程序段里希望通过变量 n 来定义数组 a 的大小,是错误的,因此需要另辟途径。一般计算机程序设计语言都是通过指针实现这种访问。用一个指针指向动态分配得到的存储块(将存储块的地址存入指针),此后通过对指针的间接操作,就可以使用这个存储块了。这就是动态内存分配的原理,引用动态分配的存储块是指针的另一主要用途之一。

在程序设计中,与动态分配对应的是动态释放。如果动态分配的存储块不用了,就应该考虑把它们释放掉。内存动态分配和释放的工作由动态存储管理系统完成,这是支持程序运行的基础系统(通常称为程序运行系统)的一部分。这个系统管理着一片存储区,在需要存储块时,可以调用动态分配操作,申请一个存储块;如果申请到的某个存储块不再需要了,就调用释放操作将它交还管理系统。由动态存储管理系统管理的这片存储区通常称为堆(heap)。

8.8.2　C 语言的动态存储管理方式

C 语言的动态存储管理由一组标准库函数实现,它们包含在 malloc. h 或 stdlib. h 头文件中。所以,在 C 语言程序设计中,只须调用相应的函数就可以实现动态存储管理,与动态存储分配有关的函数共有 4 个,下面分别介绍。

(1) 存储分配函数 malloc
调用形式:

```
void * malloc(unsigned size)
```

功能:在内存的动态存储区中分配一块长度为"size"字节的连续区域。函数的返回值为该区域的首地址。若分配不成功(如 size 值过大),返回空指针(NULL)。例如,利用动态存储管理方式,实现动态数组的定义:

```
int n;
double * p;
…
scanf("% d", &n);
p = (double * )malloc(n * sizeof(double));
                    / * 分配 n * sizeof(double)个字节的内存空间 * /
if (p == NULL)    / * 判断分配是否成功,返回值如为 NULL,不成功 * /
…
```

说明:

① 分配 n * sizeof(double)个字节的内存空间,并强制转换为双精度数组类型,函数的返回值为指向该双精度数组的指针,把该指针赋予指针变量 p。

② 在调用 malloc 时,最好通过 sizeof 计算存储块大小,不要直接写整数,以免出现不必要的错误。此外,每次动态分配都必须检查分配成功与否,并考虑两种情况的处理。

③ 一次动态分配得到的存储块有确定的大小,不允许越界使用。上面程序段里分配的存储块能存 n 个双精度数据,随后使用时就必须在这个范围内进行。越界使用动态分配的存储块,尤其是越界赋值,可能引起非常严重的后果,通常会破坏程序的运行系统,可能造成

程序或者整个计算机系统崩溃。

(2) 带计数和清零的动态存储分配函数 calloc

调用形式：

```
void * calloc(unsigned n, unsigned size)
```

功能：在内存动态存储区中分配 n 块长度为"size"字节的连续区域,分配时还把存储块全部清零。函数的返回值为该区域的首地址。若分配不成功,返回空指针(NULL)。

例如,前面程序片段里的存储分配也可以用下面语句实现:

```
p = (double * )calloc(n, sizeof(double));
```

其中的 sizeof(double)是求 double 类型数据的长度。因此该语句的意思是: 按 double 类型数据的长度分配 n 块连续区域,强制转换为 double 类型,并把其首地址赋予指针变量 p。

注意: malloc 对所分配区域不做任何事情,而 calloc 对整个区域进行自动初始化,这是两个函数的主要不同点。另外就是两个函数的参数不同。

(3) 动态存储释放函数 free

调用形式：

```
void free(void * ptr)
```

功能：释放 ptr 所指向的一块内存空间,ptr 是一个任意类型的指针变量,它指向被释放区域的首地址。被释放区域应是由 malloc 或 calloc 函数所分配的区域。free 函数无返回值,因为释放总是成功的。

注意: 调用 free(ptr) 并不改变 ptr 本身的值,但 ptr 所指存储块的内容却可能改变了。此后,不允许再通过 ptr 去访问已释放的块,否则可能引起灾难性后果。还有一点也要注意: 绝不能对并非指向动态分配存储块的指针使用 free 函数,那样做的后果不堪设想。

为保证有效使用动态存储区,在知道某块动态分配的存储区不再用时,应及时将它释放。释放动态存储块只能通过调用 free 函数完成。例如:

```
int fun( … )
{
  int * p;
  … , …
  p = (int * )malloc( … );
  …
  free(p);
  return … ;
}
```

在函数 fun()退出前释放了函数内分配的存储块。如果没有 free(p)语句,函数里分配的这个存储块就可能丢掉。因为 fun()的退出也使 p 的存在期结束,此后 p 保存的信息(动态存储块地址)就无法找到了。

(4) 分配调整函数 realloc

调用形式：

```
void * realloc(void * p, unsigned size);
```

功能：本函数用于更改以前做过的存储分配，改变原来分配的存储空间的大小。函数返回值是新分配的存储空间的首地址，与原来分配的首地址不一定相同。

在调用函数 realloc 时，指针 p 应指向一个以前分配的块，unsigned size 表示在内存的动态存储区中分配一块长度为"size"字节的连续区域。分配申请无法满足时，realloc 返回 NULL，与此同时 p 所指存储块的内容保持不变。如果分配申请能满足，realloc 返回的指针指向新的动态存储块，并且保证该块的内容与原存储块一致：如果新块较小，其中将存着原块在"size"范围内的数据；如果新块更大，原有数据存于新块的前面部分，新增部分不自动初始化。如果分配成功，原存储块内容就可能改变，因此不允许再通过 p 去使用它。

假如需要把现有的一个双精度块改为能存放 m 个双精度数，可以用下面程序段处理：

```
q = (double * )realloc(p,m * sizeof(double));
if (q == NULL)
{
  …                    /* 分配未成功,p仍然指向原存储块,处理这种情况 */
}
else
{
  p = q;
  …                    /* 分配成功,通过p可以使用具有新大小的存储块 */
}
```

这里的 q 是另一个双精度指针。程序段里没有直接将 realloc 的返回值赋给指针 p，是为了避免分配失败时存储块丢失。如果直接赋值，指针 p 原来的值就会丢掉。如果分配没成功，原来的存储块就再也无法找到了。

8.9 常见编程错误和编译器错误

在使用本章介绍的内容时，应注意下列可能的编程错误和编译器错误。

8.9.1 编程错误

（1）使用一个指针引用不存在的数组元素。例如，如果 num 是一个包含 10 个整数的数组，其表达式 * (num + 50)将指向超出数组的最后一个元素的整数位置。

（2）不正确地应用地址和间接运算符。例如，如果 pt 是一个指针变量，表达式"pt = &45;pt = &(x + 10);"都是无效的，因为它们试图获得一个数值的地址，但"pt = &x + 10;"是有效的。

（3）指针常量的地址不能获得。例如

int num[20]; int * pt;,

如果赋值"pt = #"则无效，因为在这里 num 本身相当于一个地址的指针常量，正确的赋值方式是"pt = num;"。

（4）当字符串被定义为一个字符数组时，没有为结尾字符串的 NULL('\0')字符提供足够的空间且在初始化数组时也没有包含 NULL('\0')字符。

8.9.2　编译器错误

与本章内容有关的编译器错误如表8.2所示。

表8.2　第8章有关的编译器错误

序号	错　　误	编译器的错误消息
1	试图初始化一个指向一个还没有被声明的变量的指针,例如: int * p = & num; int num = 7;	error:'num':undeclared identifier

2	试图引用一个不是指针的变量,例如:
	 int num = 7;
	 printf("%d", * num);
		error:　illegal idirection

3	不正确地应用地址运算符,例如: int * num; int val; num = & (val + 10);	error:　C2102: '&' requires lvalue
4	试图获得一个指针常量的地址,例如: int num[] = {16,18}; int * p; p = & num;	error: C2440:' = ':cannot convert from 'int (* _w64)[2]' to 'int * '

小　　结

本章从变量的定义及操作方式入手,介绍变量在存储器中的存储方式及特点,逐步理解和掌握指针变量的概念、定义及使用。在C语言程序设计中,由于通过指针变量来间接地操作变量、数组、函数能使程序的设计方法更加复杂多变,所以,对于不同指针类型及指针变量的运算需要重点掌握。本章主要包括以下内容。

(1) 指针变量的各种定义方式。

(2) 指针的运算。

(3) 动态内存分配函数。

习　　题

8.1　选择题

8.1.1　下面各语句行中,能正确进行字符串赋值操作的语句行是(　　)

A. char s[4][5] = { "abcd"}　　　　　　　B. char s[5] = {'a','b','c','e','f'};

C. char * s; s = "abcd";　　　　　　　　D. char * s = ; scanf("%s",s);

8.1.2　正确的数组定义语句为(　　)

A. int A["a"];　　　　B. int A[3,5];　　　　C. int A[ ][ ];　　　　D. int * A[3];

8.1.3　若有以下说明和语句,选出哪个是对c数组元素的正确引用(　　)

```
int c[4][5], ( * cp)[5];
cp = c;
```

A. cp + 1   B. * (cp + 3)   C. * (cp + 1) + 3   D. * (* cp + 2)

8.1.4 执行下列语句后,其输出结果为( )

```
#include < stdio.h>
void main()
{ int ** k, * j, i = 100;
  j = &i; k = &j;
  printf("%d\n", **k);
}
```

A. 运行错误   B. 100   C. i 的地址   D. j 的地址

8.1.5 设有如下的程序段:

```
char str[ ] = "Hello";
char * ptr;ptr = str;
```

执行上面的程序段后,*(ptr + 5)的值为( )

A. 'o'   B. '\0'   C. 不确定的值   D. 'o'的地址

8.1.6 若有说明：long * p,a;

则不能通过 scanf 语句正确给输入项读入数据的程序段是( )。

A. * p = &a;scanf("%ld",p);

B. p = (long *)malloc(8);scanf("%ld",p);

C. scanf("%ld",p = &a);

D. scanf("%ld",&a);

8.1.7 下面函数的功能是( )

```
sss(s, t)
char * s, * t;
{ while(( * s)&&( * t)&&( * t++ == * s++));  return( * s - * t);}
```

A. 求字符串的长度   B. 比较两个字符串的大小

C. 将字符串 s 复制到字符串 t 中   D. 将字符串 s 接续到字符串 t 中

8.1.8 请选出以下程序的输出结果( )

```
#include < stdio.h>
sub(x,y,z)
int x, y, * z;
{ * z = y - x; }
void main()
{
int a, b, c;
sub(10,5,&a); sub(7,a,&b); sub(a,b,&c);
printf("%d,%d,%d\n", a,b,c);
}
```

A. 5,2,3   B. -5,-12,-7   C. -5,-12,-17   D. 5,-2,-7

8.1.9 下面函数的功能是( )

```
int fun1(char * x)
{  char * y = x;
```

```
      while( * y++);
      return(y - x - 1);
   }
```

A. 求字符串的长度　　　　　　　　B. 比较两个字符串的大小

C. 将字符串 x 复制到字符串 y　　　D. 将字符串 x 连接到字符串 y 后面

8.2　填空题

8.2.1　在指针的概念中,"＊"表示的含义是_____,而"&"表示的含义是_____。

8.2.2　如果 p 是一个指针,那么 ＊&p 表示的含义是_____,而 &＊p 表示的含义是_____。

8.2.3　统计从终端输入的字符中每个大写字母的个数。用"♯"号作为输入结束标志,请填空。

```
# include < stdio. h >
# include < ctype. h >
void main( )
{ int num[26],i;
  char c, * pc = &c;
  for(i = 0; i < 26; i++)   num[i] = 0;
  while( (____ = getchar()) != '♯')          /* 统计从终端输入的大写字母个数 */
    if( isupper( * p)) num[ * p - 65] += 1;
  for(i = 0; i < 26; i++)                    /* 输出大写字母和该字母的个数 */
    if(num[i])  printf(" % c: % d\n", i + 'A',_____);
}
```

8.2.4　以下程序调用 findmax 函数求数组中值最大的元素在数组中的下标,请补充填空。

```
# include < stdio. h >
findmax (int * s, int t, int * k )
{ int p;
  for(p = 0, * k = p;p < t;p++)
    if ( s[p] > s[ * k] )  _____;
}
void main()
{ int a[10] , i, k ;
  for ( i = 0 ; i < 10 ; i + + ) scanf(" % d",&a[i]);
  findmax ( a,10,&k );
  printf ( " % d, % d\n" , k , a[k] );
}
```

8.2.5　以下程序求 a 数组中的所有素数的和,函数 isprime 用来判断自变量是否为素数,请补充填空。

```
# include < stdio. h >
void main()
{ int i,a[10], * p = ____, sum = 0;
  printf("Enter 10 num:\n");
  for(i = 0;i < 10;i + + ) scanf(" % d",&a[i]);
```

```
    for(i = 0;i < 10;i + + )
      if(isprime( * (p + i)) = = 1)
         { printf(" % d", * (a + i));  sum + = _____ ; }  / * 打印素数 * /
      printf("\nThe sum = % d\n",sum);                    / * 打印所有素数的和 * /
}
isprime(int x)
{ int i;
  for(i = 2;i < = x/2;i + + )
      if(x % i == 0)  return (0);
  return ____ ;
}
```

8.2.6　在下列程序中,其函数的功能是比较两个字符串的长度,比较的结果是函数返回较长的字符串的地址。若两个字符串长度相同,则返回第一个字符串的地址。

```
# include < stdio. h >
char *  _____ ( char * s, char * t)
{ char * ss = s, * tt = t;
  while(( * ss)&&( * tt))
    { ss++; tt++; }
  if ( * tt)  return  tt;
  else     return  _____ ;
}
void main( )
{ char a[20],b[10], * p = a, * q = b;
 gets(p);
 gets( ____ );
 printf(" % s\n",fun (p, b ));
}
```

8.3　写出以下程序的运行结果

8.3.1　main( )
```
        { int a[ ] = {2,4,6,8}, * p = a,i;
          for(i = 0;i < 4;i++)  a[i] = * p++;
          printf(" % d, % d\n",a[2], * ( - -p));
        }
```

8.3.2　# include < stdio. h >
```
        void main( )
        { int a,b,c;
          int x = 4, y = 6, z = 8;
          int p1 = &x, p2 = &y, * p3;
          a = p1 == &x;
          b = 3 * ( - * p1)/( * p2) + 7;
          c = * (p3 = &z) = * p1 * ( * p2);
          printf(" % d, % d, % d\n",a,b,c);
        }
```

8.3.3　# include < stdio. h >
```
        void main( )
        { int a[ ] = {2,4,6,8,10}, * p, * * k;
          p = a;    k = &p;
```

233

第
8
章

指针

```
                    printf(" % d  ", * (p++));
                    printf(" % d \n", * * k);
                }
```

8.3.4
```
        # include < stdio. h >
        void main( )
        { int a[3][4] = {2,4,6,8,10,12,14,16,18,20,22,24};
          int ( * p)[4] = a, i, j, k = 0;
          for(i = 0; i < 3; i++)
            for(j = 0; j < 2; j++))
                k + = * ( * (p + i) + j);
          printf(" % d \n",k);
        }
```

8.3.5
```
          # include < stdio. h >
          void main( )
          { int k = 0, sign, m;
            char s[ ] = " - 12345";
            if(s[k] == ' + '||s[k] == ' - ')
            sign = s[k++] == ' + '?1: - 1;
            for(m = 0;s[k] > = '0'&&s[k] < = '9';k++)
                m = m * 10 + s[k] - '0';
            printf("Result = % d\n",sign * m);
          }
```

8.3.6 若有 5 门课程的成绩是：90.5,72,80，61.5,55,则程序运行结果是多少？其函数执行什么功能？

```
    # include < stdio. h >
    float fun ( float * a , int n )
    {   int i;
        float sum = 0;
        for(i = 0; i < n; i++)
          sum + = a[ i ];
        return(sum/n);
    }
    void main( )
    {   float score[30] = {90.5, 72, 80, 61.5, 55}, aver;
        aver = fun( score, 5 );
        printf( "\nAverage score is: % 5.2f\n", aver);
    }
```

8.3.7 若输入字符串"-1234",则程序运行结果是多少？其程序执行什么功能？

```
    # include < stdio. h >
    # include < string. h >
    long fun ( char * p )
    {   long nn = 0; int ss = 1;
        if(( * p) == ' - '){ p++; ss = - 1;}
        if(( * p) == ' + ') p++;
        while( * p)
          nn = nn * 10 - 48 + ( * p++);
        return(nn * ss);
```

```
}
void main()                                    /* 主函数 */
{  char s[6];
   long n;
   printf("Enter a string:\n") ;
   gets(s);
   n = fun(s);
   printf(" % ld\n",n);
}
```

8.3.8　下列程序功能是将长整型数中每一位上为偶数的数依次取出,构成一个新数放在 t 中。高位仍在高位,低位仍在低位。例如,当 s 中的数为:87653142 时,t 中的数为:8642。请改正程序中的错误,使它能得出正确的结果。

```
# include < stdio. h>
void fun (long s, long * t)
{ int d;
 long sl = 1;
  * t = 0;
  while ( s > 0)
    { d = s % 10;
      if (d/2 == 0)
        { * t = d * sl +  * t;   sl * = 10;  }
        s \ = 10;
    }
}
void main()
{  long s, t;
   scanf(" % ld", &s);
   fun(s, &t);
   printf("The result is: % ld\n", t);
}
```

8.3.9　下列程序功能是对 M 行 M 列整数方阵求两条对角线上各元素之和。请改正程序中的错误,使它能得出正确的结果。

```
# include < stdio. h>
# define M   5
int fun( int n, int x[ ][ ])
{  int i, j, sum = 0, * p;
   for( p = 1, i = 1;i <= M ; i++)
      sum + = p[ i ][ i ] + p[ i ][ n - i - 1 ];
   return( sum );
}
void main( )
{  int a[M][M] = {{1,2,3,4,5},{4,3,2,1,0},{6,7,8,9,0},{9,8,7,6,5},{3,4,5,6,7}};
   printf ( "\nThe sum of all elements on 2 diagnals is % d.",fun( M, a ));
}
```

8.4　编程题

8.4.1　通过键盘输入 10 整数在一维数组中,并且把该数组中所有为偶数的数,放在另一个数组中,用指针的方法进行编程。

8.4.2 对在一维数组中存放的 10 个整数进行如下的操作:从第 3 个元素开始直到最后一个元素,依次向前移动一个位置,输出移动后的结果,用指针的方法进行编程。

8.4.3 在一个字符数组中存放"AbcDEfg"字符串。编写程序,把该字符串中的小写字母变为大写字母,把该字符串中的大写字母变为小写字母,用指针的方法进行编程。

8.4.4 用字符指针变量,进行 5 个字符串的输入,并进行字符串大小的比较,输出 5 个字符串中最小的字符串。

8.4.5 在主函数中随机输入 20 个数在一个数组中,通过运算处理输出该数组中的最小值。其中确定最小值的下标的操作在子函数实现,请给出该函数的主函数与子函数的完整程序。

8.4.6 在主函数中有 30 个学生,三门课程,用二维数组存放该信息;用子函数对数组的信息分别进行如下的操作:(1)输出每门课程的平均分(2)输出每门课程的最高分、最低分(3)统计每门课程不及格人数。

8.4.7 编写函数 fun(char * str, int num[10])。它的功能是:分别找出字符串中每个数字字符(0,1,2,3,4,5,6,7,8,9)的个数,用 num[0] 来统计字符 0 的个数,用 num[1] 来统计字符 1 的个数,……,用 num[9] 来统计字符 9 的个数。字符串由主函数从键盘读入。

第9章 编译预处理

为了优化程序设计环境,提高编程效率,ANSI C 标准允许在 C 源程序中加入一些"预处理命令"。这些预处理命令由 ANSI C 统一规定,但不是 C 语言本身的组成部分,必须进行特殊处理,即对程序进行通常的编译处理之前,编译程序会自动运行预处理程序,对源程序中以"#"号开头的命令进行编译预处理,经过预处理后程序不再包括预处理命令。最后,再由编译程序对预处理后的源程序进行通常的编译处理,得到可执行的目标代码。

C 语言提供的预处理功能有以下 3 种:

- 宏定义。
- 文件包含。
- 条件编译。

用相应的宏定义、文件包含、条件编译命令实现,这些命令以"#"号开头。

9.1 宏 定 义

在 C 程序中使用宏,是一个非常好的代码手段,可以减少代码量,提高可阅读性。

在源程序中,用一个指定的标识符(即名字)来代表一个字符串称为"宏"。这个标识符称为"宏名",在源程序中可以出现这个宏名,称为"宏引用"或"宏调用"。在编译预处理时,对源程序中所有出现的"宏名",均可用宏定义中的字符串去替换,这种将宏名替换成字符串的过程称为"宏替换"或"宏展开"。

宏分为不带参数的宏(即无参宏)和带参数的宏(即有参宏)两种。为了与一般的变量名、数组名、指针变量名相区别,宏名通常由大写字母组成。

9.1.1 不带参数的宏定义

不带参数的宏定义也叫字符串的宏定义,用于使常量或字符串等同于标识符。它的一般形式如下:

#define 标识符 字符串

如已经介绍过的定义符号常量:

#define PRICE 30

其功能是指定标识符 PRICE 来代替"30"这个字符串,源程序开始编译前,将会把源程序中所有引用 PRICE 宏名替换成"30"字符串,然后再编译源程序。

这种替换的优点在于,用一个有意义的标识符代替一个字符串,便于记忆,易于修改,能提高程序的可移植性。

例 9.1 计算商品总价。

(9_1. c)

```
# include < stdio. h >
# define   PRICE   30
void main()
{
int total, num;
scanf(" % d", &num) ;                        / * 输入商品数量 * /
total = num * PRICE;                         / * 计算总价 * /
printf("total = % d\n", total);}
```

程序运行结果:

```
6
total = 180
```

程序分析:

本例使用宏定义定义商品单价,如果商品调价,只要修改宏定义语句即可,无须修改程序其他地方,做到一改全改。

说明:

(1) 宏名一般用大写字母,以便与程序中的变量名或函数名区分。当然宏名也可用小写字母。但一旦小写宏名和一个变量的名字重名,很多的 C 编译器默认状态下不会报警或报错,将会给程序运行结果带来灾难性的影响。

(2) 宏名最好见名知意。如果起名不当或太过简单,会导致代码可读性大大降低。

(3) 一般情况下,宏定义放在程序开头,所有函数之前。也可以把所有宏定义语句放在单独一个文件里,再把这个文件包含到你的程序文件中。

(4) 宏替换由编译预处理程序完成,不占用程序的运行时间。在替换时,只是作简单的替换,不作语法检查。只有当编译系统对展开后的源程序进行编译时才可能报错。

(5) 宏定义不是 C 语言的语句,不需要使用语句结束符“;”,如果使用了分号,则会将分号作为字符串的一部分一起进行替换。

(6) 一个宏的作用域是从定义的地方开始到本文件结束,也可以用 # undef 命令终止宏定义的作用域。例如:

```
# define    YES        1                     / * 定义宏 YES * /
void   main()
  { …
  }
  # undef    YES                             / * 终止宏定义 * /
  # define    YES    0                        / * 再次定义宏 YES * /
  f1()
  { …
  }
```

(7) 在进行宏定义时,可以使用已定义过的宏名,即宏定义嵌套形式。如:

```
#define MESSAGE   "This is a string"
#define PRN   printf(MESSAGE)
void main()
{
PRN;
}
```

程序运行后的结果是:

This is a string

(8) 程序中用双引号括起来的字符串中的宏名在预处理过程中不进行替换。如:

```
#define TRUE   1
printf("TRUE = %d\n",TRUE);
```

程序运行后的结果:TRUE=1。格式控制字符串内的 TRUE 不作替换,而 printf 函数中参数 TRUE 被替换成1。

9.1.2　带参数的宏定义

带参数宏定义的一般形式为:

#define　标识符(参数表)　字符串

进行预处理时,不仅对定义的宏名进行替换,而且对参数也要进行替换。例如

```
#define   S(a,b)    (a)*(b)
…
area = S(3,2);                 /* 宏展开为: area = (3)*(2); */
```

带参数宏定义的替换过程如下:

按宏定义 #define 中命令行指定的字符串从左向右依次替换。上述程序段中,形参(a, b)用程序中的相应实参(3,2)去替换。若定义的字符串中含有非参数表中的字符,则保留该字符,如本例中的"("、")"、"*"这些符号原样照写。又如:

```
#define   MIN(x,y)   ((x)<(y)?(x):(y))
a = MIN(3,7);                 /* 宏展开为: a = ((3)<(7)?(3):(7)); */
a = MIN(3+8,7+6);             /* 宏展开为: a = ((3+8)<(7+6)?(3+8):(7+6)); */
```

例 9.2　计算圆面积。

(9_2.c)

```
#include <stdio.h>
#define PI   3.14159         /* 定义不带参数的宏名 PI */
#define AREA(r)   PI*r*r      /* 定义带参数的宏名 AREA */
void main()
{float radius, area;
scanf("%f",&radius);
area = AREA(radius);          /* 计算圆的面积 */
 printf("AREA = %.2f", area);
}
```

说明：

（1）为了避免非预期的结果出现，推荐用括号将所有的宏参数全部括起来。如：前例中有定义：

```
#define  S(a,b)    a*b
```

语句 area = S(4 + 1,2)；宏展开为：area = 4 + 1 * 2；显然这不是预期的结果。若定义为：

```
#define  S(a,b)    (a)*(b)
```

则在任何时候调用都能得到正确的结果。

（2）在写带有参数的宏定义时，宏名与带括号参数间不能有空格。否则将空格以后的字符都作为替换字符串的一部分，这样就成了不带参数的宏定义了。如：

```
#define  AREA  (r)  (PI*(r)*(r))
```

则这样定义的 AREA 为不带参数的宏名，它代表字符串"(r) (PI * (r) * (r))"。显然不能得到预期的结果。

（3）在使用带宏的参数时也要小心。例如，一种常见的错误就是将自增变量传递给宏，如：

```
#define  CUBE(x)  (x * x * x)
x = 5;
y = CUBE( ++x);
```

宏展开为：

```
y = (++x * ++x * ++x);
```

由于每次引用 x 时，x 都要自增，则得到的结果既不是 5 的立方，也不是 8 的立方，而是 392。

例 9.3 利用函数调用输出半径为 1 到 10 的圆的面积。

（9_3.c）

```
#include<stdio.h>          /*定义无参宏*/
#define PI 3.14
float   square (int n)
{ return(PI * n * n);
}
void   main( )
{int i;
 for (i = 1;i < = 10;i++)
  printf("%8.2f",square(i));
 }
```

程序运行后的结果：

```
3.14   12.56   28.26   50.24   78.50  113.04  153.86  200.96  254.34  314.00
```

程序分析：

本例用循环反复调用 square 函数，实参是 i。第 1 次传递参数是 1，第 2 次是 2，以此类推，最后一次传递的参数是 10。

例 9.4 利用宏调用输出半径为 1 到 10 的圆的面积。

(9_4.c)

利用宏定义对上面程序进行改写。

```
#include<stdio.h>
#define PI 3.14
#define square(n)  (PI*(n)*(n))
void main()
{int  i;
for (i=1;i<=10;i++)
  printf("%8.2f",square(i));
}
```

程序分析：

本例用带参数的宏定义来实现，程序运行结果同上。

从上例可以看出，带参数的宏定义与函数虽然相似，但有质的区别，主要体现在以下几方面：

(1) 在函数中，形参和实参是两个不同的量，各有自己的作用域，调用时要把实参值赋给形参，进行值传递。而在带参宏中，只是进行简单的字符替换。例如：语句"s=S(3+2);"在宏展开时并不求 3+2 的值，而是用字符"3+2"代替形参。

(2) 在函数中，要对实参和形参定义数据类型，而宏的形参不存在数据类型。

(3) 函数调用时，要为形参分配临时内存单元，要占用程序的运行时间。而宏替换是在编译时进行的，不占用运行时间。

(4) 函数调用只能得到一个返回值，而用宏可以设法得到几个结果。

(5) 使用宏次数越多，宏展开后的源程序越长，而函数的调用不会使源程序加长。

那么，在程序中使用宏还是使用函数更好呢？

使用宏的优点是执行速度加快，因为宏直接被扩展和包含在每个使用宏的表达式中，没有函数的调用和返回过程的时间损失。缺点是当宏被重复使用时，所需的内存空间增加。如同样的宏在 10 个地方使用，最终的代码将包括该宏的扩展文本形式 10 个副本。但函数在内存中只存储一次，无论这个函数被调用多少次。

所以，使用宏还是函数，这取决于你的代码是为哪种情况编写的。

9.2 文件包含处理

预处理程序中的"文件包含处理"是一个源文件可以将另外一个源文件的全部内容包含进来，即将另外的文件包含到本文件之中。命令格式有如下：

```
#include  <filename>
```

或

```
#include  "filename"
```

在前面已多次用此命令包含过库函数的头文件，如：

```
# include  < stdio. h >
# include  < math. h >
```

预处理程序在对 C 源程序文件扫描时,遇到该 # include 命令,则将指定的 fliename 文件内容替换到源文件中的 # include 命令行中,从而把该文件和当前的源程序文件连成一个源文件,再对"包含"后的文件作一个源文件编译。

< filename >与"filename"的区别:尖括号<>通知预处理程序,按系统规定的标准方式检索文件目录;双引号""通知预处理程序,首先在原来的源文件目录中检索指定的文件 filename;如果查找不到,则按系统指定的标准方式继续查找。例如,使用系统的 PACH (PATH)命令定义了路径,有 # include < math. h >,编译程序按此路径查找 math. h,一旦找到与该文件名相同的文件,便停止搜索。如果路径中没有定义该文件所在的目录,即使文件存在,系统也将给出文件不存在的信息,并停止编译。文件包含处理的默认路径通常是在 INCLUDE 环境变量中指定的。

"# include < filename >"语句一般用来包含标准头文件。因为这些头文件极少被修改,并且它们总是存放在编译程序的标准包含文件目录下。

"# include   "filename""语句一般用来包含非标准头文件,因为这些头文件一般存放在当前目录下,你可以经常修改它们,并且要求编译程序总是使用这些头文件的最新版本。例如,可用"文件包含"求 3 个整数的最小数。

因为在实际应用中,经常遇到最小数算法,所以将此算法写为 min. c 通用程序,在需要用到此算法的源程序中,将此文件包含进来即可。

min. c 源程序

```
//min. c 源程序文件清单
/ * 求两个整数中最小数 * /
int   min( int   a,  int   b )
    {
       if(a < b)    return( a);
       else       return( b); }
```

newfile. c 源程序

```
# include < stdio. h >
# include   "min. c"            / * 文件包含 * /
   void   main(   )
   {  int   x1, x2, x3, min;
      scanf(" % d, % d, % d",&x1,&x2,&x3);
      min = min(x1, x2);
      min = min(min, x3);
      printf("min = % d\n", min);
   }
```

程序分析:

本例把求 2 个整数最小数写成通用程序 min. c,在求 3 个整数最小数时,首先在源程序 newfile. c 中,把 min. c 包含进来后,可以像使用 C 库函数一样使用它了。先求出 x1、x2 的最小数,送给 min 保存,然后,再求出 min、x3 的最小数,送给 min,则 min 的值为 x1、x2、x3

的最小数。

使用文件包含命令还要注意以下几点：

- 一个包含文件命令一次只能指定一个被包含文件，若要包含 n 个文件，则要使用 n 个包含文件命令。
- 在使用包含文件命令时，要注意尖括号"< filename >"和双引号""filename""两种格式的区别。
- 文件包含可以嵌套，即在一个被包含文件中又可以包含另一个被包含文件。
- 包含文件也是一种模块化程序设计的手段。

在程序设计中，可以把一些具有公用性的变量、函数的定义或说明以及宏定义等连接在一起，单独构成一个文件，使用时用 ♯include 命令把它们包含在所需的程序中即可。

9.3 条件编译

一般情况下，C 源程序清单中的所有代码都应参加编译。而 C 语言的条件编译可以按不同的条件去编译不同的程序部分，因而产生不同的目标代码文件。如有时我们希望用条件编译来进行程序移植，或进行程序的逐段调试，简化程序调试工作。

条件编译命令的工作方式几乎与 if…else 语句相同。

1. ♯if 形式

```
♯if   表达式
   程序段 1
[ ♯else
   程序段 2]
♯endif
```

功能：表达式值为真，编译程序段 1；否则编译程序段 2。如果[]括号部分被省略，则在表达式值为假时就没有语句被编译。

例 9.5 条件编译。

(9_5.c)

```
♯include < stdio. h >
♯define X 5
void main()
{ ♯if   X - 5
    printf("|x| = % d",X);
♯else
    printf("|x| = % d", - X);
♯endif}
```

运行结果：

|x| = - 5

程序分析：

运行时，根据表达式 X - 5 的值是否为真（非零），决定对哪一个 printf 函数进行编译，

而其他的语句不被编译(不生成代码)。本例中表达式 X-5 宏替换后变为 5-5,即表达式 X-5 的值为 0,编译时只对第二条输出语句 printf("|x| = %d", - X);进行编译。所以输出结果为:|x| =-5。

2. #ifndef 和 #ifdef 形式

```
# ifndef   标识符
   程序段 1
[ # else
   程序段 2]
# endif
```

功能:如果标识符未被 #define 命令定义过则对程序段 1 进行编译,否则对程序段 2 进行编译。

#ifdef 与 #ifndef 语句形式一样,功能则与之相反。

#ifndef 和 # ifdef,前者表示"如果没有被定义",后者表示"如果被定义"。目前,#ifndef 是使用最频繁的条件编译命令。它最常见的用法如下:

```
# ifndef   studio. h
# include < stdio. h>
# endif
```

这个语句是检查 studio. h 头文件是否被包含,如果前面没有定义,"# include < stdio. h>" 命令被执行。这样能防止 studio. h 头文件重复包含。

9.4 常见编程错误和编译器错误

在使用本章介绍的内容时,应注意下列可能的编程错误和编译器错误。

9.4.1 编程错误

(1) 预处理语句后加分号。
(2) 带参数的宏定义中,未使用必要的括号,致使程序运行后不能得到预期的结果。
(3) 宏名用小写,与程序中一变量同名。

9.4.2 编译器错误

与本章内容有关的编译器错误如表 9.1 所示。

表 9.1　第 9 章有关的编译器错误

序号	错　　误	编译器的错误消息
1	定义一个宏时使用一个赋值语句。如: # define SEAR(r) = r * r; 而不是正确用 # define SEAR(r)　r * r	没有错误报告,因为替换是可接受的。但当使用宏时,会得到一个编译错误。
2	忘记用 # endif 结束一个 # ifdef 条件编译命令	:fatal error: mismatched # if/ # endif pair in file

小　　结

本章要求掌握以下内容：

（1）C语言的三种编译预处理，即宏定义、文件包含和条件编译。它们在程序具体编译之前，预先进行处理。预处理功能是C语言特有的，有利于增强程序的可移植性，增加程序的灵活性。

（2）所有的预处理命令均以"♯"号开头，它不是语句，所以末尾不要加分号，以区别于C语句、定义语句和说明语句。

（3）预处理命令若有变动，必须对源程序重新编译和连接。

（4）♯define命令通常写在程序的开头部分、函数之前。

（5）宏展开时，只是简单的字符替换，不含计算过程。

（6）一条♯include命令只能指定一个包含文件，如果源程序中要有多个包含文件，则必须用多个♯include命令。

（7）♯include命令可以包含库文件，也可以包含其他源程序。

习　　题

9.1　选择题

9.1.1　在宏定义"♯define　PI 3.14159"中，宏名PI代替的是一个（　　）。

A. 常量　　　　　　B. 单精度数　　　　　C. 双精度数　　　　　D. 字符串

9.1.2　定义一个名为NEW(X)的宏，产生它的参数的负值，正确的语句是（　　）。

A. ♯define　NEW(X)　- x　　　　　B. ♯define　NEW(X) x

C. ♯define　NEW(X) (- x)　　　　　D. ♯define　NEW(X) (- x);

9.1.3　定义一个名为ABSVAL(X)的宏，产生它的参数的绝对值，正确的语句是（　　）。

A. ♯define ABSVAL(X) (- x)

B. ♯define ABSVAL(X) (x < 0 ? - x : x)

C. ♯define ABSVAL(X) (x > 0 ? x : - x)

D. ♯define ABSVAL(X) ((x) < 0 ? (- x) : (x))

9.1.4　下列格式中哪个是合法的（　　）。

A. ♯define PI = 3.14159　　　　　B. include　"string. h"

C. ♯include　math. h;　　　　　　D. ♯define　s(r)　r * r

9.1.5　以下程序的输出结果是（　　）。

```
#define  MIN(x,y)   (x)<(y)?(x):(y)
main(  )
{  int  i=10,j=15,k;
   k=10*MIN(i,j);
   printf("%d\n",k);
}
```

A. 10　　　　　　　B. 15　　　　　　　　C. 100　　　　　　　D. 150

9.1.6 以下有关宏替换的叙述不正确的是( )。

A. 宏替换只是字符替换　　　　　B. 宏名无类型

C. 宏名必须用大写字母表示　　　D. 宏替换不占用运行时间

9.1.7 设有以下宏定义,则执行语句"z = 2 * (N + Y(5 + 1)); "后,z 值为( )。

```
#define   N   3
#define   Y(n)   ((N+1)*n)
```

A. 42　　　　　　B. 15　　　　　　C. 48　　　　　　D. 出错

9.1.8 设有以下定义: #define F(n) 2 * n,则表达式 F(4 + 2)的值是( )。

A. 12　　　　　B. 10　　　　　C. 22　　　　　D. 20

9.1.9 关于预处理,以下叙述正确的是( )。

A. 可以把 define 和 if 定义为用户标识符(即宏名或常量符号名)

B. 可以把 define 定义为用户标识符,但不能把 if 定义为用户标识符

C. 可以把 if 定义为用户标识符,但不能把 define 定义为用户标识符

D. define 和 if 都不能定义为用户标识符

9.1.10 关于预处理,以下叙述正确的是( )。

A. 预处理命令行必须位于 C 源程序的起始位置

B. 在 C 语言中,预处理命令行都以"#"开头

C. 每个 C 程序必须在开头包含预处理命令行: #include < stdio. h >

D. C 语言的预处理不能实现宏定义和条件编译的功能

9.2　编程题

9.2.1 写出下列程序的运行结果,并上机予以验证。

```
#define  LETTER   0
main(   )
{  char  str[20] = "C Language",c;
   int  i = 0;
   while( (c = str[i])!= '\0' )
      { i = i + 1;
         #if  LETTER
            if( c > = 'a' &&c < = 'z' )
                 c = c - 32;
         #else
            if(   c > = 'A' &&c < = 'Z' )
                 c = c + 32;
         #endif
         printf(" %c",c);
      }
}
```

9.2.2 写出下列程序的运行结果,并上机予以验证。

```
#define EXCH(a,b)   { int t; t = a; a = b; b = t; }
main(   )
{ int x = 5,y = 9;
  EXCH(x,y);
```

```
    printf("x = % d,y = % d\n",x,y);
}
```

9.2.3   写出下列程序的运行结果,并上机予以验证。

```
#define  PR(x)   printf(" % d,",x)
main(   )
{  int   i,a[ ] = {1,3,5,7,9,11,13,15}, * p = a + 5;
   for(i = 3; i; i-- )
      switch( i )
          {  case  1:
             case  2:  PR( * p++); break;
             case  3:  PR( * ( -- p));
          }
}
```

9.2.4   编程,定义一个带参数的宏 MAXD,计算从键盘输入两个数值中的最大值。

9.2.5   编程,定义一个带参数的宏,用来判断整数 n 是否能被 5 和 7 同时整除,其中 n 是由键盘任意输入的整型数据。

9.2.6   编程,用条件编译方法实现以下功能:

输入一行电报文字,可以任选两种输出,一为原文输出;一为将字母变成其下一字母(如'a'变成'b',……,'z'变成'a'),其他非字母字符不变。用#include 命令来控制是否要译成密码。例如:

```
#define CHANGE        1
```

则输出密码。若

```
#define CHANGE        0
```

则不译成密码,按原码输出。

第 10 章　　复杂数据类型

　　前面学习了一些简单数据类型(整型、实型、字符型)的定义和应用,还学习了数组(一维、二维)的定义和应用,这些数据类型的特点是:当定义某一特定数据类型后,就限定该类型变量的存储特性和取值范围。对简单数据类型来说,既可以定义单个的变量,也可以定义数组。而数组的全部元素都具有相同的数据类型,或者说是相同数据类型的一个集合。

　　在日常生活中,常会遇到一些需要填写的登记表,如住宿表、成绩表、通信地址等。在这些表中,填写的数据是不能用同一种数据类型描述的。如,在住宿表中通常会登记上姓名、性别、身份证号码等项目;在通信地址表中会写下姓名、邮编、邮箱地址、电话号码、E-mail等项目。这些表中集合了各种数据,无法用前面学过的任一种数据类型完全描述。因此 C引入一种能集中不同数据类型于一体的数据类型——结构体类型。结构体类型的变量可以拥有不同数据类型的成员,是不同数据类型成员的集合。

　　不同数据类型的数据可以使用共同的存储区域,这种数据构造类型称为联合体,简称联合,又称共同体。

　　本章将介绍有关结构体和联合体的复杂数据结构,同时将简单地介绍与结构体紧密关联的链表数据结构。另外,还介绍一种特别的数据类型——枚举类型(属于基础类型,但是该类型是构造出来的)。

10.1　复杂数据类型概述

　　从数据的表达方法而言,前面几章介绍了 C 语言提供的基本数据类型和由基本数据类型构造的数组类型,以及指针类型。但是,仅有这些类型还不够,本章将学习 C 语言中的复杂数据类型:结构体、联合体及线性链表。

　　【问题】什么是结构体类型? 什么是结构体变量? 结构体类型与数组类型有什么区别和联系?

　　例如:一个人的基本信息如图 10.1 所示。图中的个人基本信息都不能用单一的某一种基本数据类型对它进行完全描述。在实际问题中,一组数据往往具有不同的数据类型。例如,在学生登记表中,姓名应为字符型;学号可为整型或字符型;年龄应为整型;性别应为字符型;成绩可为整型或实型。显然不能用一个数组来存放这一组数据。因为数组中各元素的类型和长度都必须一致,以便于编译系统处理。

　　C 语言不仅提供了丰富的数据类型,而且还允许自定义复杂类型说明符,也就是说允许由用户定义复杂数据类型。类型定义符有 struct、union 等。

姓名	年龄	性别	身份证号	民族	住址	电话号码
(字符数组)	(整型)	(字符)	(长整型)	(字符)	(字符数组)	(长整型)

图 10.1　个人基本信息

10.2　结　构　体

10.2.1　结构体类型的概念及定义

C 语言中给出了一种构造数据类型——"结构(structure)"或叫"结构体"。它相当于其他高级语言中的记录。"结构"是一种构造类型,它是由若干"成员"组成的。成员可以是基本数据类型或者构造类型。结构既然是"构造"而成的数据类型,那么在说明和使用之前必须先定义它,也就是构造它。如同在声明和调用函数之前要先定义函数一样。

结构体类型的定义形式如下:

struct　类型名
{
成员项表列;
};

例如,定义一个包含图 10.1 中全部数据类型的结构体类型,代码如下:

```
struct  person              /* 结构体类型名 */
{
    char  name[20];         /* 以下定义成员项的类型和名字 */
    int   age;
    char  sex;
    long  num;
    char  nation;
    char  address[20];
    long  tel;
};
```

说明:在这个结构体定义中,结构体名为 person,该结构体由 7 个成员组成。第一个成员为 name,字符串变量;第二个成员为 age,整型变量;第三个成员为 sex,字符变量;第四个成员为 num,长整型变量;第五个成员为 nation,字符变量;第六个成员为 address,字符串变量;第七个成员为 tel,长整型变量。

结构体定义之后,即可进行变量说明。凡说明为结构体 person 的变量都由上述 7 个成员组成。由此可见,结构体是一种复杂的数据类型,是数目固定、类型不同的若干有序变量的集合。

注意:

(1) 右花括号后的分号是不可少的。

(2) 结构体类型和基本数据类型以及数组类型是不同的。

复杂数据类型

10.2.2 结构体变量的概念及定义

结构体变量是指用已经定义的结构体数据类型说明的变量。结构体变量的定义有以下3种方法。下面以结构体 stu 为例来加以说明。

1. 先定义结构体,再说明结构体变量

例如:

```
struct stu
    {
    int num;
    char name[20];
    char sex;
    float score;
    };
struct stu   boy1,boy2;
```

定义了一个 stu 的结构体数据类型,然后用该类型说明了两个变量 boy1 和 boy2 为 stu 结构体类型。也可以用宏定义的方式用一个符号常量来表示一个结构类型。

例如:

```
#define STU struct stu
STU
{
    int num;
    char name[20];
    char sex;
    float score;
};
STU boy1,boy2;
```

2. 在定义结构体类型的同时说明结构体变量

例如:

```
struct stu
{
    int num;
    char name[20];
    char sex;
    float score;
}boy1,boy2;
```

这种形式的说明的一般形式为:

struct 结构名
{
**   成员表列;**
}变量名表列;

3. 直接说明结构体变量

例如:

```
struct
{
    int num;
    char name[20];
    char sex;
    float score;
}boy1,boy2;
```

这种形式的说明的一般形式为：

```
struct
{
成员表列;
}变量名表列;
```

第三种方法与第二种方法的区别在于第三种方法中省去了结构体名,而直接给出结构体变量。3 种方法中说明的 boy1、boy2 变量都具有如图 10.2 所示的结构。

图 10.2 结构体变量的存储

说明了 boy1、boy2 变量为 stu 类型后,即可向这两个变量中的各个成员赋值。在上述 stu 结构体定义中,所有的成员都是基本数据类型或数组类型。

说明：结构体类型中的成员项也可以是另一个结构体,即构成了嵌套的结构体。例如, 图 10.3 给出了一个嵌套结构体。

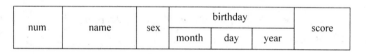

图 10.3 嵌套结构体

按图可给出以下结构体定义：

```
 struct date
 {
     int month;
     int day;
     int year;
};
struct{
     int num;
     char name[20];
     char sex;
     struct date birthday;
     float score;
}boy1,boy2;
```

首先定义一个结构体 date，由 month(月)、day(日)、year(年)3 个成员组成。在定义并声明变量 boy1 和 boy2 时，其中的成员 birthday 被说明为 date 结构体类型。成员名可与程序中其他变量同名，互不干扰。

10.2.3 结构体变量的初始化和引用

1. 结构体变量的初始化

和其他类型变量一样，对结构体变量可以在定义时进行初始化赋值。

例 10.1 对结构体变量初始化。

(10_1.c)

```
#include <stdio.h>
void main()
{
    struct stu                /*定义结构体*/
    {
      int num;
      char * name;
      char sex;
      float score;
    }boy2,boy1 = {102,"Zhang ping",'M',78.5};
    boy2 = boy1;
    printf("Number = % d\nName = % s\n",boy2.num,boy2.name);
    printf("Sex = % c\nScore = % f\n",boy2.sex,boy2.score);
}
```

程序分析：

本例中，boy2、boy1 均被定义为外部结构体变量，并对 boy1 作了初始化赋值。在 main 函数中，把 boy1 的值整体赋予 boy2，然后用两个 printf 语句输出 boy2 各成员的值。

说明：结构体变量的赋值就是给各成员赋值，可用输入语句或赋值语句来完成。

注意：

(1) 结构体变量的输入和输出也都只能对其成员进行。

(2) 由于结构体各个成员的类型不同，对结构体变量赋值也只能对其成员进行。

(3) 同类型的两个结构体变量之间可以整体赋值(请比较，数组之间不能整体赋值)。

2. 结构体变量的引用

在程序中使用结构体变量时，往往不把它作为一个整体来使用。在 C 语言中除了允许具有相同类型的结构体变量相互赋值以外，一般对结构体变量的使用，包括赋值、输入、输出、运算等都是通过结构体变量的成员来实现的。

(1) 在无嵌套的情况下引用结构体成员

在无嵌套的情况下，引用结构体变量成员的形式为：

结构体变量名.成员名

其中的"."叫结构体成员运算符，这样引用的结构体成员相当于一个普通变量，例如：

```
student.num            /* 结构体变量 student 的成员 num,相当于一个长整型变量 */
```

```
student.name            /* 结构体变量 student 的成员 name,相当于一个字符数组名 */
```

（2）在有嵌套的情况下引用结构体成员

在有嵌套的情况下,即成员本身又是一个结构体,则必须逐级找到最低级的成员才能使用,即访问的应是结构体的基本成员,因为只有基本成员直接存放数据,且数据是基本类型或数组类型,引用形式为:

结构体变量名.结构体成员名.….结构体成员名.基本成员名

即从结构体变量开始,用成员运算符"."逐级向下连接嵌套的成员直到基本成员,不能省略。

例如:

```
student.birthday.year        /* 基本成员 year,相当于一个整型变量 */
```

例 10.2 给结构体变量赋值并输出其值。

（10_2.c）

```
# include < stdio.h>
void main()
{
    struct stu                 /* 定义结构体 stu */
    {
      int num;
      char * name;
      char sex;
      float score;
    } boy1,boy2;
    boy1.num = 102;            /* 给结构体变量赋值 */
    boy1.name = "Zhang ping";
    printf("input sex and score\n");
    scanf(" % c % f",&boy1.sex,&boy1.score);
    boy2 = boy1;
    printf("Number = % d\nName = % s\n",boy2.num,boy2.name);
    printf("Sex = % c\nScore = % f\n",boy2.sex,boy2.score);
}
```

程序分析:

本程序中用赋值语句给 num 和 name 两个成员赋值,name 是一个字符串指针变量。用 scanf 函数动态地输入 sex 和 score 成员值,然后把 boy1 的所有成员的值整体赋予 boy2。最后分别输出 boy2 的各个成员值。本例表示了结构体变量的赋值、输入和输出的方法。

10.3 结构体与数组、函数、指针

10.3.1 结构体与数组

数组的元素也可以是结构体类型的,因此可以构成结构体型数组。结构体数组的每一个元素都是带下标的具有相同结构类型的结构体变量。在实际应用中,经常用结构体数组来表示具有相同数据结构的一个群体。如一个班的学生档案、一个车间职工的工资表等。

1. 结构体数组的定义

结构体数组的定义方法和结构体变量相似,只需说明它为数组类型即可,有以下 3 种方法。

(1) 先定义结构体类型,用结构体类型名定义结构体数组,如:

```
struct stud_type
{char   name[20];
 long   num;
 int    age;
 char   sex;
 float  score;
};
struct stud_type   student[50];
```

定义了一个结构体数组 student,共有 50 个元素,student [0]～student [50]。每个数组元素都具有 struct   stud_type 的结构形式。

(2) 定义结构体类型名的同时定义结构体数组,如:

```
struct stud_type
{ :
}student[50];
```

定义了一个结构体数组 student,共有 50 个元素,student [0]～student [50]。每个数组元素都具有 struct   stud_type 的结构形式。

(3) 不定义结构体类型名,直接定义结构体数组,如:

```
struct
{ :
}student[50];
```

定义了一个结构体数组 student,共有 50 个元素,student[0]～student[50]。每个数组元素都具有相同的结构形式。

2. 结构体数组的初始化

对结构体数组可以作初始化赋值。结构体数组的一个元素相当于一个结构体变量,结构体数组初始化即顺序对数组元素的成员进行初始化。

例如:

```
struct stu
{
    int num;
    char * name;
    char sex;
    float score;
}boy[5] = {
        {101,"Li ping",'M',45},
        {102,"Zhang ping",'M',62.5},
        {103,"He fang",'F',92.5},
        {104,"Cheng ling",'F',87},
        {105,"Wang ming",'M',58};
        }
```

当对全部元素作初始化赋值时，也可不给出数组长度。

3. 结构体数组的引用

(1) 除初始化外，对结构体数组赋常数值、输入和输出、各种运算均是对结构体数组元素的成员进行的。结构体数组元素的成员表示为：

结构体数组名[下标].成员名

在嵌套的情况下为：

结构体数组名[下标].结构体成员名.….结构体成员名.成员名

(2) 结构体数组元素可相互赋值，例如：

student[1] = student[2];

对于结构体数组元素内嵌的结构体类型成员，情况也相同。例如：

student[2].birthday = student[1].birthday;

说明：结构体数组的其他注意事项也与结构体变量的引用相同，例如：

(1) 不允许对结构体数组元素或结构体数组元素内嵌的结构体类型成员整体赋（常数）值。

(2) 不允许对结构体数组元素或结构体数组元素内嵌的结构体类型成员整体进行输入输出等。

注意：

在处理结构体问题时经常涉及字符或字符串的输入，此时需要注意以下事项：

(1) scanf()函数用"%s"输入字符串遇空格即结束，因此输入带空格的字符串可改用gets 函数。

(2) 在输入字符类型数据时往往得到的是空白符（空格、回车等），甚至运行终止。因此常作相应处理，即在适当的地方增加"getchar();"空输入语句，以消除缓冲区中的空白符。

(3) 同类型的两个结构体变量之间可以整体赋值（请比较，数组之间不能整体赋值）。

例 10.3 计算学生的平均成绩和不及格的人数。

(10_3.c)

```
#include<stdio.h>
struct stu                          /*定义 stu 类型数组 boy 并触始化*/
{
    int num;
    char * name;
    char sex;
    float score;
}boy[5] = {
        {101,"Li ping",'M',45},
        {102,"Zhang ping",'M',62.5},
        {103,"He fang",'F',92.5},
        {104,"Cheng ling",'F',87},
        {105,"Wang ming",'M',58},
```

```
        };
    void main()
    {
        int i,c = 0;
        float ave,s = 0;
        for(i = 0;i < 5;i++)
        {
            s += boy[i].score;               /* 计算总分 */
            if(boy[i].score < 60) c += 1;    /* 统计不及格人数 */
        }
        printf("s = % f\n",s);
        ave = s/5;
        printf("average = % f\ncount = % d\n",ave,c);
    }
```

程序分析：

本例程序中定义了一个外部结构体数组 boy，共 5 个元素，并作了初始化赋值。在 main 函数中用 for 语句逐个累加各元素的 score 成员值存于 s 之中，如 score 的值小于 60(不及格)即计数器 C 加 1，循环完毕后计算平均成绩，并输出全班总分、平均分及不及格人数。

例 10.4 建立同学通信录。

(10_4.c)

```
#include"stdio.h"
#define NUM 3
struct mem                           /* 定义结构体 mem */
{
    char name[20];
    char phone[10];
};
void main()
{
    struct mem man[NUM];             /* 定义结构体数组 man */
    int i;
    for(i = 0;i < NUM;i++)
    {
        printf("input name:\n");
        gets(man[i].name);
        printf("input phone:\n");
        gets(man[i].phone);
    }
    printf("name\t\t\tphone\n\n");
    for(i = 0;i < NUM;i++)
        printf(" % s\t\t\t % s\n",man[i].name,man[i].phone);
}
```

程序分析：

本程序中定义了一个结构体 mem，它有两个成员 name 和 phone，用来表示姓名和电话号码。在主函数中定义 man 为具有 mem 类型的结构体数组。在 for 语句中，用 gets 函数分别输入各个元素中两个成员的值。然后又在 for 语句中用 printf 语句输出各元素中两个成员值。

10.3.2　结构体与函数

可以将一个结构体变量作为一个整体进行复制和赋值,但是只限于作为函数参数传递或作为函数的返回值返回。

例 10.5　计算两点之间的中点坐标。

(10_5.c)

```
# include < stdio. h>
struct Point                           / * 定义结构体 Point * /
{
    double x;
    double y;
    double z;
};

struct Point MidPoint( struct Point oP1, struct Point oP2)/ * 函数定义 * /
{
    struct Point oTemp;
    oTemp. x =  (oP1. x + oP2. x)/2;
    oTemp. y =  (oP1. y + oP2. y)/2;
    oTemp. z =  (oP1. z + oP2. z)/2;
    / * 函数返回值 * /
    return oTemp;
}
void main( )
{
    struct Point oP1 = {0. 0,0. 2,0. 3};

    struct Point oP2 = {1. 2,0. 2,0. 3};

    struct Point   oMid;
    / * 函数调用 * /
    oMid =  MidPoint(oP1, oP2);
}
```

程序分析:

首先将实际参数 oP1 和 oP2 分别作为整体拷贝给函数的形式参数 struct Point oP1 和 struct Point oP2,函数计算完毕,将计算结果通过函数的返回值带回主调函数 main( ),并将函数的返回值拷贝给变量 struct Point oMid。

其中 struct Point MidPoint(struct Point oP1, struct Point oP2)函数的返回值类型为 struct Point,函数的形式参数为 struct Point oP1, struct Point oP2。在 main( )函数中,函数的调用形式如下:

```
oMid =  MidPoint(oP1, oP2);
```

10.3.3　结构体与指针

在计算机系统中,每一个数据均需要占用一定的内存空间,而每段空间均有唯一的地址与之对应,因此在计算机系统中任意数据均有确定的地址与之对应。C语言中,为了描述数据存放的地址信息,引入指针变量。本节将描述结构体指针变量。

1. 结构体指针变量的定义

定义结构体指针变量的一般有如下3种形式。

形式1:

```
struct 结构体标识符
{
    成员变量列表; …
};
struct 结构体标识符 * 指针变量名;
```

形式2:

```
struct 结构体标识符
{
    成员变量列表; …
} * 指针变量名;
```

形式3:

```
struct
{
    成员变量列表; …
}* 指针变量名;
```

其中,“指针变量名”为结构体指针变量的名称。

说明:形式1是先定义结构体,然后再定义此类型的结构体指针变量;形式2和形式3是在定义结构体的同时定义此类型的结构体指针变量。

例如,定义 struct Point 类型的指针变量 pPoints 的形式如下:

```
struct Point
{
    double x;
    double y;
    double z;
} * pPoints;
```

2. 结构体指针变量的初始化

结构体指针变量在使用前必须初始化,其初始化的方式与基本数据类型指针变量的初始化相同,在定义的同时赋予其一结构体变量的地址。

例如:

```
struct Point oPoint = {0,0,0};
```

```
struct Point pPoints = & oPoint;          /* 定义的同时初始化 */
```

在实际应用过程中,可以不对其进行初始化,但是在使用前必须通过赋值表达式赋予其有效的地址值。例如:

```
struct Point oPoint = {0,0,0};
struct Point * pPoints2;
pPoints2 = & oPoint;                      /* 通过赋值表达式赋值 */
```

3. 结构体指针变量的引用

与基本类型指针变量相似,结构体指针变量的主要作用是存储其结构体变量的地址或结构体数组的地址,通过间接方式操作对应的变量和数组。在 C 语言中规定,结构体指针变量可以使用的运算符如下:

++, --, +, *, ->,.,|,&,!

下面通过例题说明如何引用结构体指针变量存储结构体变量地址,以及如何通过结构体指针变量间接地引用结构体变量及其成员变量。

例 10.6 应用结构体指针变量,打印结构体成员变量的信息。

(10_6.c)

```
# include < stdio. h>
struct Point                              /* 定义结构体 */
{
    double x;                             /* x 坐标 */
    double y;                             /* y 坐标 */
    double z;                             /* z 坐标 */
};
void main( )
{
    struct Point oPoint1 = {100,100,0};
    struct Point oPoint2;
    struct Point * pPoint;                /* 定义结构体指针变量 */
    pPoint = &oPoint2;                    /* 结构体指针变量赋值 */
    ( * pPoint). x = oPoint1. x;
    ( * pPoint). y = oPoint1. y;
    ( * pPoint). z = oPoint1. z;
    printf("oPoint2 = { % 7.2f, % 7.2f, % 7.2f}",oPoint2.x,oPoint2.y,oPoint2.z);
}
```

程序分析:

首先定义结构体 Point,主函数中用结构体类型定义结构体变量 oPoint1 和 oPoint2,同时定义了一个结构体指针变量 pPoint 并赋初值。然后通过赋值语句给指针变量所指向的结构体变量各项成员赋值,最后分别输出指针所指向的结构体变量的值。其中表达式 &oPoint2 的作用是获得结构体变量 oPoint2 的地址。表达式 pPoint = &oPoint2 的作用是将 oPoint2 的地址存储在结构体指针变量 pPoint 中,因此 pPoint 存储了 oPoint2 的地址。* pPoint 代表指针变量 pPoint 中的内容,因此 * pPoint 和 oPoint2 等价。

程序运行结果：

oPoint2 = { 100.00,100.00,0.00}

通过结构体指针变量获得其结构体变量的成员变量的一般形式如下：

(* 结构体指针变量).成员变量

其中，"结构体指针变量"为结构体指针变量名，"成员变量"为结构体成员变量名称，"."为取结构体成员变量的运算符。

另外，C 语言中引入了新的运算符"->"，通过结构体指针变量直接获得结构体变量的成员变量，一般形式如下：

结构体指针变量 -> 成员变量

其中"结构体指针变量"为结构体指针变量名，"成员变量"为结构体成员变量名称，"->"为运算符。因此，例 10.6 中的以下代码：

```
    ⋮
( * pPoint).x = oPoint1.x;
( * pPoint).y = oPoint1.y;
( * pPoint).z = oPoint1.z;
    ⋮
```

等价于：

```
    ⋮
pPoint -> x = oPoint1.x;
pPoint -> y = oPoint1.y;
pPoint -> z = oPoint1.z;
    ⋮
```

4. 结构体指针与数组

下面通过例子介绍如何应用结构体指针变量存储结构体数组的首地址，通过结构体指针变量访问结构体数组元素及其成员变量。

例 10.7　在例 10.6 的基础上应用结构体指针变量进行改写，即增加一个多边形绘制函数 Mutiline，并主要介绍该函数，其他部分略。

(10_7.c)

```
    ⋮
/* 多边形绘制函数,形式参数为 struct Point 类型指针变量 pPoints */
void Mutiline( struct Point * pPoints)
{
int i;
struct Point * pOPoint;            /* 定义结构体指针变量 */
pOPoint = pPoints;                 /* 存储结构体数组的首地址 */
moveto(pPoints -> x, pPoints -> y) ;   /* 将绘图点移动到第 0 个点 */
for( i = 0; i < NPOINTS ; ++i )
{
lineto(pPoints -> x, pPoints -> y);    /* 从上一点向当前点绘制直线 */
pPoints++;
```

```
        }
    pPoints = pOPoint;                    /*指向结构体数组的首地址*/
    lineto(pPoints->x,pPoints->y);        /*封闭曲线*/
}
```

程序分析：

函数 void Mutiline(struct Point * pPoints)的输入参数为 struct Point 指针变量 pPoints。在主函数中调用形式为 Mutiline(oPoints)，将 struct Point 类型数组 oPoints 的首地址信息复制给形式参数 struct Point * pPoints，此时 pPoints 指向结构体数组 oPoints 的第一个元素，如图 10.4 所示。

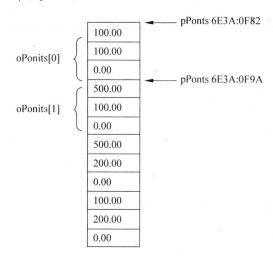

图 10.4　结构体数组元素的存储状态

主函数调用 Mutiline 的过程如下：首先将 struct Point 类型数组 oPoints 的首地址信息复制给形式参数 struct Point * pPoint，等价于：

```
pPoint = oPoints;
```

接下来，程序的控制权交给 Mutiline 函数，进入函数 Mutiline。在程序进入函数 Mutiline 之后，pPoints 指向 oPoints 的首地址，跟踪程序表明此时变量 pPoints 的当前值为 0F82。另外，由于数组第一个元素 oPoints[0]的地址与数组的首地址相同。亦可以理解为此时 pPoints 指向了数组元素 oPoints[0]的地址，因此 *pPoints 与 oPoints[0]等价，表达式 pPoints->x 可以访问 oPoints[0]的成员变量 x，同样表达式 pPoints->y 可以访问 oPoints[0]的成员变量 y。执行 pPoints++ 语句之后，pPoints 的当前值为 0F9A。

0X0F9A - 0X0F82 = 0X0018 = 24 = sizeof(struct Point)，24 个字节正好为 struct Point 的大小。此时 pPoints 指向数组元素 oPoints[1]的地址，因此 *pPoints 与 oPoints[1]等价。依次类推，通过 pPoints 的加法运算可以访问结构体数组 oPoints 中的所有元素。

注意：要正确理解结构体指针变量的算术运算，pPoints++ 或 pPoints = pPoints+1 的作用不是简单的地址值加 1，而是当前的地址值加上结构体类型的大小：

结构体指针变量 + 1 = 结构体指针变量 + sizeof(struct 结构体)

10.4 联 合 体

什么是联合体类型？什么是联合体变量？联合体类型与结构体类型有什么区别和联系？这是本节的学习重点。

10.4.1 联合体类型的概念及定义

所谓联合体类型是指将不同的数据项组织成一个整体，它们在内存中占用同一段存储单元。联合体类型的定义与结构体类型的定义类似，但所用关键字不同，联合体类型用关键字 union 定义，具体形式为：

```
union 类型名
{
    成员项表列
};
```

例如：

```
union data
{
    int a ;
    float b;
    double c;
    char d;
}obj;
```

该形式定义了一个联合体数据类型 union data，定义了联合体数据类型变量 obj。联合体数据类型与结构体在形式上非常相似，但其表示的含义及存储是完全不同的。

10.4.2 联合体变量的概念及定义

联合体变量是指用已经定义的联合体数据类型说明的变量，联合体变量的定义与结构体变量的说明类似，也有 3 种方式。

1. 先定义联合体类型，再用联合体类型定义联合体变量

```
union   类型名
{
    成员表列;
};
    union   类型名   变量名表;
```

例如，用 union   exam 类型定义联合体变量 x、y：

```
union   exam x, y;
```

2. 定义联合体类型名的同时定义联合体变量

```
union   类型名
{
```

```
        成员表列;
    }变量名表;
```

例如：

```
union  exam
{
  int  a;
  float  b;
  char  c;
}x,y;
```

3. 不定义类型名直接定义联合体变量

```
union
{
      成员表列;
}变量名表;
```

定义了联合体变量后，系统为联合体变量开辟一定的存储单元。由于联合体变量先后存放不同类型的成员，系统开辟的联合体变量的存储单元的字节数为最长的成员需要的字节数。例如对上面定义的联合体类型 union exam 或变量 x，表达式 sizeof(union exam) 和 sizeof(x) 的值均为 4。

另外，先后存放各成员的首地址都相同，即联合体变量、联合体变量的所有成员的首地址都相同。如图 10.5 所示。

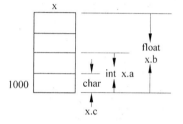

图 10.5　联合体变量的存储

10.4.3　联合体变量的初始化和引用

1. 初始化

与结构体类似，同一类型的联合体变量可相互赋值。例如，已定义联合体变量 x、y，有赋值语句：

```
x.a = 3;
```

为联合体变量 x 赋值，则可有下面的赋值语句：

```
y = x;
```

这样 y.a 的值也为 3。

在赋值和输入输出方面，联合体也与结构体类似，即不允许对联合体变量整体赋（常数）值。

注意：联合体的输入和输出也只能对联合体变量的成员进行，不允许直接对联合体变量进行输入和输出，尽管它同时只存有一个成员。

2. 引用

联合体变量的形式以及使用注意事项均与引用结构体变量相似，其要点如下：

- 一般只能引用联合体变量的成员,而不能整体引用联合体变量。
- 联合体变量的一个基本类型成员相当于一个普通变量,可参与该成员所属数据类型的一切运算。例如,对前面定义的联合体变量 x 可以引用的成员有 x.a、x.b、x.c。

例 10.8 定义一个联合体和一个结构体。

(10_8.c)

```
# include < stdio.h >
union data                        / * 联合体 * /
{
    int a;
    float b;
    double c;
    char d;
}mm;
struct stud                       / * 结构体 * /
{
    int a;
    float b;
    double c;
    char d;
};
void main( )
{
    struct stud student;
    printf(" % d, % d",sizeof(struct stud),sizeof(union data));
}
```

程序分析:

程序的输出说明结构体类型所占的内存空间为其各成员所占存储空间之和,而形同结构体的联合体类型实际占用存储空间为其最长的成员所占的存储空间。详细说明如图 10.6 所示。

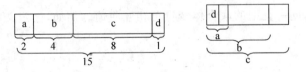

图 10.6　结构体和联合体的存储

10.5　线 性 链 表

线性表是最基本、最简单,也是最常用的一种数据结构。线性表中数据元素之间的关系是一对一的关系,即除了第一个和最后一个数据元素之外,其他数据元素都是首尾相接的。线性表的逻辑结构简单,便于实现和操作。因此,线性表这种数据结构在实际应用中是广泛采用的一种数据结构。

在实际应用中,线性表都是以栈、队列、字符串、数组等特殊线性表的形式来使用的。由于这些特殊线性表都具有各自的特性,因此,掌握这些特殊线性表的特性,对于数据运算的可靠性和提高操作效率都是至关重要的。

线性表是一个线性结构,它是一个含有 n≥0 个结点的有限序列。对于其中的结点,有且仅有一个开始结点,没有前驱,但有一个后继结点;有且仅有一个终端结点,没有后继,但有一个前驱结点;其他的结点都有且仅有一个前驱结点和一个后继结点。一般地,一个线性表可以表示成一个线性序列:k1,k2,…,kn,其中 k1 是开始结点,kn 是终端结点。

线性结构的基本特征为:

(1) 集合中必存在唯一的一个"第一元素"。

(2) 集合中必存在唯一的一个"最后元素"。

(3) 除最后一个元素之外,其他元素均有唯一的后继(后件)。

(4) 除第一个元素之外,其他元素均有唯一的前驱(前件)。

若有 n(n≥0) 个数据元素(结点)a1,a2,…,an 组成的有限序列,则数据元素的个数 n 定义为表的长度,当 n = 0 时称为空表。

常常将非空的线性表(n > 0)记作:(a1,a2,…,an)。

数据元素 ai(1≤i≤n) 只是一个抽象的符号,其具体含义在不同的情况下可以不同。

线性表具有如下的结构特点:

(1) 均匀性。虽然不同数据表的数据元素可以是各种各样的,但对于同一线性表的各数据元素必定具有相同的数据长度。

2. 有序性

各数据元素在线性表中的位置只取决于它们的序号,数据元素之前的相对位置是线性的,即存在唯一的"第一个"和"最后一个"的数据元素,除了第一个和最后一个外,其他元素前面均只有一个数据元素直接前驱和后面均只有一个数据元素(直接后继)。

在实现线性表数据元素的存储方面,一般可用顺序存储结构和链式存储结构两种方法。本节主要介绍链式存储结构。

10.5.1 链表的概念

链表是一种物理存储单元上非连续、非顺序的存储结构,数据元素的逻辑顺序是通过链表中的指针链接次序实现的。链表由一系列结点(链表中每一个元素称为结点)组成,结点可以在运行时动态生成。每个结点包括两个部分:一个是存储数据元素的数据域,另一个是存储下一个结点地址的指针域。相比于线性表顺序结构,链表比较方便插入和删除操作。

在上一小节中采用动态分配的办法为结构体分配内存空间。每一次分配一块空间可用来存放一个学生的数据,有多少个学生就应该申请分配多少块内存空间,这些缺空间相互之间可以不连续。用结构数组可以完成连续多个内存块空间的分配工作,但如果预先不能准确把握学生人数,即不能确定块的个数时就无法确定数组大小;当学生留级、退学之后也不能把该元素占用的空间从数组中释放出来。

用动态存储的方法可以很好地解决块空间个数不确定的分配问题。有一个学生就分配一个结点(块空间),无需预先确定学生的准确人数,某学生退学,可删去该结点,并释放该结点占用的存储空间,从而节约了宝贵的内存资源。结点之间的联系可以用指针实现。即在结点结构体中定义一个成员项来存放下一结点的首地址,这个用于存放地址的成员,常把它称为指针域。可在第一个结点的指针域内存入第二个结点的首地址,在第二个结点的指针域内又存放第三个结点的首地址,如此串连下去,直到最后一个结点。最后一个结点因无后续结点连接,其指针域可赋值为 0。这样一种连接方式,在数据结构中称为"链表"。

1. 结点

组成链表的基本存储单元叫结点,该存储单元存有若干数据和指针,由于存放了不同数据类型的数据,它的数据类型应该是结构体类型。在结点的结构体存储单元中,存放数据的域叫数据域,存放指针的域叫指针域,简单结点的形式如下:

```
struct  类型名
{
数据域定义;
struct  类型名 * 指针域名;
};
```

例如有如下结点类型的定义:

```
struct student
{
    int num;
    float score;
    struct student * next;
}
```

2. 链表

若有一些结点,每一个结点的指针域存放下一个结点的地址,因此就指向下一个结点,这样就首尾衔接形成一个链状结构,称为链表。用上面的结构体类型建立的有 4 个结点的链表如图 10.7 所示。

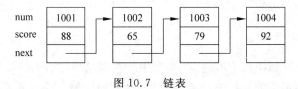

图 10.7　链表

头结点:指向链表中第一个包含有用数据的结点,本身不包含有用数据,用于对链表的访问。

尾结点:不指向其他结点的结点。尾结点的指针域存放的地址为 NULL(或 0,或 '\0'),如图 10.8 所示。

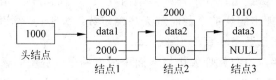

图 10.8　尾结点指针域

链表与数组的相同点：它们均由同类型的存储单元组成。

链表与数组的不同点：数组由固定分配的连续的存储单元组成,定义后存储单元不可增加或减少,对数组元素的访问为随机访问。链表可由不连续的存储单元(结点)组成,结点一般为动态分配的存储单元,可随时增加或删除。只能顺序访问链表中的结点。

例 10.9 建立一个简单的链表并输出。

(10_9.c)

```c
# include < stdio.h>
struct node                              /*定义结点类型*/
{
    int data;
    struct node  * next;
};
void main()
{
    struct node a, b, c,  * head,  * p;  /*建立链表*/
    head = &a;
    a.data = 5;
    a.next = &b;
    b.data = 10;
    b.next = &c;
    c.data = 15;
    c.next = NULL;
    p = head;
    while(p!= NULL)
    {
        printf(" % d-->",p->data);
        p = p->next;
    }
    printf("NULL\n");
}
```

程序分析:

本程序定义了一个简单的链表,一共 3 个结点 a、b、c,这 3 个链表结点的赋值是静态赋值,前一个结点都指向下一个结点。

10.5.2　线性链表的基本操作

由包含一个指针域的结点组成的链表为单向链表。其基本操作包括建立并初始化链表,遍历访问链表(包括查找结点、输出结点等),删除链表中的结点,在链表中插入结点。

1. 建立并初始化链表

建立单向链表的步骤如下:

(1)建立头结点(或定义头指针变量)。

(2)读取数据。

(3)生成新结点。

(4)将数据存入结点的数据域中。

(5)将新结点连接到链表中(将新结点地址赋给上一个结点的指针域)。

（6）重复步骤（2）～（5），直到输入结束。

2. 遍历访问链表

输出链表即顺序访问链表中各结点的数据域，方法是：从头结点开始，不断地读取数据和下移指针变量，直到尾结点为止。

3. 删除链表中的一个结点

删除单向链表中一个结点的方法步骤如下（参见图 10.9）。

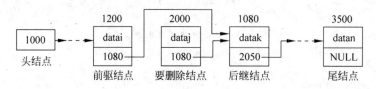

图 10.9　删除结点

（1）找到要删除结点的前驱结点。

（2）将要删除结点的后继结点的地址赋给要删除结点的前驱结点的指针域。

（3）将要删除结点的存储空间释放。

4. 在链表中插入结点

在单向链表的某结点前插入一个结点的步骤如下：

（1）开辟一个新结点并将数据存入该结点的数据域。

（2）找到插入点结点。

（3）将新结点的地址赋给插入点上一个结点的指针域，并将插入点的地址存入新结点的指针域。

在单向链表的某结点前插入一个结点，如图 10.10 所示。

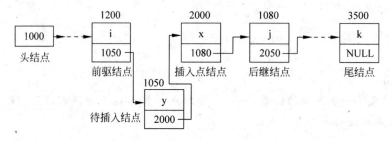

图 10.10　插入结点

例 10.10　建立带有头结点的单向链表，当输入 -1 时结束。

（10_10.c）

```c
# include < stdio. h >
# include < stdlib. h >
struct  node
{
    int   data;
    struct   node  * next;
};
void main()                          //建立带有头结点的单向链表
```

```
{
    int  x;
    struct  node  * h, * s, * r;
    h = (struct  node  * )malloc(sizeof(struct  node));
    r = h;
    scanf(" % d",&x);
    while(x!= - 1)
    {
        s = (struct  node  * )malloc(sizeof(struct  node));
        s - > data = x;
        r - > next = s;
        r = s;
        scanf(" % d",&x);
    }
    r - > next = NULL ;
}
void  print_slist(struct  node  * h)        //单向链表的输出函数
{
    struct  node  * p; p = h - > next;
    if(p == NULL)
        printf("Linklist  is  null!\n");
    else
    {
        printf("head");
        while(p!= NULL)
        {
            printf(" - > % d",  p - > data);
            p = p - > next;
        }
        printf(" - > end\n");
    }
}
void delete_node(struct node * h, int x)     //在单向链表中删除值为 x 的结点
{
    struct node * p, * q;
    q = h; p = h - > next;                /* 工作指针初始化,q 在前,p 在后指向第一个结点 */
    if(p!= NULL)                          /* 表非空 */
    {
        while((p!= NULL) && (p - > data!= x))  /* 未到表尾,查找 x 的位置 */
        {
            q = p;
            p = p - > next;
        }                                /* p、q 下移,q 指向 p 的前驱结点 */
        if(p - > data == x)
        {
            q - > next = p - > next;
            free(p);
        }                                /* 删除值为 x 的结点 */
    }
}
void  insert_node(struct node * h, int x, int y)
```

第
10
章

复杂数据类型

```
//在单向链表中值为 x 的结点前插入值为 y 的结点,若值为 x 的结点不存在,则插在表尾
{
    struct node * s, * p, * q;
    s = (struct node * )malloc(sizeof(struct node));
    s -> data = y;                          /* 向新结点存入数据 */
    q = h;
    p = h -> next;                          /* 工作指针初始化,p 指向第一个结点 */
    while((p!= NULL) && (p -> data!= x))
    {
        q = p;
        p = p -> next;
    }                                       /* p、q 下移,q 指向 p 的前驱结点 */
    q -> next = s;
    s -> next = p;
}
```

程序分析：

在函数外首先定义结点类型 node,接着主函数中建立带有头结点的单向链表。print_ slist 函数用于单向链表的输出,delete_node 函数用于在单向链表中删除值为 x 的结点, insert_node 函数用于在单向链表中值为 x 的结点前插入值为 y 的结点,若值为 x 的结点不 存在,则插在表尾。

10.6 自定义类型

C 语言不仅提供了丰富的数据类型,而且还允许由用户自己定义类型说明符,也就是说 允许由用户为数据类型取"别名"。类型定义符 typedef 可用来完成此功能。

例如,有整型量 a、b,其说明如下:

```
int a,b;
```

其中 int 是整型变量的类型说明符。int 的完整写法为 integer,为了增加程序的可读性,可 把整型说明符用 typedef 定义为:

```
typedef int INTEGER
```

此后就可用 INTEGER 来代替 int 作整型变量的类型说明了。

例如:

```
INTEGER a,b;
```

它等效于:

```
int a,b;
```

用 typedef 定义数组、指针、结构体等类型将带来很大的方便,不仅使程序书写简单而 且使意义更为明确,因而增强了可读性。

例如:

```
typedef char NAME[20];                      //表示 NAME 是字符数组类型,数组长度为 20
```

然后可用 NAME 说明变量,如:

```
NAME a1,a2,s1,s2;
```

完全等效于:

```
char a1[20],a2[20],s1[20],s2[20];
```

又如:

```
typedef struct stu
    {
        char name[20];
        int age;
        char sex;
    } STU;
```

定义 STU 表示 stu 的结构体类型,然后可用 STU 来说明结构变量:

```
STU body1,body2;
```

typedef 定义的一般形式为:

typedef   原类型名   新类型名

其中原类型名中含有定义部分,新类型名一般用大写字母表示,以便于区别。

有时也可用宏定义来代替 typedef 的功能,但是宏定义是由预处理完成的,而 typedef 则是在编译时完成的,后者更为灵活方便。

10.7 枚 举 类 型

在实际问题中,有些变量的取值被限定在一个有限的范围内。例如,一个星期内只有 7 天,一年只有 12 个月,一个班每周有 6 门课程等。如果把这些量说明为整型、字符型或其他类型显然是不妥当的。为此,C 语言提供了一种称为"枚举"的类型。在"枚举"类型的定义中列举出所有可能的取值,被说明为该"枚举"类型的变量取值不能超过定义的范围。应该说明的是,枚举类型是一种基本数据类型,而不是一种构造类型,因为它不能再分解为任何基本类型。

10.7.1 枚举类型的定义

枚举类型定义的一般形式为:

```
enum 枚举名
{
    枚举值列表
};
```

在枚举值表中应罗列出所有可用值。这些值也称为枚举元素。例如:

```
enum weekday
{
```

```
        sun,mon,tue,wed,thu,fri,sat
};
```

该枚举名为 weekday,枚举值共有 7 个,即一周中的 7 天。凡被说明为 weekday 类型变量的,取值只能是 7 天中的某一天。

说明:

(1) 枚举型是一个集合,集合中的元素(枚举成员)是一些命名的整型常量,元素之间用逗号(,)隔开。

(2) Weekday 是一个标识符,可以看成这个集合的名字,是一个可选项,即是可有可无的项。

(3) 第一个枚举成员的默认值为整型的 0,后续枚举成员的值在前一个成员上加 1。

(4) 可以人为设定枚举成员的值,从而自定义某个范围内的整数。

(5) 枚举型是预处理指令♯define 的替代。

(6) 类型定义以分号(;)结束。

10.7.2 枚举变量的定义

枚举类型变量是指用已经定义的枚举类型定义的变量,简称枚举变量。枚举类型变量定义和结构体、共用体变量定义类似,也有以下定义方法。

1. 先定义枚举类型,后定义枚举变量

例如:

```
enum DAY
{
        MON = 1, TUE, WED, THU, FRI, SAT, SUN
};
enum DAY yesterday;
enum DAY tomorrow;
enum DAY good_day, bad_day;
```

变量 yesterday 和 tomorrow 的类型为枚举型 enum DAY,变量 good_day 和 bad_day 的类型均为枚举型 enum DAY。

2. 定义枚举类型的同时定义枚举变量

例如:

```
enum DAY
{
    saturday,
    sunday = 0,
    monday,
    tuesday,
    wednesday,
    thursday,
    friday
} workday;
```

在定义枚举类型 enum DAY 的同时,定义了一个变量 workday。

3. 不定义类型名直接定义枚举变量

例如：

```
enum
{
    false, true
} end_flag, match_flag;
```

注意：同结构体和联合体的定义类似，枚举类型的定义可以省略类型名。

4. 用 typedef 关键字将枚举类型定义成别名，并利用该别名进行变量声明

例如：

```
typedef enum workday
{
    saturday,
    sunday = 0,
    monday,
    tuesday,
    wednesday,
    thursday,
    friday
} workday;
workday today, tomorrow;
```

说明：此处的 workday 为枚举型 enum workday 的别名。变量 today 和 tomorrow 的类型为枚举型 workday，也即 enum workday。同样，typedef enum workday 中的 workday 可以省略。即：

```
typedef enum
{
    saturday,
    sunday = 0,
    monday,
    tuesday,
    wednesday,
    thursday,
    friday
} workday;
workday today, tomorrow;
```

此处的 workday 为枚举型 enum workday 的别名，变量 today 和 tomorrow 的类型为枚举型 workday，也即 enum workday。

注意：同一个程序中不能定义同名的枚举类型，不同的枚举类型中也不能存在同名的命名常量。

10.7.3 枚举变量的初始化与引用

枚举变量的赋值方式有以下几种。

1. 先声明变量,再对变量赋值

例 10.11　输出枚举变量的值。

(10_11.c)

```
# include < stdio. h >
enum DAY { MON = 1, TUE, WED, THU, FRI, SAT, SUN };/ * 定义枚举类型 * /
void main( )
{
    /* 使用基本数据类型声明变量,然后对变量赋值 */
    int x, y, z;
    x = 10;
    y = 20;
    z = 30;
    /* 使用枚举类型声明变量,再对枚举型变量赋值 */
    enum DAY yesterday, today, tomorrow;
    yesterday = MON;
    today     = TUE;
    tomorrow  = WED;
    printf("%d %d %d \n", yesterday, today, tomorrow);
}
```

程序运行结果:

1 2 3

程序分析:

定义枚举类型后,再用枚举类型定义枚举变量并用单独的语句对枚举变量进行初始化,最后输出枚举变量对应的值。其中的基本数据类型变量的声明和初始化只是起对比作用。

2. 声明变量的同时赋初值

例 10.12　修改上例中的初始化方式,即在声明变量的同时赋初值。

(10_12.c)

```
# include < stdio. h >
enum DAY { MON = 1, TUE, WED, THU, FRI, SAT, SUN };/ * 定义枚举类型 * /
void main( )
{   /* 使用基本数据类型声明变量同时对变量赋初值 */
    int x = 10, y = 20, z = 30;
    /* 使用枚举类型声明变量同时对枚举型变量赋初值 */
    enum DAY yesterday = MON, today = TUE,tomorrow = WED;
    printf("%d %d %d \n", yesterday, today, tomorrow);
}
```

程序运行结果:

1 2 3

程序分析:

定义枚举类型后,再用枚举类型定义枚举变量同时对枚举变量进行初始化,最后输出枚举变量对应的值。其中的基本数据类型变量的声明和初始化只是起对比作用。

3. 定义类型的同时声明变量,然后对变量赋值

例 10.13　修改上例中的初始化方式,即在定义类型的同时声明变量,然后对变量赋值。

(10_13.c)

```c
#include <stdio.h>

/* 定义枚举类型,同时声明该类型的3个变量,它们都为全局变量 */
enum DAY { MON = 1, TUE, WED, THU, FRI, SAT, SUN } yesterday, today, tomorrow;

/* 定义3个具有基本数据类型的变量,它们都为全局变量 */
int x, y, z;

void main()
{
    /* 对基本数据类型的变量赋值 */
    x = 10;   y = 20;   z = 30;

    /* 对枚举型的变量赋值 */
    yesterday = MON;    today = TUE;    tomorrow = WED;

    printf("%d %d %d \n", x, y, z);                      //输出: 10 20 30
    printf("%d %d %d \n", yesterday, today, tomorrow);   //输出: 1 2 3
}
```

程序运行结果:

```
10 20 30
1  2  3
```

程序分析:

定义枚举类型后,同时用枚举类型定义枚举变量,再用单独的语句对枚举变量进行初始化,最后输出枚举变量对应的值。其中的基本数据类型变量的声明和初始化只是起对比作用。

4. 类型定义、变量声明、赋初值同时进行

例 10.14 修改上例中的初始化方式,即类型定义、变量声明、赋初值同时进行。

(10_14.c)

```c
#include <stdio.h>

/* 定义枚举类型,同时声明该类型的三个变量,并赋初值.它们都为全局变量 */
enum DAY
  {
    MON = 1,
    TUE,
    WED,
    THU,
    FRI,
    SAT,
    SUN
  }yesterday = MON, today = TUE, tomorrow = WED;

/* 定义3个具有基本数据类型的变量,并赋初值.它们都为全局变量 */
```

```
int x = 10, y = 20, z = 30;

void main()
{
    printf("%d %d %d\n", x, y, z);                    //输出: 10 20 30
    printf("%d %d %d\n", yesterday, today, tomorrow);  //输出: 1 2 3
}
```

程序运行结果：

1 2 3

程序分析：

在定义枚举类型的同时定义枚举变量并初始化，最后输出枚举变量对应的值。其中的基本数据类型变量的声明和初始化只是起对比作用。

注意：枚举类型在使用中有以下规定：

(1) 枚举值是常量，不是变量。不能在程序中用赋值语句再对它赋值。例如对枚举 weekday 的元素再作以下赋值：

sun = 5;mon = 2;sun = mon;

都是错误的。

(2) 枚举元素本身由系统定义了一个表示序号的数值，从 0 开始顺序定义为 0,1,2,…。如在 weekday 中，sun 值为 0,mon 值为 1，…,sat 值为 6。

(3) 只能把枚举值赋予枚举变量，不能把元素的数值直接赋予枚举变量。如"a = sum; b = mon;"是正确的，而"a = 0;b = 1;"是错误的。如一定要把数值赋予枚举变量，则必须用强制类型转换，如"a = (enum weekday)2;"，其意义是将顺序号为 2 的枚举元素赋予枚举变量 a,相当于 a = tue;。还应该说明的是，枚举元素不是字符常量，也不是字符串常量，使用时不要加单、双引号。

10.7.4　枚举类型与 sizeof 运算符

枚举类型变量的大小可以使用 sizeof 运算符进行测试。枚举类型中的每一个成员在内存中所占空间的大小也可用 sizeof 运算符进行测试、打印。

例 10.15　用 sizeof 运算符测试枚举类型变量的大小。

(10_15.c)

```
#include <stdio.h>
enum escapes
{
    BELL       = '\a',
    BACKSPACE  = '\b',
    HTAB       = '\t',
    RETURN     = '\r',
    NEWLINE    = '\n',
    VTAB       = '\v',
    SPACE      = ' '
};
```

```
enum BOOLEAN { FALSE = 0, TRUE } match_flag;

void main()
{
    printf("%d bytes \n", sizeof(enum escapes));       //4 bytes
    printf("%d bytes \n", sizeof(escapes));            //4 bytes

    printf("%d bytes \n", sizeof(enum BOOLEAN));       //4 bytes
    printf("%d bytes \n", sizeof(BOOLEAN));            //4 bytes
    printf("%d bytes \n", sizeof(match_flag));         //4 bytes

    printf("%d bytes \n", sizeof(SPACE));              //4 bytes
    printf("%d bytes \n", sizeof(NEWLINE));            //4 bytes
    printf("%d bytes \n", sizeof(FALSE));              //4 bytes
    printf("%d bytes \n", sizeof(0));                  //4 bytes
}
```

程序运行结果：

4 bytes
4 bytes
4 bytes
4 bytes
4 bytes
4 bytes
4 bytes
4 bytes
4 bytes

10.8 复杂数据类型应用综合举例

例 10.16 有 5 个学生，每个学生的信息有学号、姓名和 3 门课的成绩，求每个学生的平均成绩并按平均成绩从大到小对所有学生的信息进行排序，然后输出。

(10_16.c)

```
#include <stdio.h>
void main()
{
    struct  student
    {
        long   num;
        char   name[10];
        int    score[3];
        float  evr;
    }t, st[5] = {{1001,"wang",67,75,88},{1002,"li",83,92,95},
        {1003,"zhao",56,82,79}, {1004,"han",78,87,79},
        {1005,"qian",69,79,81}};
```

```
            int i,j;
            for(i = 0;i < 5;i++)
            {
                st[i].evr = 0;
                for(j = 0;j < 3;j++)
                    st[i].evr + = st[i].score[j];
                st[i].evr/ = 3;
            }
            for(i = 0;i < 4;i++)
                for(j = i + 1;j < 5;j++)
                    if(st[i].evr < st[j].evr)
                    {
                        t = st[i];
                        st[i] = st[j];
                        st[j] = t;
                    }
            printf("No.    Name    scor1    scor2    score3    evr\n");
            for(i = 0;i < 5;i++)
            {
                printf(" % ld % 8s",st[i].num,st[i].name);
                for(j = 0;j < 3;j++)
                    printf(" % 8d",st[i].score[j]);
                printf(" % 8.1f\n",st[i].evr);
            }
        }
```

程序分析：

在定义结构体类型时可以设计一个存放平均成绩的成员,排序交换位置时应将结构体数组元素整体交换。

例 10.17 有 5 个学生,每个学生的信息有学号、姓名和 3 门课的成绩,输出 3 门课的总平均分以及所有成绩中最高成绩所对应学生的全部信息。

(10_17.c)

```
# include < stdio. h >
void main()
{
    struct   student
    {
        long   num;
        char   name[10];
        int   score[3];
    }st[5] = {{1001,"wang",67,75,88},{1002,"li",83,92,95},
        {1003,"zhao",56,82,79},{1004,"han",78,87,79},
        {1005,"qian",69,79,81}};
    int i,j,max,maxi;
    float aver[3] = {0};
    for(j = 0;j < 3;j++)
```

```
    {
        for(i = 0;i < 5;i++)
            aver[j] + = st[i].score[j];
        aver[j]/ = 5;
    }
    max = st[0].score[0];
    for(i = 0;i < 5;i++)
        for(j = 0;j < 3;j++)
            if(st[i].score[j]> max)
            {
                max = st[i].score[j];
                maxi = i;
            }
    printf("The averages of courses are:\n");
    for(i = 0;i < 3;i++)
        printf(" % 6.1f",aver[i]);
    printf("\n");
    printf("The informations of the student with maximal score:\n");
    printf("No.      Name    scor1    scor2    score3\n");
    printf(" % ld % 8s",st[maxi].num,st[maxi].name);
    for(j = 0;j < 3;j++)
        printf(" % 8d",st[maxi].score[j]);
    printf("\n");
}
```

程序分析：

3 门课的总平均分可以定义一个数组,找出最高成绩时应记录是哪个学生才能输出该学生的全部信息。

例 10.18　已知函数 bioskey(0)返回用户按键对应的一个 16 位二进制数,其中若是控制键(含移动光标、组合控制键等)则高 8 位是该键的扫描码,低 8 位是 0；若是可见字符(含空格)则低 8 位是字符的 ASCII 码。利用联合体编程获得用户按键的 ASCII 码或扫描码。

(10_18.c)

```
# include < stdio.h>
# include "bios.h"
void main()
{
    union
    {
        int   a;
        char  c[2];
    }key;
    do
    {
        printf("Please prees a key:");
        key.a = bioskey(0);
```

```
        printf("%c\n",key.a);
        if(key.c[0] == 0)
            printf("The scanning code of the key is:%d\n",key.c[1]);
        else
            printf("The ASCII of the character is:%d\n",key.c[0]);
    }while(key.c[0]!= 'q');
}
```

程序分析：

一般只能引用联合体变量的成员而不能整体引用联合体变量，尽管它同时只有一个成员有值。联合体变量的一个基本类型成员相当于一个普通变量，可参与该成员所属数据类型的一切运算。注意：上述程序只能在 Turbo C 上运行，因为 VC++ 没有 bios.h 文件。

10.9　常见编程错误和编译器错误

使用本章内容编程时，也经常出现一些编译系统无法检查到的错误。当然，还有一些常见错误是在编写程序和调试程序的过程中出现的。对于初学者来说，复杂数据结构类型的定义比较抽象，理解不透，再结合数组、函数、指针的使用，显得更加复杂。同时，由于编程经验不足和编程的不良习惯将导致编写的程序在运行时得不到正确结果或者是不能编译通过。下面介绍常见的编程错误和编译错误，仅供参考。

10.9.1　编程错误

(1) 把结构体和联合体变量作为完整的实体用在关系表达式中。

这种错误是在程序中使用结构体变量或联合体变量时，往往把它作为一个整体来使用。在 C 中除了允许具有相同类型的结构体变量相互赋值以外，一般对结构体变量的使用，包括赋值、输入、输出、运算等都是通过结构变量的成员来实现的。

(2) 分配一个不正确的地址给结构体或联合体的一个成员的指针。

只要指针是结构体或联合体的成员，确保赋一个地址给"指向"被声明的数据类型的指针。如果无法确定，可直接把指针指向的内容打印出来，区分出地址还是指针指向的数据值。

(3) 存储一个数据类型在一个联合体中并用不正确的变量名称访问它，能够导致一个致命的定位错误。因为联合体一次只能存储它的一个成员，所以访问成员变量时必须注意保持跟踪当前被存储的变量值。

(4) 存在同名的枚举类型。

(5) 存在同名的枚举成员。

10.9.2　编译器错误

与本章内容有关的编译器错误如表 10.1 所示。

表 10.1　第 10 章有关的编译器错误

序号	错　　误	编译器的错误消息
1	结构体'xxxxxxxxx'未定义	Undefined structure 'xxxxxxxxx'
2	结构体或联合体语法错误	Structure or union syntax error
3	结构体太大	Structure size too large
4	结构体或数组大小不定	Size of structure or array not
5	非法的结构体操作	Illegal structure operation
6	结构体的长度为零	Zero length structure
7	不是结构体的一部分	'xx' not part of structure xxx
8	枚举类型语法错误	Enum syntax error
9	枚举常量语法错误	Enumeration constant syntax error

小　　结

本章要求掌握以下内容：

（1）了解结构体、联合体以及枚举类型数据的特点。

（2）熟练掌握结构体类型、变量、数组、指针变量的定义、初始化和成员的引用方法。

（3）掌握联合体类型、变量的定义和引用。

（4）掌握用户自定义类型的定义方法和使用。

（5）掌握枚举类型的定义和使用。

（6）熟悉链表的基本操作。

本章有很多知识点容易混淆，现总结如下。

1）结构体与联合体的相似之处

（1）类型定义的形式相同。

通过定义类型说明了结构体或联合体所包含的不同数据类型的的成员项，同时确定了结构体或联合体类型的名称。

（2）变量说明的方法相同。

都有 3 种方法说明变量，第一种方法是先定义类型，再说明变量；第二种方法是在定义类型的同时说明变量；第三种方法是利用结构直接说明变量。数组、指针等可与变量同时说明。

（3）结构体与联合体的引用方式相同。

除了同类型的变量之间可赋值外，均不能对变量整体赋常数值、输入、输出和运算等，这些操作都只能通过引用其成员项进行。嵌套结构只能引用其基本成员，如："变量.成员"或"变量.成员.成员.….基本成员"。

结构体或联合体的（基本）成员是基本数据类型的，可作为简单变量使用，是数组的可当作一般数组使用。

（4）应用的步骤相同。

无论结构体还是联合体，其应用的步骤是基本相同的，都要经过 3 个过程：

• 定义类型。

- 用定义的类型说明变量,说明后编译系统会为其开辟内存单元存放具体的数据。
- 引用结构体或联合体的成员。

2) 结构体与联合体的区别

(1) 在结构体变量中,各成员均拥有自己的内存空间,它们是同时存在的,一个结构体变量的总长度等于所有成员项长度之和;在联合体变量中,所有成员只能先后占用该联合体变量的内存空间,它们不能同时存在,一个联合体变量的长度等于最长的成员项的长度。这是结构体与联合体的本质区别。

(2) 在说明结构体变量或数组时,可以对变量或数组元素的所有成员赋初值。由于联合体变量同时只能存储一个成员,因此只能对一个成员赋初值。对联合体变量的多个成员赋值则逐次覆盖,只有最后一个成员有值。

3) 链表

对于结构体类型,如果其中的一个成员项是一个指向自身结构体的指针,则该类型可以用作链表的结点类型。实用的链表结点必须是动态存储分配的,即在函数的执行部分通过动态存储分配函数开辟的存储单元。链表的操作有建立、输出链表,插入、删除结点等。

4) 定义结构体与联合体类型时可相互嵌套

习　　题

10.1　填空题

10.1.1　C 语言允许定义由不同数据项组合的数据类型,称为_____。

10.1.2　_____、_____和_____都是 C 语言的构造类型。

10.1.3　结构体变量成员的引用方式是使用_____运算符。

10.1.4　结构体指针变量成员的引用方式是使用_____运算符。

10.1.5　若有定义:

```
struct num
{
    int a ; int b ; float f ;
}n = {1,3,5.0};
struct num * pn = &n ;
```

则表达式 pn -> b/n. a * (+ + pn -> b) 的值是_____, 表达式 (* pn). a + pn -> f 的值是_____。

10.1.6　C 语言可以定义联合体类型,其关键字为_____。

10.1.7　C 语言允许用_____声明新的类型名来代替已有的类型名。

10.1.8　链表中,每个结点包括两个部分:一个是存储数据元素的_____,另一个是存储下一个结点地址的_____。

10.1.9　相比于线性表顺序结构,链表比较方便_____和_____操作。

10.1.10　常用的内存管理函数有_____、_____、_____。

10.2　选择题

10.2.1　有如下说明语句,则下面叙述不正确的是(　　　)。

```
struct stu {
        int a ; float b ;
          }stutype;
```

A. struct 是结构体类型的关键字　　　　　B. struct stu 是用户定义的结构体类型

C. stutype 是用户定义的结构体类型名　　D. a 和 b 都是结构体成员名

10.2.2　以下对结构体变量的定义中不正确的是（　　）。

A. #define STUDENT struct student
 STUDENT {
         int num ; float age ;
          }std1 ;

B. struct student
     { int num;
         float age;
        }std1;

C. struct {
        int num ;
        float age ;
      } std1 ;

D. struct {
        int num ; float age ;
         }student;
     struct student std1 ;

10.2.3　当定义一个结构体变量时,系统分配给它的内存是（　　）。

A. 各成员所需内存量的总和　　　　　　　B. 结构体中第一个成员所需内存量

C. 成员中占内存量最大的容量　　　　　　D. 结构体中最后一个成员所需内存量

10.2.4　已知学生记录描述为:

```
struct student
   {
      int no ; char name[20]; char sex;
      struct {
            int year; int month ; int day ;
          } birth ;
   } s ;
```

设结构体变量 s 中的"birth"应是"1985 年 10 月 1 日",则下面正确的赋值方式是（　　）。

A. year = 1985
   month = 10
   day = 1

B. birth. year = 1985
   birth. month = 10
   birth. day = 1

C. s. year = 1985
   s. month = 10
   s. day = 1

D. s. birth. year = 1985
   s. birth. month = 10
   s. birth. day = 1

10.2.5　下面程序的运行结果是（　　）。

```
main ( )
{
  struct complx {
     int x; int y ;
  } cnum[2] = {1,3,2,7} ;
  printf(" %d\n",cnum[0]. y/cnum[0]. x * cnum[1]. x) ;
}
```

A. 0　　　　　　　　B. 1　　　　　　　　C. 2　　　　　　　　D. 6

10.2.6　以下对结构体变量成员不正确的引用是（　　）。

```
struct pupil
{
    char name[20]; int age; int sex ;
} pup[5], * p = pup ;
```

A. scanf("%s",pup[0]. name);　　　　　B. scanf("%d",&pup[0]. age);

C. scanf("%d",&(p -> sex));　　　　　D. scanf("%d",p -> age);

10.2.7　若要利用下面的程序段使指针变量 p 指向一个存储整型变量的存储单元,则在【】处应有的内容是(　　　)。

```
int * p ;
p = 【】malloc(sizeof(int));
```

A. int　　　　　B. int *　　　　　C.（* int)　　　　　D.（int *)

10.2.8　当定义一个联合体变量时,系统分配给它的内存是(　　　)。

A. 各成员所需内存量的总和　　　　　B. 第一个成员所需内存量

C. 成员中占内存量最大的容量　　　　　D. 最后一个成员所需内存量

10.2.9　以下对 C 语言中联合体类型数据的叙述正确的是(　　　)。

A. 可以对联合体变量直接赋值

B. 一个联合体变量中可以同时存放其所有成员

C. 一个联合体变量中不能同时存放其所有成员

D. 联合体类型定义中不能出现结构体类型的成员

10.2.10　下面对 typedef 的叙述中不正确的是(　　　)。

A. 用 typedef 可以定义多种类型名,但不能用来定义变量

B. 用 typedef 可以增加新类型

C. 用 typedef 只是将已存在的类型用一个新的标识符来代表

D. 使用 typedef 有利于程序的通用和移植

10.3　编程题

10.3.1　编写一个函数 output,打印一个学生的成绩数组,该数组中有 5 个学生的数据记录,每个记录包括 num,name,score[3],用主函数输入这些记录,用 output 函数输出这些记录。

10.3.2　在上题的基础上,编写一个函数 input,用来输入 5 个学生的数据记录。

10.3.3　试利用结构体类型编制一程序,实现输入一个学生的数学期中和期末成绩,然后计算并输出其平均成绩。

10.3.4　试利用指向结构体的指针编制一程序,实现输入 3 个学生的学号、数学期中和期末成绩,然后计算其平均成绩并输出成绩表。

10.3.5　输入 10 个同学的姓名、数学成绩、英语成绩和物理成绩,确定总分最高的同学,并打印其姓名及其 3 门课程的成绩。

第11章　　　　　　文　件

迄今为止,我们所需要的数据都来自于标准输入(终端键盘),所得到的结果也总是送到标准输出(屏幕)上去。一旦程序完成执行,这些数据就不再存在。但在实际应用中,常常需要长期保存程序运行的原始数据或程序运行结果,就要求数据必须以文件的形式存储在外部介质中。

11.1　C文件概述

11.1.1　文件的基本概念

所谓"文件"(file)是指一组相关数据的有序集合。前面章节虽然没有提出"文件"的概念,但已多次使用了文件,如:源程序文件(.c)、目标文件(.obj)、可执行文件(.exe)、头文件(.h)等。

文件通常是驻留在外部介质(如磁盘)上。每个文件都有一个唯一的"文件标识",即文件名。操作系统是以文件为单位对数据进行管理的。例如,要想读出存储在外部介质上的数据,必须先按文件名找到所指定的文件。文件命名规则遵守操作系统的约定。

11.1.2　文件的类别

1. 从用户的角度分类

从用户的角度分类文件可分为普通文件和设备文件。

普通文件是指驻留在磁盘或其他外部介质上的一个有序数据集,即普通磁盘文件。在C语言中,可以是源文件、目标文件、可执行程序,也可以是一组待输入处理的原始数据或一组输出的结果。前者称作程序文件,后者称作数据文件。

设备文件是指与主机相联的各种外部设备,如显示器、打印机、键盘等。在操作系统中,把外部设备也看作是一个文件来进行管理,把它们的输入、输出等同于对磁盘文件的读和写。通常把键盘/显示器定义为标准输入输出文件。一般情况下,在屏幕上显示有关信息就是向标准输出文件输出,以键盘上输入就意味着从标准输入文件中输入数据。如前面经常使用的 scanf()、printf()、getchar()、putchar()就是这类输入输出函数。不同的文件有不同的访问特性。如:键盘只能用于输入数据而不能输出,终端显示器或者打印机只能输出数据而不能输入,磁盘则能随机存取等。

2. 从文件编码角度分类

从文件编码角度分类文件可分为 ASCII 码文件和二进制码文件。

ASCII 码文件也称为文本文件(text file)。这种文件在磁盘中存放时每个字符占一个字节,用于存放字符所对应的 ASCII 码。可以通过文字处理程序或文本编辑器显示,人们能够不受 C 语言程序约束地阅读它们。

二进制文件则是按二进制的编码方式来存放文件。这意味着其使用的代码和计算机处理器在内部为 C 语言的原始数据类型使用的代码相同。

例如,十进制数 12345 的存储,如图 11.1 所示。按 ASCII 码形式存储该数据要占用 5 个字节,而采用二进制形式存储只占用 2 个字节。

图 11.1　数据存储形式

从上例可以看出:

(1) ASCII 码文件一个字节存储一个字符,便于对字符进行逐个处理,但占用存储空间大,而且要花费转换时间开销(二进制与 ASCII 码转换)。

(2) 二进制文件把内存中的数据,原样输出到磁盘文件中,节省存储空间和转换时间。但一个字节并不对应一个字符,不能直接输出字符形式。

(3) 对于含有大量数字信息的数字流,可以采用二进制文件的方式;对于含有大量字符信息的文件,则采用文本文件的方式。C 语言约定文件类型为文本文件。

11.1.3　流与缓冲文件系统

在 C 语言中,引入了流(stream)的概念。它将文件看作是由一个个的字符(ASCII 码文件)或字节(二进制文件)组成的,称为文件流(file stream)。

C 语言对文件的存取是以字节为单位的。它将数据的输入输出看作是数据的流入和流出,输入输出的数据流的开始和结束仅受程序控制而不受物理符号(如回车换行符)控制。这种文件通常称为流或流式文件,大大增加了灵活性。

在 C 语言程序设计中,需要大量进行对磁盘的读/写操作。在将"流"输出到磁盘文件时,意味着要启动磁盘写入操作,这样流入一个字符(文本流)或流入一个字节(二进制流)均要启动磁盘操作,将大大降低传输效率(磁盘是慢速设备),且降低磁盘的使用寿命。为此,C 语言在文件读/写操作中使用了缓冲文件技术。

所谓缓冲文件系统,是指系统自动地在内存中为每一个正在使用的文件开辟一个缓冲区。从内存向磁盘输出数据时,必须先写入到内存中的缓冲区,待充满缓冲区后,启动磁盘一次,将缓冲区内容装到磁盘文件中去。从磁盘向内存读入数据则与之相反,如图 11.2 所示。

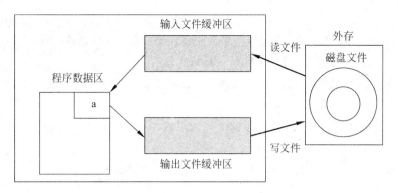

图 11.2　文件读写缓冲示意图

11.2　文件类型指针

11.2.1　文件结构体类型

在 C 语言中,无论是普通文件还是设备文件,都可以通过一个称为 FILE 的文件结构体类型的数据集合进行输入输出操作。该结构中含有文件名、文件状态和文件当前位置等信息,包含在 stdio.h 中。如 FILE 在 Turbo C 系统中定义为:

```
typedef struct
{
    int_fd;              /*文件号*/
    int_cleft;           /*缓冲区中剩下的字符*/
    int_mode;            /*文件操作模式*/
    char * _nextc;       /*下一个字符位置*/
    char_buff;           /*文件缓冲区位置*/
}FILE;
```

不同的 C 编译器,可能使用不同的定义,但基本含义变化不会太大。

11.2.2　文件指针

有了 FILE 类型后,可以定义 FILE 类型指针变量,即文件指针。
定义文件指针的一般形式为:

FILE * 指针变量标识符;

例如:

FILE * fp;

表示 fp 是指向 FILE 结构体的指针变量,通过 fp 即可找到存放某个文件信息的结构体变量,然后按结构体变量提供的信息找到该文件,实施对文件的操作。

11.2.3　相关说明

对 FILE 需有下面几点了解:

（1）FILE 是系统定义的一个结构体类型。在编写源程序时用户不必关心 FILE 结构体的细节。如当一个文件被打开时，C 编译程序自动建立该文件 FILE 结构，不需要用户自己定义。

（2）定义多个文件指针可用：FILE ＊fp1，＊fp2；

（3）如果要同时对多个文件进行操作，一般应设多个指针变量，使它们指向对应的文件，以实现对文件的访问。

（4）凡使用 FILE 型文件，必须在程序开头包含 stdio.h 头部文件。

11.3　文件操作概述

在 C 语言中，文件操作库函数包含在 stdio.h 头文件中。

11.3.1　文件处理的一般过程

在 C 程序中，文件处理过程如下：

定义文件指针→打开文件→读/写文件→关闭文件

1. 定义文件指针

如上节所述，在内存中开辟一个区存储关于文件的信息。

2. 打开文件

任何关于文件的操作都要先打开文件。

所谓打开文件，实际上是建立文件的各种有关信息，并使文件指针指向该文件，以便进行其他操作。

当一个文件被成功打开时，C 编译程序自动建立该文件的 FILE 结构体，并返回一个指向 FILE 类型的指针。该文件指针指向被打开的文件，其后该文件的操作只能通过这个指针变量进行。

3. 读/写文件

一个文件打开后，可以按照需要对该文件进行读/写操作。读，是指从文件向程序数据区输入数据；写，是指从程序数据区向文件输出数据。

根据操作数据的方式不同，分为单字符、字符串、数据块、格式化等几种读/写方式，分别使用不同的读/写函数。针对文本文件和二进制文件的不同性质，文本文件可按单字符读/写或按字符串读/写；二进制文件可进行数据块的读/写或格式化的读/写。

4. 关闭文件

所谓关闭文件，是断开文件指针与文件之间的联系，也就禁止再对该文件进行操作。

在使用完一个文件后，应该关闭它，以防止它再被误用。关闭一文件后，不能再通过该文件指针变量对该文件进行操作，除非再次打开，使该文件指针重新指向该文件。

应该养成在程序终止之前关闭所有文件的良好习惯。如果不关闭文件，将会丢失数据。其原因在于，向文件写数据时，是先将数据输出到缓冲区，待缓冲区充满后，才一次性将数据输出到磁盘文件。如果当数据未充满缓冲区而程序结束运行，就会将缓冲区中的数据丢失。而关闭文件，则是在释放文件指针变量前，先把缓冲区中的数据输出到文件，因此可以避免这个问题。

11.3.2　文件处理的一般算法

C 语言对文件的操作是通过一系列库函数来实现的,文件操作必须遵循一定的步骤,一般操作算法是:

```
if    打开文件失败
{显示失败信息}
else
{按算法要求读/写文件内容,关闭文件}
```

11.4　文件的打开和关闭

11.4.1　文件的打开(fopen 函数)

1. 打开文件函数 fopen

C 语言用 fopen 函数来实现打开文件,为编译系统提供以下信息:需要打开的文件名,使用文件的方式(读还是写等),让哪个文件指针变量指向被打开的文件。

- 形式:

FILE ∗ 文件指针名;
文件指针名 = fopen(文件名,使用方式);

其中:

"文件指针名"必须被说明为 FILE 类型的指针变量。

"文件名"是被打开文件的文件名,包含文件路径。

"使用方式"是指文件的类型和操作要求。

- 功能:按指定方式打开文件
- 返回值:若正常打开,返回值为指向文件结构体的指针;若打开失败,返回值为NULL。

例如:

```
FILE ∗ fp;
fp = ("a12","r");
```

其意义是在当前目录下打开文件 a12,只允许进行"读"操作,fopen 函数返回指向a12.txt 文件的指针,并赋给 fp,使 fp 指向该文件。

2. 打开文件的常用方法

为了增强程序的可靠性,在程序中可以用 fopen 函数是否返回一个空指针值(NULL)来判别是否完成打开文件的工作,并作相应的处理。因此常用以下程序段打开文件:

```
FILE ∗ fp;
if((fp = fopen(fp = ("a12","r");) == NULL)
  {
    printf("\nerror: cann't  open this file.\n");
```

```
        exit(0);
    }
```

exit 函数的作用是关闭所有文件，终止正调试的过程，待程序员检查错误。

3. 文件使用方式

使用文件的方式共有 12 种，使用文件方式及符号含义如表 11.1 所示。

表 11.1　文件使用方式标识符

文件使用方式	核心提示	意　　义
"r"	只读,文本	只读方式打开一个文本文件
"w"	只写,文本	只写方式打开或建立一个文本文件
"a"	追加,文本	追加方式打开一个文本文件,并在文件末尾添加数据
"rb"	只读,二进制	只读方式打开一个二进制文件
"wb"	只写,二进制	只写方式打开或建立一个二进制文件
"ab"	追加,二进制	追加方式打开一个二进制文件,并在文件末尾添加数据
"r+"	读/写,文本	读/写方式打开一个文本文件
"w+"	读/写,文本	读/写方式建立一个文本文件
"a+"	读/写,文本	读/写方式打开或建立一个文本文件,在文件末追加数据
"rb+"	读/写,二进制	读/写方式打开一个二进制文件
"wb+"	读/写,二进制	读/写方式建立一个二进制文件
"ab+"	读/写,二进制	读/写方式打开或建立一个二进制文件,在文件末追加数据

打开文件时需注意以下几点：

(1) 用"r"方式打开的文件只能用于从该文件读数据，不能向该文件写数据，且该文件必须已经存在。

(2) 用"w"方式打开的文件只能用于向该文件写数据，不能用于从该文件读数据。若文件不存在，则建立新文件；若已存在，则打开时将删除原有数据，进行重新写入，所以务必小心。如不希望删除原有数据而只在文件末尾添加新数据，应该用"a"方式来打开该文件。

(3) 用"r+"、"w+"、"a+"方式打开的文件既可以输入数据也可以输出数据。不过三种方式是有区别的："r+"方式要求文件必须存在；"w+"方式则建立新文件后进行读/写；"a+"方式保留原有数据，进行追加或读的操作。

在程序运行时，系统自动打开 3 个标准文件：标准输入文件 stdin（键盘），标准输出文件 stdout（显示器），标准出错输出文件 stderr（显示器），可直接使用。

11.4.2　文件的关闭(fclose 函数)

- 形式：**fclose(文件指针);**
- 功能：关闭文件指针变量指向的文件。
- 返回值：正常关闭为 0；出错时，为 EOF(−1)。

例如：

```
fclose(fp);
```

正常完成关闭文件操作时，fclose 函数返回值为 0。如关闭出错，返回值为 EOF(−1)。可用 ferror 函数验证。

11.5 文件的读/写

11.5.1 单个字符读/写函数

单个字符读/写函数是以字符(字节)为单位的读/写函数。每次可从文件读出或向文件写入一个字符。

1. 读字符函数 fgetc

- 形式：**字符变量 = fgetc(文件指针);**
- 功能：从文件指针变量指向的文件中读取一字节代码,并赋给字符变量。
- 返值：正常,返回读到的代码值;读到文件尾或出错,返回值为 EOF。

例如：

```
ch = fgetc(fp)
```

其意义是：从 fp 指向的文件中读取一个字符并送入变量 ch 中。

例 11.1 读并显示文本文件 readme.txt 的内容。

(11_1.c)

```
#include <stdio.h>
#include <stdlib.h>
void main()
{   FILE * fp;                /* 文件指针 fp */
    char ch, * filename = "readme.txt";
    if((fp = fopen(filename,"r")) == NULL)
    {   printf("error:cannot open file\n");
         exit(0);
    }
    while((ch = fgetc(fp))!= EOF)
        putchar(ch);
    fclose(fp);}
```

程序分析:

本程序中设置了循环结构来逐个读取并显示字符。

在文件内部有一个位置指针,用来指向文件的当前读/写字节。在文件打开时,该指针总是指向文件的第一个字节。使用 fgetc 函数后,该位置指针将向后移动一个字节。因此可连续多次使用 fgetc 函数,读取多个字符。

#include <stdlib.h> 包含 exit 函数头文件。

说明:

(1) 在 fgetc 函数调用中,读取的文件必须是以读或读/写方式打开的。

(2) 读取字符的结果也可以不向字符变量赋值,例如：

```
fgetc(fp);
```

但是读出的字符不能保存。

（3）应注意文件指针和文件内部的位置指针不是一回事。文件指针是指向整个文件的，须在程序中定义说明，只要不重新赋值，文件指针的值是不变的。文件内部的位置指针用以指示文件内部的当前读/写位置，每读/写一次，该指针均向后移动，它不需要在程序中定义说明，而是由系统自动设置的。

2. 写字符函数 fputc

- 形式：**fputc(字符量,文件指针);**
- 功能：把一字节代码写入文件指针变量指向的文件中。
- 返回值：正常，返回读到的代码值；读到文件尾或出错，返回值为 EOF。

例如：

```
fputc('a',fp);
```

其意义是：把字符 a 写入 fp 所指向的文件中。

例 11.2 将一个字符数组的内容写入 file1.dat 文件，然后将该文件的内容显示在屏幕上。

（11_2.c）

```
# include < stdio. h >
# include < stdlib. h >
# include < string. h >
void main( )
{
    FILE * outfile, * infile;
    char s[ ] = "I love C programming. \n";
    int i;
    char ch;
    if((outfile = fopen("file1.dat","w")) == NULL)       /* 判断文件是否正常打开 */
        {
         printf("Can not open file1.dat .\n");
         exit(0);
        }
for( i = 0; i < = (int)strlen(s);i++)                     /* 从 s[i]读取字符写入 file.dat */
        putc(s[i],outfile);
    fclose(outfile);
    if((infile = fopen("file1.dat","r")) == NULL)
        {
        printf("Can not open file1.dat .\n");
        exit(0);
        }
    while(!feof(infile))                                  /* 从 file1.dat 读数据 */
        {
        ch = getc(infile);
        putchar(ch);
        }
    fclose(infile);
}
```

程序运行结果：

I love C programming.

程序分析：

本程序先设置了一循环结构，用 fputc 函数将字符数组 s 中的字符逐个写入 file1.dat 文件中。

再设置第 2 个循环结构，用 fgetc 函数从 file1.dat 文件逐个读字符并输出。

说明：

（1）每写入一个字符，文件内部位置指针向后移动一个字节。

（2）被写入的文件可以用写、读/写、追加方式打开，用写或读/写方式打开一个已存在的文件时将清除原有的文件内容，写入字符从文件首开始。如需保留原有文件内容，希望写入的字符从文件末开始存放，必须以追加方式打开文件。被写入的文件若不存在，则创建该文件。

3. 文件结束标志测定函数 feof

- 形式：**feof(文件指针)**
- 功能：判断文件是否结束
- 返回值：文件结束，返回真（非 0）；文件未结束，返回 0。

例如，判断二进制文件是否结束：

```
while(!feof(fp))
    { c = fgetc(fp);
     …..
    }
```

对于文本文件，因系统设定了用 EOF 作为文件结束标志，可不用 feof 函数，而用以下方式判断文件是否结束：

```
while((ch = fgetc(fp) != EOF)
    putchar (ch)
```

11.5.2　字符串读/写函数

字符串串读、写函数 fgets/fputs 是以字符串（或文件的行）为单位的读/写函数。每次可从文件读出或向文件写入一串字符。

- 形式：

```
fgets(字符数组名,n,文件指针);
fputs(字符串,文件指针);
```

- 功能：从文件指针变量指向的文件中读/写一个字符串。
- 返回值：

fgets 正常时返回读取字符串的首地址；出错或到文件尾时，返回 NULL。

fputs 正常时返回写入的最后一个字符；出错时返回 EOF。

例如，

```
fgets(str,n,fp);
```

其意义是：从 fp 所指的文件中读出 n−1 个字符送入字符数组 str 中。又如，

```
fputs(" hi",fp);
```

其意义是：把字符串"hi"写入 fp 所指的文件之中。

例 11.3 从键盘读入字符串并存入文件中，再从文件读回并显示在屏幕上。(11_3.c)

```
# include < stdio.h >
void main()
{   FILE   * fp;
    char   string[81];
    if((fp = fopen("file.txt","w")) == NULL)         /* 以只写方式打开文件 file.txt */
    {
    printf("cann't open file");
    exit(0);
    }
    while(strlen(gets(string))> 0)
    {
    fputs(string,fp);
        fputs("\n",fp);
    }
    fclose(fp);
    if((fp = fopen("file.txt","r")) == NULL)
    {
        printf("cann't open file");
        exit(0);
    }
    while(fgets(string,81,fp)!= NULL)
        fputs(string,stdout);
    fclose(fp);
}
```

说明：

(1) fgets 函数读取字符不会超过 n−1 个，因为字符串尾部自动追加'\0'字符；fputs 函数在将字符串写入文件时，自动舍弃'\0'字符。

(2) fgets 函数读取操作遇到以下情况结束：

- 已经读取了 n−1 个字符。
- 当前读取字符为回车符。
- 已读到文件末尾。

11.5.3　数据块及格式化读/写函数

1. 数据块读/写函数

数据块读、写函数 fread/fwrite 是以数据块为单位的读/写函数。每次可将指定字节的数据块从文件读出或输出到磁盘文件中。

- 形式：

```
fread(buffer,size,count,fp);
fwrite(buffer,size,count,fp);
```

其中,buffer 是一个指针,在 fread 函数中,它表示存放输入数据的首地址。在 fwrite 函数中,它表示存放输出数据的首地址;size 表示数据块的字节数;count 表示要读/写的数据块块数;fp 表示文件指针。

- 功能：从指定文件读/向指定文件写特定字节的数据块。
- 返回值：成功,返回 count 的值;否则,返回 -1。

例如,

```
fread(fa,4,5,fp);
```

其意义是：从 fp 所指的文件中,每次读 4 个字节(一个实数)送入实数组 fa 中,连续读 5 次,即读 5 个实数到 fa 中。

```
fwite(f,4,3,fp);
```

其意义是：从实型数组 f 向 fp 所指的文件写入 3 个数据,每个数据占 4 个字节。

例 11.4 从键盘输入 3 个学生数据,把它们转存到文件 stu_dat 文件中去,然后读出显示在屏幕上。

(11_4.c)

```
# include < stdio. h >
# define SIZE 3
struct student_type                          / * 定义结构体 * /
{    char name[10];
     int num;
     int age;
     char addr[15];
}stud[SIZE];

void save()
{    FILE  * fp;
     int   i;
     if((fp = fopen("stu_dat","wb")) == NULL)    / * 以二进制写方式打开文件 * /
     {    printf("cannot open file\n");
      return;
     }
     for(i = 0;i < SIZE;i++)                      / * 写学生信息  * /
         if(fwrite(&stud[i],sizeof(struct student_type),1,fp)!= 1)
         printf("file write error\n");
     fclose(fp);
}

void display()
{    FILE  * fp;
     int   i;
     if((fp = fopen("stu_dat","rb")) == NULL)    / * 以二进制读方式打开文件 * /
     {    printf("cannot open file\n");
      return;
     }
```

```
        for(i = 0;i < SIZE;i++)                           /* 从文件中该学生信息并回显 */
        {   fread(&stud[i],sizeof(struct student_type),1,fp);
            printf(" % - 10s  % 4d  % 4d  % - 15s\n",stud[i].name,
                    stud[i].num,stud[i].age,stud[i].addr);
        }
        fclose(fp);
}


void main()
{
        int i;
        for(i = 0;i < SIZE;i++)                           /* 从键盘读入学生信息(结构值) */
        scanf(" % s % d % d % s",stud[i].name,&stud[i].num,
                &stud[i].age,stud[i].addr);
        save();
        display();
}
```

程序分析:

本程序定义了一个结构体 student_type,1 个结构数组 stud[SIZE]。在 main 函数中,输入学生数据,然后调用 save 函数将数据写入到 stu_dat 文件中,用 display()函数,读出学生数据,在屏幕上显示。

fwrite 函数作用是将一个数据块(1 个学生信息)送到 stu_dat 文件,数据块长度为 student_type 结构成员字节之和。fread 函数作用是将一个数据块(1 个学生信息)从 stu_dat 文件中读出。

2. 格式化读/写函数

fscanf 和 fprintf 函数与前面使用的 scanf 和 printf 函数的功能相似,都是格式化读/写函数,但 fscanf 函数和 fprintf 函数的操作对象不是键盘和显示器,而是磁盘文件。

• 形式:

fscanf(文件指针,格式字符串,输入表列);
fprintf(文件指针,格式字符串,输出表列);

• 功能:按格式对文件进行 I/O 操作。

• 返回值:操作成功,返回读/写字符的个数;出错或至文件尾,返回 EOF。

例如,

```
fprintf(fp," % d, % 6.2f",i,t);
```

其意义是:将 i 和 t 的值,按%d,%6.2f 格式输出到 fp 指向的文件。

```
fscanf(fp," % d, % f",&i,&t);
```

其意义是:若文件中有字符 3,4.5,则将 3 送入变量 i, 4.5 送入变量 t。

例 11.5　从键盘按格式输入数据并存到磁盘文件中去。

(11_5.c)

```
# include < stdio.h >
# include < stdlib.h >
```

```
void main()
{ char s[80],c[80];
  int a,b;
  FILE * fp;
  if((fp = fopen("test","w")) == NULL)          /* 以只写方式打开 test 文件 */
  {   puts("can't open file");    exit(0) ;    }
  fscanf(stdin,"% s % d",s,&a);                 /* 从键盘读数据 */
  fprintf(fp,"% s    % d",s,a);                 /* 把读取的数据写入文件 */
  fclose(fp);
  if((fp = fopen("test","r")) == NULL)
  {   puts("can't open file"); exit(0);  }
  fscanf(fp,"% s % d",c,&b);                     /* 从文件中读数据 */
  fprintf(stdout,"% s % d",c,b);                /* 在屏幕上显示 */
  fclose(fp);
}
```

说明：

(1) 格式化读/写均采用 ASCII 码方式，简单直观，容易理解。

(2) 由于采用 ASCII 码方式，在读/写操作时，要进行 ASCII 码与二进制的转换，花费时间，影响速度。因此，在文件 I/O 操作频繁或文件过大，以及对二进制文件不宜于采用格式化读/写，而应用数据块读/写函数。

11.6　文件的随机读写

在结构体类型 FILE 中有一位置指针，指向当前读/写位置。前面介绍的对文件的读/写方式都是顺序读/写，即读/写文件只能从头开始，顺序读/写各个数据。每读/写完一个字符后，该位置指针自动指向下一位置。但在实际问题中，常要求只读/写文件中某一指定的部分。为了解决这个问题，可移动文件位置指针到需要读/写的位置，再进行读/写，这种读/写称为随机读/写。

实现随机读/写的关键在于按要求移动位置指针，称为文件的定位。移动文件内部位置指针的函数主要有两个，即 rewind 函数和 fseek 函数。另外还常用 ftell 函数返回流式位置指针的当前位置。

1. rewind 函数

- 形式：**rewind (文件指针);**
- 功能：重置文件位置指针到文件开头。
- 返回值：无。

例如：

```
rewind (fp);
```

其意义是：不管当前 fp 在何处，强行让该指针指向文件的开头。

2. fseek 函数

- 形式：**fseek(文件指针,位移量,起始点);**
- 功能：改变文件位置指针的位置。

其中,文件指针指向被移动的文件;位移量表示移动位置指针的字节数,要求位移量是 long 型数据,以便在文件长度大于 64KB 时不会出错。当用常量表示位移量时,要求加后缀 "L";起始点表示从何处开始计算位移量,规定的起始点有三种:文件首,当前位置和文件尾。其表示方法如表 11.2 所示。

表 11.2　起始点标识

起　始　点	表　示　符　号	数　字　表　示
文件首	SEEK_SET	0
当前位置	SEEK_CUR	1
文件尾	SEEK_END	2

• 返回值:成功,返回 0;失败,返回非 0 值。

例如:

```
fseek(fp,100L,0);          /* 将位置指针移到离文件头 100B 处 */
fseek(fp, - 50L,2);        /* 将位置指针从文件尾处向后退 50B 处 */
fseek(fp,50L,1);           /* 将位置指针移到离当前位置 50B 处 */
```

说明:fseek 函数一般用于二进制文件。在文本文件中由于要进行转换,故往往计算的位置会发生混乱,不能达到预期目的。

3. ftell 函数

• 形式:**ftell(文件指针);**

• 功能:返回流式位置指针的当前位置。

• 返回值:成功,返回当前位置指针位置;失败,返回 -1L。

例 11.6 求文件长度。

(11_6.c)

```
# include"stdio.h"
  void main()
  { FILE * fp;
    char filename[80];
    long length;
    gets(filename);
    fp = fopen(filename,"rb");
    if(fp == NULL)
      printf("file not found!\n");
    else
    { fseek(fp,0L,SEEK_END);
      length = ftell(fp);
      printf("Length of File is % 1d bytes\n",length);
      fclose(fp);
    }
}
```

程序分析:

本程序中用 fseek 函数移动位置指针到文件末尾,用 ftell 函数得到相对文件开头的位移量,从而求出文件长度。

11.7　常见编程错误和编译器错误

在使用本章介绍的内容时,应注意下列可能的编程错误和编译器错误。

11.7.1　编程错误

(1) 在尝试打开一个文件时,没有使用 FILE 指针。

(2) 操作完成后,忘记关闭文件。计算机同时最大打开文件数是有限制的,应养成关闭不再需要的文件的习惯。

(3) 在没有首先检查一个给定的文件名称是否已经存在的情况下,就打开这个文件用于输出。不预先检查先前存在的文件名,可能导致文件内容被覆盖。

(4) 没有理解文件的结尾只有在 EOF 标记被读取或被传递时才能被检测到。

11.7.2　编译器错误

与本章内容有关的编译器错误如表 11.3 所示。

表 11.3　第 11 章有关的编译器错误

序号	错误	编译器的错误消息
1	在尝试打开一个文件时没有使用 FILE 指针。例如: int * f; F = fopen("test. txt","a");	:error:' = 'cannot convert from 'FILE * 'to 'int * '
2	没有把文件权限包含在双引号内,例如: FILE * f; F = fopen("test. txt", a);	:error:' = 'cannot convert from 'FILE * 'to 'int * '
3	没有大写常量符号 FILE。例如: file * f; F = fopen("test. txt", "a");	:error c2065:'file':undeclared identifier: error c2065:'f': undeclared identifier
4	没有给 fclose()函数提供 FILE 指针。例如:fclose();	:error:'fclose': function does not take 0 arguments

小　　结

本章要求掌握以下内容:

(1) 文件的基本概念。

文件是存储在外部介质上的数据集合,这些数据可以是一批二进制数、一组字符或一个文件。

C 语言把文件当作一个"流",对文件的存取以字节为单位。

C 语言中的文件是逻辑的概念,所有能进行输入输出的设备都被看作是文件。

C 语言中文件按编码方式分为二进制文件和 ASCII 文件。

（2）使用文件的主要目的。

利用文件才能在外部存储器中长期保存数据,并可供其他程序共享,便于数据的输入和保存,以及便于主机与外设及计算机系统间的通信联系。

（3）文件操作方式。

文件可按只读、只写、读/写、追加 4 种操作方式打开,同时还必须指定文件的类型是二进制文件还是文本文件。

（4）文件读/写。

文件读/写有以下两种方式:

- 顺序读/写:读/写第 K 个数据块之前必须读/写第 1 至 K−1 个数据块;即读/写文件只能从头开始,顺序往下读。
- 随机读/写:可直接读/写第 K 个数据块;即移动文件指针到需要读/写的位置,再进行读/写。

（5）文件操作函数。

C 语言中,文件操作都由相关的库函数完成。这些库函数包含在 stdio. h 头文件中。常用文件操作函数如表 11.4 所示。

表 11.4　常用文件操作函数

函　数　名	功　　能
fopen()	打开文件
fclose()	关闭文件
putc()	将一个字符写到指定文件
fputc()	将一个字符串写到指定文件
putchar()	输出字符到 stdout
getchar()	从 stdin 输入字符
getc()	从指定文件读一个字符
fgetc()	从指定文件读一个字符串
fread()	从指定文件读成块数据
fwrite()	将成块数据写到指定文件
fprintf()	将格式化数据写到指定文件
fscanf()	从指定文件读格式化数据
fseek()	改变文件位置指针的位置

习　　题

11.1　填空题

11.1.1　C 语言中,系统标准输入文件是指_____。

11.1.2　正常执行 fclose 函数的返回值是_____。

11.1.3　在 C 程序中,数据可以用_____、_____两种方式存放。

11.1.4　 fgets 函数的作用是从指定文件读入一个字符,该文件的打开方式必须是_____。

11.1.5　C 语言中,文件的存取是以_____为单位的,这种文件被称为_____

文件。

11.1.6　在 C 程序中,如要定义文件指针 fp,定义形式为_____。

11.1.7　列出能够用于写入数据到文件的三个函数_____、_____和_____。

11.1.8　列出能够用于从文件中读取数据的三个函数_____、_____和_____。

11.1.9　_____函数可以把文件指针定义到文件中的任何位置。

11.1.10　有函数语句 fgets(buf,n,fp);其作用是从 fp 指向的文件中读入_____字符放到 buf 字符数组中,函数返回值是_____。

11.2　编程题

11.2.1　将文件 file1.c 的内容输出到屏幕,并复制到 file2.c 中。

11.2.2　统计文件 letter.txt 中小写字母 c 的个数。

11.2.3　从键盘输入一个字符串,将其中的小写字母全部转换成大写字母,然后输出到一个磁盘文件"test.dat"中保存。输入的字符串以回车结束。

11.2.4　有 5 个学生,每个学生有 3 门课的成绩,从键盘输入数据(包括学生号、姓名、三门课成绩)、计算出平均成绩,将原有数据和计算出的平均分数存放在磁盘文件"stud.dat"中。

附录 1 | C 语言的字符集——ASCII 字符表

ASCII（美国信息交换标准编码）表

字符	ASCII 代码 二进制	十进制	十六进制	字符	ASCII 代码 二进制	十进制	十六进制	字符	ASCII 代码 二进制	十进制	十六进制
回车	0001101	13	0D	?	0111111	63	3F	a	1100001	97	61
ESC	0011011	27	1B	@	1000000	64	40	b	1100010	98	62
空格	0100000	32	20	A	1000001	65	41	c	1100011	99	63
!	0100001	33	21	B	1000010	66	42	d	1100100	100	64
"	0100010	34	22	C	1000011	67	43	e	1100101	101	65
#	0100011	35	23	D	1000100	68	44	f	1100110	102	66
$	0100100	36	24	E	1000101	69	45	g	1100111	103	67
%	0100101	37	25	F	1000110	70	46	h	1101000	104	68
&	0100110	38	26	G	1000111	71	47	i	1101001	105	69
,	0100111	39	27	H	1001000	72	48	j	1101010	106	6A
(	0101000	40	28	I	1001001	73	49	k	1101011	107	6B
)	0101001	41	29	J	1001010	74	4A	l	1101100	108	6C
*	0101010	42	2A	K	1001011	75	4B	m	1101101	109	6D
+	0101011	43	2B	L	1001100	76	4C	n	1101110	110	6E
,	0101100	44	2C	M	1001101	77	4D	o	1101111	111	6F
−	0101101	45	2D	N	1001110	78	4E	p	1110000	112	70
.	0101110	46	2E	O	1001111	79	4F	q	1110001	113	71
/	0101111	47	2F	P	1010000	80	50	r	1110010	114	72
0	0110000	48	30	Q	1010001	81	51	s	1110011	115	73
1	0110001	49	31	R	1010010	82	52	t	1110100	116	74
2	0110010	50	32	S	1010011	83	53	u	1110101	117	75
3	0110011	51	33	T	1010100	84	54	v	1110110	118	76
4	0110100	52	34	U	1010101	85	55	w	1110111	119	77
5	0110101	53	35	V	1010110	86	56	x	1111000	120	78
6	0110110	54	36	W	1010111	87	57	y	1111001	121	79
7	0110111	55	37	X	1011000	88	58	z	1111010	122	7A
8	0111000	56	38	Y	1011001	89	59				
9	0111001	57	39	Z	1011010	90	5A	{	1111011	123	7B
:	0111010	58	3A	[	1011011	91	5B			1111100	124	7C
;	0111011	59	3B	\	1011100	92	5C	}	1111101	125	7D
<	0111100	60	3C	]	1011101	93	5D	~	1111110	126	7E
=	0111101	61	3D	^	1011110	94	5E				
>	0111110	62	3E	−	1011111	95	5F				

注意：目前许多基于 x86 的系统都支持使用扩展（或"高"）ASCII 码。扩展 ASCII 码允许将每个字符的第 8 位用于确定附加的 128 个特殊符号字符、外来语字母和图形符号。

附录2 C 语言的库函数

库函数提供了一些程序员经常使用的函数,它并不是 C 语言的一部分。不同的 C 编译系统提供的库函数的数量和函数名都不完全相同,本附录列举了 ANSI C 提供的常用部分库函数。

标准库中的函数原型、宏以及一些类型被定义在标准头文件中。程序员要使用标准库中的特定函数时,必须首先引用相应的头文件。这些头文件如下所列:

<assert.h>	<float.h>	<math.h>	<stdarg.h>	<stdlib.h>
<ctype.h>	<limits.h>	<setjmp.h>	<stddef.h>	<string.h>
<errno.h>	<locale.h>	<signal.h>	<stdio.h>	<stime.h>

头文件的引用方法如下:

```
# include <header>
```

C 库函数的种类和数目非常多,本附录不可能全部罗列。在具体程序设计中,大家可以根据需要查阅所用编译系统的函数手册。

1. 输入输出函数<stdio.h>

要使用下面的输入输出函数,需要使用 # include <stdio.h>来把 stdio.h 头文件包含到源程序文件中。

(1) 字符的输入输出

- int fgetc(FILE * stream)

  函数功能:从 stream 所指定的文件中取得下一个字符。

  返回值:返回所得到的字符数。如遇到文件尾或读入错误就返回 EOF。

- char * fgets(char * s, int n, FILE * stream)

  函数功能:从 stream 所指定的文件中读取一个最长为(n-1)的字符串,存入起始地址为 s 的数组空间中,遇到换行符或文件尾则读取结束。

  返回值:返回地址 s,若遇到文件结束或出错,返回 NULL。

- int fputc(int c, FILE * stream)

  函数功能:函数把 c 转换为 unsigned char,并写到 stream 指向的文件中。

  返回值:如果成功返回(int)(unsigned char) c,否则返回 EOF。

- int fputs(const char * s, File * stream)

  函数功能:把 s 指向的字符串写入到 stream 指向的文件中,但字符串结尾的空字符除外。

  返回值:如果成功返回 0,若出错返回非 0。

- int getc＊(FILE ＊ stream)

  函数功能：从 stream 所指的文件中取得下一个字符。

  返回值：返回所得的字符，若遇到文件尾或错误则返回 EOF。

- int getchar(void)

  函数功能：从标准输入设备中读取下一个字符。

  返回值：所读字符。若文件结束或出错，则返回 −1。

- char ＊ gets(char ＊ s)

  函数功能：从标准输入设备中读取字符，并存储到 s 指向的数组中，直到遇到换行符或文件结束标记，最后写入的是空字符，换行符被忽略。(fgets()要存储换行符)。

  返回值：如果成功返回 s，否则返回 NULL。

- int putc(int c, FILE ＊ stream)

  函数功能：输出字符 c 到 stream 所指的文件中。等价于 fputc()，不同点在于本函数用宏实现。

  返回值：输出的字符 c，出错时返回 EOF。

- int putchar(int c)

  函数功能：把字符 c 输出到标准输出设备。

  返回值：输出的字符 c，出错时返回 EOF。

- int puts(const char ＊ s)

  函数功能：把 s 指向的字符串输出到标准输出设备，但不输出空字符"'\0'"，而是将"'\0'"转换为回车换行。

  返回值：如果调用成功则返回一个非负值，否则返回 EOF。

(2) 格式化输入输出

- int fprintf(FILE ＊ fp, const char ＊ format, args,…)

  函数功能：把 args 的值以 format 指定的格式输入到 fp 指向的文件中。

  返回值：实际输出的字符数，如果出错会返回一个负值。

- int printf(const char ＊ format, args,…)

  函数功能：把输出列表 args 中的值，按 format 指向的格式字符串规定的格式输出到标准输出设备。format 可以是一个字符串，或字符数组的起始地址。

  返回值：实际输出的字符数，如果出错会返回一个负值。

- int scanf(const char ＊ format, args,…)

  函数功能：从标准输入设备按 format 指向的格式字符串所规定的格式，输入数据给 args 所指的单元，其中 args 为指针。

  返回值：读入并赋给 args 的数据个数。遇到文件结束返回 EOF，出错时返回 0。

(3) 直接输入输出

- int fread (char ＊ pt, unsigned size, unsigned n, FILE ＊ fp)

  函数功能：从 fp 所指定的文件中最多读取长度为 size 的 n 个数据项，存入 fp 所指向的数组空间中。

  返回值：返回所读的数据项个数，如遇到文件结束或出错返回 0。

- int fwrite (char ＊ ptr, unsigned size, unsigned n, FILE ＊ fp)

函数功能：把 ptr 所指向的 n ∗ size 个字节输出到 fp 所指向的文件中。

返回值：写到 fp 所指向的文件中的数据项的个数。

（4）文件操作

- FILE ∗ fopen(const char ∗ filename, const char ∗ mode)

  函数功能：以 mode 指定的方式打开名为 filename 的文件。

  返回值：成功时返回一个指向文件信息区的起始地址的指针,否则返回 0。

- int fclose(FILE ∗ fp)

  函数功能：关闭 fp 所指的文件,释放文件缓存区。

  返回值：有错误时返回非零值,否则返回 0。

- int remove(const char ∗ filename)

  函数功能：从文件系统中删除名为 filename 的文件。

  返回值：如果成功返回 0,否则返回 -1。

- int rename(const char ∗ oldname, const char ∗ newname)

  函数功能：把由 oldname 所指的文件名,改为 newname 所指的文件名。

  返回值：成功返回 0,出错返回 -1。

- int fseek(FILE ∗ fp, long offset, int place)

  函数功能：将 fp 所指向的文件的位置指针移动到以 place 所指出位置为基准、以 offset 为位移量的位置。

  返回值：如果成功返回当前位置,否则,返回 -1。

- long ftell(FILE ∗ fp)

  函数功能：返回 fp 所指向的文件中的读写位置。

  返回值：fp 所指向的文件中的读写位置。

2. 错误处理函数 < error. h >

- void clearerr(FILE ∗ fp)

  函数功能：清除与 fp 相关的文件错误指示器和文件尾指示器。

  返回值：无。

- int feof(FILE ∗ fp)

  函数功能：检查文件是否结束。

  返回值：遇文件结束符返回非零值

3. 动态内存分配 < stdlib. h >

在 ANSI C 标准中,动态内存分配函数在< stdlib. h >中定义,但也有一些编译系统在< malloc. h >中定义。

- void ∗ calloc (unsigned n, unsign size)

  函数功能：分配 n 个数据项的连续内存空间,每个数据项的大小为 size。并用 0 按位对该空间初始化。

  返回值：如成功返回分配内存空间的起始地址,否则返回 0。

- void free(void ∗ p)

  函数功能：释放由 p 指向的内存空间。

  返回值：无。

- void ＊ malloc（unsigned size）

  函数功能：在内存中分配由 size 个字节组成的存储区，但对存储区不进行初始化。

  返回值：如成功返回分配内存空间的起始地址，否则返回 0。

- void ＊ realloc（void ＊ p, unsigned size）

  函数功能：将 p 指向的已分配内存区的大小改为 size。但对内存区中的内容不作改变。

  返回值：返回指向该内存区的指针。

4. 数学函数 < math. h >

使用数学函数时，要包含头文件< math. h >。

（1）三角函数

- double cos(double x)

  函数功能：计算 cos(x)的值

  返回值：计算结果

- double sin(double x)

  函数功能：计算 sin(x)的值

  返回值：计算结果

- double tan(double x)

  函数功能：计算 tan(x)的值

  返回值：计算结果

（2）反三角函数

- double acos(double x)

  函数功能：计算 $\cos^{-1}(x)$ 的值

  返回值：计算结果

- double asin(double x)

  函数功能：计算 $\sin^{-1}(x)$ 的值。

  返回值：计算结果

- double atan(double x)

  函数功能：计算 $\tan^{-1}(x)$ 的值。

  返回值：计算结果

- double atan2(double y, double x)

  函数功能：计算 $\tan^{-1}(x/y)$ 的值。

  返回值：计算结果

（3）双曲函数

- double cosh(double x)

  函数功能：计算 x 的双曲余弦 cosh(x)的值

  返回值：计算结果

- double sinh(double x)

  函数功能：计算 x 的双曲正弦 sinh(x)的值

  返回值：计算结果

- double tanh(double x)

  函数功能：计算 x 的双曲正切 tanh(x)的值

  返回值：计算结果

（4）幂、指数、对数函数

- double exp(double x)

  函数功能：求 e^x 的值。

  返回值：计算结果

- double log(double x)

  函数功能：求 lnx 的值。

  返回值：计算结果

- double log10(double x)

  函数功能：求 $\log_{10} x$ 的值。

  返回值：计算结果

- double pow(double x, double y)

  函数功能：求 x^y 的值。

  返回值：计算结果

（5）其他数学函数

- double fabs(double x)

  函数功能：求 x 的绝对值。

  返回值：计算结果。

- double floor (double x)

  函数功能：求不大于 x 的最大整数。

  返回值：该整数的双精度数。

- modf(double val, double * iptr)

  函数功能：把双精度数 val 分解为整数部分和小数部分，把整数部分存放到 iptr 指向的单元。

  返回值：val 的小数部分。

- int rand (void)

  函数功能：产生 − 90 到 32 767 之间的随机整数。

  返回值：产生的随机整数。

- double sqrt (double x)

  函数功能：计算 $\sqrt{x}$。

  返回值：计算结果。

5. 分类函数 < ctype. h >

头文件< ctype. h>中定义了对字符进行测试的一些函数。

- int isalnum(int c)

  函数功能：检查 c 是否是字母或数字。

  返回值：是字母或数字返回 1,否则返回 0。

- int isalpha(int c)

函数功能：检查 c 是否是字母。

返回值：如果是返回 1,否则返回 0。

- int iscntrl(int c)

函数功能：检查 c 是否是控制字符,即 ASCII 码在 0 到 31 之间。

返回值：如果是返回 1,否则返回 0。

- int isdigit(int c)

函数功能：检查 c 是否是 0～9 之间的数字。

返回值：如果是返回 1,否则返回 0。

- int islower(int c)

函数功能：检查 c 是否是小写字母 a～z。

返回值：如果是返回 1,否则返回 0。

- int isprint(int c)

函数功能：检查 c 是否是可打印字符,即 ASCII 码在 32～126 之间。

返回值：如果是返回 1,否则返回 0。

- int isspace(int c)

函数功能：检查 c 是否是空格、跳格符或换行符。

返回值：如果是返回 1,否则返回 0。

- int isupper(int c)

函数功能：检查 c 是否是大写字母 A～Z。

返回值：如果是返回 1,否则返回 0。

- int isxdigit(int c)

函数功能：检查 c 是否是十六进制数学字符,即 0～9、A～F 或 a～f。

返回值：如果是返回 1,否则返回 0。

- int tolower(int c)

函数功能：将字符 c 转换为小写。

返回值：转换后的小写字符。

- int toupper(int c)

函数功能：将字符 c 转换为大写。

返回值：转换后的大写字符。

6. 字符串函数 < string. h >

- char * strcat(char * str1, char * str2)

函数功能：把 str2 复制到 str1 的后面,同时删除 str1 后面的"'/0'",要完成该操作必须确保 str1 后面有足够的空间容纳 str2。

返回值：返回字符串 str1。

- char * strchr(char * str, int c)

函数功能：在 str 中搜索与字符 c 相匹配的第一个字符。

返回值：找到的字符的地址,否则返回 NULL。

- int strcmp(char * str1, char * str2)

函数功能：按字典顺序比较串 str1 和 str2。

返回值：str1 < str2 时，返回负值；str1 > str2 时，返回正值；str1 = str2 时，返回 0。

- char * strcpy(char * str1, char * str2)

  函数功能：将 str2 指向的字符串复制到 str1 中，包括结尾的空字符。str1 中的旧值被覆盖，同时要确保 str1 所指的空间能容纳复制后的内容。

  返回值：字符串 str1。

- unsigned int strlen(char * str)

  函数功能：统计 str 中字符的个数，但不包括结尾的"'/0'"。

  返回值：字符的个数。

- char * strstr(char * str1, char * str2)

  函数功能：在串 str1 中搜索串 str2 第一次出现的位置，搜索时不包括 str2 的串结束符。

  返回值：指向该位置的指针，找不到时返回 NULL。

7. 目录函数 <dir.h>

- int chdir(char * path)

  函数功能：使指定的目录 path(如"C:\\WPS")变成当前的工作目录。

  返回值：成功返回 0。

- int findfirst(char * pathname, struct ffblk * ffblk, int attrib)

  函数功能：查找指定的文件，其中 pathname 为指定的目录名和文件名，ffblk 为指定的保存文件信息的一个结构，attrib 为文件属性。

  返回值：成功返回 0。

- int findnext(struct ffblk * ffblk)

  函数功能：取匹配 findfirst 的文件。

  返回值：成功返回 0。

- void fumerge(char * path, char * drive, char * dir, char * name, char * ext)

  函数功能：此函数通过盘符 drive(C:、A: 等)，路径 dir(\TC、\BC\LIB 等)，文件名 name(TC、WPS 等)，扩展名 ext(.EXE、.COM 等)组成一个文件名，存于 path 中。

  返回值：无返回值。

- int fnsplit(char * path, char * drive, char * dir, char * name, char * ext)

  函数功能：将文件名 path 分解成盘符 drive(C:、A: 等)、路径 dir(\TC、\BC\LIB 等)、文件名 name(TC、WPS 等)、扩展名 ext(.EXE、.COM 等)，并分别存入相应的变量中。

  返回值：成功返回 0。

- int getcurdir(int drive, char * direc)

  函数功能：返回指定驱动器的当前工作目录名称，其中 drive 为指定的驱动器(0 = 当前，1 = A，2 = B，3 = C 等)，direc 保存指定驱动器当前工作路径的变量。

  返回值：成功返回 0。

- char * getcwd(char * buf, int n)

  函数功能：取当前工作目录并存入 buf 中，直到 n 个字节长为止。错误返回 NULL。

返回值：错误返回 NULL。

- int getdisk()

  函数功能：取当前正在使用的驱动器。

  返回值：返回一个整数(0 = A,1 = B,2 = C 等)。

- int setdisk(int drive)

  函数功能：设置要使用的驱动器 drive(0 = A,1 = B,2 = C 等)。

  返回值：返回可使用驱动器总数。

- int mkdir(char * pathname)

  函数功能：建立一个新的目录 pathname。

  返回值：成功返回 0。

- int rmdir(char * pathname)

  函数功能：删除一个目录 pathname。

  返回值：成功返回 0。

- char * mktemp(char * template)

  函数功能：构造一个当前目录上没有的文件名并存于 template 中。

  返回值：成功返回 0。

- char * searchpath(char * pathname)

  函数功能：利用 MSDOS 找出文件 filename 所在路径,此函数使用 DOS 的 PATH 变量。

  返回值：未找到文件时返回 null。

8. **进程函数 < process. h >**

- void abort()

  函数功能：通过调用具有出口代码 3 的_exit 写一个终止信息于 stderr,并异常终止程序。

  返回值：无返回值。

- void _exit(int status)

  函数功能：终止当前程序,但不清理现场。

  返回值：无返回值。

- void exit(int status)

  函数功能：终止当前程序,关闭所有文件,写缓冲区的输出(等待输出),并调用任何寄存器的"出口函数"。

  返回值：无返回值。

- int system(char * command)

  函数功能：将 MSDOS 命令 command 传递给 DOS 执行。

9. **诊断函数 < assert. h >**

- void assert(int test)

  函数功能：一个扩展成 if 语句那样的宏,如果 test 测试失败,就显示一个信息并异常终止程序。

  返回值：无返回值。

- void perror(char * string)

  函数功能：显示最近一次的错误信息。

  返回值：无返回值。
- char * strerror(char * str)

  函数功能：返回最近一次的错误信息。

  返回值：返回错误信息。

10. 图形图像函数 < graphics. h >

对许多图形应用程序，直线和曲线是非常有用的。对有些图形，只能靠操作单个像素才能画出。但如果没有画像素的功能，就无法操作直线和曲线的函数。而且通过大规模使用像素功能，整个图形就可以保存、写、擦除和与屏幕上的原有图形进行叠加。

- void putpixel(int x,int y,int color)

  函数功能：在图形模式下在屏幕上画一个像素点，参数 x、y 为像素点的坐标，color 是该像素点的颜色，它可以是颜色符号名，也可以是整型色彩值。

  返回值：无返回值。
- int getpixel(int x,int y)

  函数功能：返回像素点颜色值。参数 x、y 为像素点坐标。

  返回值：返回一个像素点色彩值。
- void line(int startx,int starty,int endx,int endy)

  函数功能：使用当前绘图色、线型及线宽，在给定的两点间画一直线。参数 startx、starty 为起点坐标，endx、endy 为终点坐标，函数调用前后，图形状态下屏幕光标（一般不可见）当前位置不改变。

  返回值：无返回值。
- void lineto(int x,int y)

  函数功能：使用当前绘图色、线型及线宽，从当前位置画一直线到指定位置。参数 x、y 为指定点的坐标，函数调用后，当前位置改变到指定点(x,y)。

  返回值：无返回值。
- void linerel(int dx,int dy)

  函数功能：使用当前绘图色、线型及线宽，从当前位置开始，按指定的水平和垂直偏移距离画一直线。参数 dx,dy 分别是水平偏移距离和垂直偏移距离。

  返回值：无返回值。
- void setlinestyle(int style,unsigned pattern,int width)

  函数功能：为画线函数设置当前线型，包括线型、线图样和线宽。参数 style 为线型取值，也可以用相应名称表示，参数 pattern 用于自定义线图样，参数 width 用来设定线宽。

  返回值：无返回值。
- void getlinesettings(struct linesettingstype * info)

  函数功能：用当前设置的线型、线图样和线宽填写 linesettingstype 型结构体。此函数调用执行后，当前的线型、线图样和线宽值被装入 info 指向的结构体里，从而可从该结构体中获得线型设置。

返回值：返回的线型设置存放在 info 指向的结构体中。

- void setwritemode(int mode)

函数功能：设置画线模式，其中参数 mode 只有两个取值：0 和 1，若 mode 为 0，则新画的线将覆盖屏幕上原有的图形，此为默认画线输出模式。如果 mode 为 1，那么新画的像素点与原有图形的像素点先进行异或（XOR）运算，然后输出到屏幕上，使用这种画线输出模式，第二次画同一图形时，将擦除该图形。

返回值：无返回值。

- void rectangle(int left,int top,int right,int bottom)

函数功能：用当前绘图色、线型及线宽，画一个给定左上角与右下角的矩形（正方形或长方形）。参数 left、top 是左上角点坐标，right、bottom 是右下角点坐标。如果有一个以上角点不在当前图形视口内，且裁剪标志 clip 设置的是真（1），那么调用该函数后，只有在图形视口内的矩形部分才被画出。

返回值：无返回值。

- void bar(int left,int top,int right,int bottom)

函数功能：用当前填充图样和填充色（注意不是绘图色）画出一个指定左上角与右下角的实心长条形（长方块或正方块），但没有四条边线）。

返回值：无返回值。

- void bar3d(int left,int top,int right,int bottom,int depth,int topflag)

函数功能：使用当前绘图色、线型及线宽画出三维长方形条块，并用当前填充图样和填充色填充该三维条块的表面。

返回值：无返回值。

- void drawpoly(int pnumber,int * points)

函数功能：用当前绘图色、线型及线宽，画一个给定若干点所定义的多边形。

返回值：无返回值。

- void getaspectratio(int xasp,int yasp)

函数功能：返回 x 方向和 y 方向的比例系数，用这两个整型值可计算某一特定屏显的宽高比。

返回值：返回 x 与 y 方向比例系数，分别存放在 xasp 和 yasp 所指向的变量中。

- void circle(int x,int y,int radius)

函数功能：使用当前绘图色并以实线画一个完整的圆。

返回值：无返回值。

- void arc(int x,int y,int startangle,int endangle,int radius)

函数功能：使用当前绘图色并以实线画一圆弧。

返回值：无返回值。

- Ambiguous operators need parentheses
  不明确的运算需要用括号括起
- Ambiguous symbol "xxx"
  不明确的符号
- Argument list syntax error
  参数表语法错误
- Array bounds missing
  丢失数组界限符
- Array size toolarge
  数组尺寸太大
- Bad character in parameters
  参数中有不适当的字符
- Bad file name format in include directive
  包含命令中文件名格式不正确
- Bad ifdef directive synatax
  编译预处理 ifdef 有语法错
- Bad undef directive syntax
  编译预处理 undef 有语法错
- Bit field too large
  位字段太长
- Call of non-function
  调用未定义的函数
- Call to function with no prototype
  调用函数时没有函数的说明
- Cannot modify a const object
  不允许修改常量对象
- Case outside of switch
  漏掉了 case 语句
- Case syntax error
  Case 语法错误
- Code has no effect

代码不可能执行到

- Compound statement missing{
  复合语句漏掉"{"
- Conflicting type modifiers
  不明确的类型说明符
- Constant expression required
  要求常量表达式
- Constant out of range in comparison
  在比较中常量超出范围
- Conversion may lose significant digits
  转换时会丢失有意义的数字
- Conversion of near pointer not allowed
  不允许转换近指针
- Could not find file "xxx"
  找不到 XXX 文件
- Declaration missing;
  说明缺少";"
- Declaration syntax error
  说明中出现语法错误
- Default outside of switch
  Default 出现在 switch 语句之外
- Define directive needs an identifier
  定义编译预处理需要标识符
- Division by zero
  用零作除数
- Do statement must have while
  Do-while 语句中缺少 while 部分
- Enum syntax error
  枚举类型语法错误
- Enumeration constant syntax error
  枚举常数语法错误
- Error directive:xxx
  错误的编译预处理命令
- Error writing output file
  写输出文件错误
- Expression syntax error
  表达式语法错误
- Extra parameter in call
  调用时出现多余错误

- File name too long
  文件名太长
- Function call missing)
  函数调用缺少右括号
- Function definition out of place
  函数定义位置错误
- Function should return a value
  函数必需返回一个值
- Goto statement missing label
  Goto 语句没有标号
- Hexadecimal or octal constant too large
  十六进制或八进制常数太大
- Illegal character "x"
  非法字符 x
- Illegal initialization
  非法的初始化
- Illegal octal digit
  非法的八进制数字
- Illegal pointer subtraction
  非法的指针相减
- Illegal structure operation
  非法的结构体操作
- Illegal use of floating point
  非法的浮点运算
- Illegal use of pointer
  指针使用非法
- Improper use of a typedef symbol
  类型定义符号使用不恰当
- In-line assembly not allowed
  不允许使用行间汇编
- Incompatible storage class
  存储类别不相容
- Incompatible type conversion
  不相容的类型转换
- Incorrect number format
  错误的数据格式
- Incorrect use of default
  Default 使用不当
- Invalid indirection

无效的间接运算
- Invalid pointer addition
  指针相加无效
- Irreducible expression tree
  无法执行的表达式运算
- Lvalue required
  需要逻辑值 0 或非 0 值
- Macro argument syntax error
  宏参数语法错误
- Macro expansion too long
  宏的扩展后太长
- Mismatched number of parameters in definition
  定义中参数个数不匹配
- Misplaced break
  此处不应出现 break 语句
- Misplaced continue
  此处不应出现 continue 语句
- Misplaced decimal point
  此处不应出现小数点
- Misplaced elif directive
  不应编译预处理 elif
- Misplaced else
  此处不应出现 else
- Misplaced else directive
  此处不应出现编译预处理 else
- Misplaced endif directive
  此处不应出现编译预处理 endif
- Must be addressable
  必须是可以编址的
- Must take address of memory location
  必须定位存储地址
- No declaration for function "xxx"
  没有函数 xxx 的声明
- No stack
  缺少堆栈
- No type information
  没有类型信息
- Non-portable pointer assignment
  不可移动的指针(地址常数)赋值

- Non-portable pointer comparison
  不可移动的指针（地址常数）比较
- Non-portable pointer conversion
  不可移动的指针（地址常数）转换
- Not a valid expression format type
  不合法的表达式格式
- Not an allowed type
  不允许使用的类型
- Numeric constant too large
  数值常量太大
- Out of memory
  内存不够用
- Parameter "xxx" is never used
  参数 xxx 没有用到
- Pointer required on left side of ->
  符号 ->的左边必须是指针
- Possible use of "xxx" before definition
  在定义之前就使用了 xxx（警告）
- Possibly incorrect assignment
  赋值可能不正确
- Redeclaration of "xxx"
  重复定义了 xxx
- Redefinition of "xxx" is not identical
  xxx 的两次定义不一致
- Register allocation failure
  寄存器定址失败
- Repeat count needs an lvalue
  重复计数需要逻辑值
- Size of structure or array not known
  结构体或数组大小不确定
- Statement missing；
  语句后缺少";"
- Structure or union syntax error
  结构体或联合体语法错误
- Structure size too large
  结构体尺寸太大
- Sub scripting missing]
  下标缺少右方括号
- Superfluous & with function or array

常见错误提示的中文解释

函数或数组中有多余的"&"

- Suspicious pointer conversion
  可疑的指针转换
- Symbol limit exceeded
  符号超限
- Too few parameters in call
  函数调用时的实参少于函数的形参个数
- Too many default cases
  Default 太多(switch 语句中只能有一个)
- Too many error or warning messages
  错误或警告信息太多
- Too many type in declaration
  说明中类型太多
- Too much auto memory in function
  函数用到的局部存储太多
- Too much global data defined in file
  文件中全局数据太多
- Two consecutive dots
  两个连续的句点
- Type mismatch in parameter xxx
  参数 xxx 类型不匹配
- Type mismatch in redeclaration of "xxx"
  xxx 重定义的类型不匹配
- Unable to create output file "xxx"
  无法建立输出文件 xxx
- Unable to open include file "xxx"
  无法打开被包含的文件 xxx
- Unable to open input file "xxx"
  无法打开输入文件 xxx
- Undefined label "xxx"
  没有定义的标号 xxx
- Undefined structure "xxx"
  没有定义的结构体 xxx
- Undefined symbol "xxx"
  没有定义的符号 xxx
- Unexpected end of file in comment started on line xxx
  从 xxx 行开始的注解尚未结束,文件不能结束
- Unexpected end of file in conditional started on line xxx
  从 xxx 开始的条件语句尚未结束,文件不能结束

- Unknown assemble instruction
  未知的汇编指令
- Unknown option
  未知的操作
- Unknown preprocessor directive："xxx"
  不认识的预处理命令 xxx
- Unreachable code
  无路可达的代码
- Unterminated string or character constant
  字符串缺少引号
- User break
  用户强行中断了程序
- void functions may not return a value
  void 类型的函数不应有返回值
- Wrong number of arguments
  调用函数的参数数目错
- "xxx" not an argument
  xxx 不是参数
- "xxx" not part of structure
  xxx 不是结构体的一部分
- xxx statement missing （
  xxx 语句缺少左括号
- xxx statement missing ）
  xxx 语句缺少右括号
- xxx statement missing ；
  xxx 语句缺少分号
- "xxx" declared but never used
  说明了 xxx，但没有使用
- "xxx" is assigned a value which is never used
  给 xxx 赋了值但未用过
- Zero length structure
  结构体的长度为零

附
录
3

常见错误提示的中文解释

参 考 文 献

[1] 王敬华.C语言程序设计教程.北京：清华大学出版社.2005

[2] 谭浩强.C程序设计(第三版).北京：清华大学出版社.2005

[3] 谭浩强.C程序设计题解与上机指导(第三版)北京：清华大学出版社.2005

[4] 黄迪明.C语言程序设计教程.北京：国防工业出版社.2006

[5] 教育部考试中心.全国计算机等级考试二级教程——C语言程序设计.高等教育出版社.2002

[6] 李辉.新编C语言程序设计教程.西安：西北工业大学出版社.2006

[7] 松桥工作室.深入浅出C语言程序设计.北京：中国铁道出版社.2006

[8] 夏宽理.C语言与程序设计.上海：复旦大学出版社.1994

相关课程教材推荐

以上教材样书可以免费赠送给授课教师,如果需要,请发电子邮件与我们联系。

教学资源支持

敬爱的教师:

感谢您一直以来对清华版计算机教材的支持和爱护。为了配合本课程的教学需要,本教材配有配套的电子教案(素材),有需求的教师可以与我们联系,我们将向使用本教材进行教学的教师免费赠送电子教案(素材),希望有助于教学活动的开展。

相关信息请拨打电话 010-62776969 或发送电子邮件至 fuhy@tup.tsinghua.edu.cn 咨询,也可以到清华大学出版社主页(http://www.tup.com.cn 或 http://www.tup.tsinghua.edu.cn)上查询和下载。

如果您在使用本教材的过程中遇到了什么问题,或者有相关教材出版计划,也请您发邮件或来信告诉我们,以便我们更好为您服务。

地址:北京市海淀区双清路学研大厦 A 座 708 室　　计算机与信息分社付弘宇　收

邮编:100084　　　　　　　　　　　电子邮件:fuhy@tup.tsinghua.edu.cn

电话:010-62770175-4604　　　　　邮购电话:010-62786544